陈秋晓　陈仁

孙宁　吴宁　徐丹

编著

城市规划
CAD （第2版）

ZHEJIANG UNIVERSITY PRESS
浙江大学出版社

U0620226

图书在版编目(CIP)数据

城市规划CAD / 陈秋晓等编著. —2版. —杭州：浙江大学出版社，2016.1(2024.8重印)
ISBN 978-7-308-14643-2

Ⅰ.①城… Ⅱ.①陈… Ⅲ.①城市规划—计算机辅助设计—AutoCAD软件—教材 Ⅳ.①TU984-39

中国版本图书馆CIP数据核字（2015）第082374号

城市规划CAD(第2版)
陈秋晓　孙宁　陈伟峰　吴宁　吴霜　徐丹　编著

责任编辑　许佳颖　王元新
出版发行　浙江大学出版社
（杭州市天目山路148号　邮政编码310007）
（网址：http://www.zjupress.com）
排　　版　浙江时代出版服务有限公司
印　　刷　临安市曙光印务有限公司
开　　本　787mm×1092mm　1/16
印　　张　21.25
字　　数　530千
版 印 次　2016年1月第2版　2024年8月第12次印刷
书　　号　ISBN 978-7-308-14643-2
定　　价　55.00元

浙江大学出版社市场运营中心联系方式：(0571)88925591；http://zjdxcbs@tmall.com

前　言

CAD(Computer Aided Design)技术，是计算机技术的一个重要分支。在众多以 CAD 技术作为支撑的软件平台中，由全球知名的软件供应商 Autodesk 公司出品的 AutoCAD 无疑是其中的佼佼者。作为该公司的主导产品之一，AutoCAD 是一款用于二维及三维绘图、设计(辅助设计)的软件产品。利用它，用户可创建、修改、浏览、管理、打印、输出及共享富含信息的设计图形。自 1982 年该产品问世以来，经过多年的发展，AutoCAD 已成为目前全球应用最广的 CAD 软件，市场占有率在同类软件产品中稳居世界第一。

通常认为，AutoCAD 软件具有如下特点：

(1)具有完善的图形绘制功能。

(2)具有强大的图形编辑功能。

(3)可以采用多种方式进行二次开发或用户定制。

(4)可以进行多种图形格式的转换，具有较强的数据交换能力。

(5)支持多种硬件设备。

(6)支持多种操作平台。

(7)具有通用性、易用性，适用于多类用户。

目前，AutoCAD 已经广泛地应用于包括城市规划、建筑、测绘、机械、电子、造船、汽车等许多行业，并取得了较大的成效。就城市规划领域而言，在 20 世纪 80 年代中期至末期，国内一些知名的城市规划设计院开始使用 AutoCAD 作为规划设计的工具。由于 AutoCAD 在绘制城市规划图形要素时具有操作简便、定位精确、快速高效等特点，至 90 年代初，Auto-CAD 的普及率明显提高，国内大多数的规划设计院均以其作为主要的规划设计工具。由于规划设计成果在计算机里完成，图板逐渐淡出了规划设计人员的视野。与此同时，很大程度上受规划设计院广泛使用 AutoCAD 这一现实情况所推动，建设、规划管理职能部门也纷纷使用 AutoCAD，以便能充分利用规划设计成果，有效地实施城市规划管理和监督等职能。

自 20 世纪 80 年代末以来，熟练使用 AutoCAD 作为一项基本的计算机技能被逐渐引入到开设有城市规划专业的高等院校的课堂里，并被纳入到城市规划专业的培养方案中。从多年的城市规划设计实践看,AutoCAD 几乎渗透到各个层面的城市规划设计中,从市县域城镇体系规划、城市总体规划、分区规划到控制性详细规划乃至修建性详细规划总平方案的制订、基础设施要素的绘制以及各类规划分析图的编制,AutoCAD 均发挥着极其重要的辅助设计作用。

本教材将以 AutoCAD 2012 中文版为例,介绍 AutoCAD 在城市规划设计和图件编制中的应用。第 1 至第 3 章为基础理论,其中第 1 章介绍 AutoCAD 2012 的基础知识,包括软件界面、一些基本的操作方法以及本书的一些约定;第 2 章和第 3 章分别介绍常用的图元创建和编辑方法,对所涉及的命令及其选项作了较详尽的阐述。第 4 至第 7 章为应用实践,结合具体设计实例,分别介绍建筑平面、城市总体规划、城市控制性详细规划和修建性详细规划图件绘制的方法和技巧。近年来,为了进一步美化城市规划图件的图面效果,提升城市规划设计成果的显示度,利用 PhotoShop 等软件对这些图件进行后期处理成为一种惯常的做法。为了顺应这一趋势,本教材第 5 章和第 7 章对如何利用 PhotoShop 进行后期处理也作了简明扼要的介绍。在本教材的第 2 至第 7 章中嵌入了 42 个二维码,读者通过扫描后可直接在手机上观看相应的视频资料。需要注意的是,当用户使用其他版本的 AutoCAD 学习本书的内容时,可能会出现命令选项和对话框参数与教材的内容不一致的情况,受篇幅所限就不一一交代了,个中差异敬请读者自行留意。

本书可作为高等院校城市规划专业学生教材及该领域相关设计人员的参考书。本书在编写过程中得到了浙江大学出版社的大力支持,在此表示感谢。由于时间仓促及作者水平所限,书中难免存在纰漏,请广大读者斧正。

陈秋晓

2015 年 6 月

目 录

第 3 章　二维图形编辑 ························· **39**

第 1 章　AutoCAD 2012 基础知识

　　在使用 AutoCAD 2012 来绘制城市规划图之前,我们首先来熟悉一下该软件的界面和一些基本的操作方法,以便在后续的使用过程中事半功倍。

1.1　AutoCAD 2012 界面

　　通过双击桌面上的 AutoCAD 2012－Simplified Chinese 快捷图标;或单击"开始"按钮,选择"程序"并在"Autodesk"文件夹的子文件夹"AutoCAD 2012－Simplified Chinese"中找到并单击"AutoCAD 2012－Simplified Chinese"菜单项,以启动 AutoCAD 2012 应用程序。启动后将进入"草图与注释"工作界面,如图 1-1 所示。

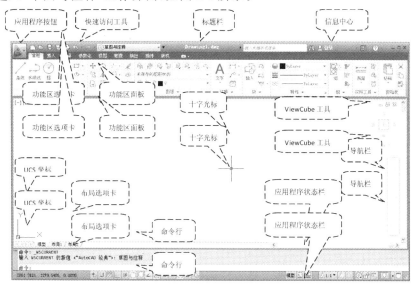

图 1-1　"草图与注释"工作界面

　　用户可通过单击界面顶部的"快速访问工具"栏中的工作空间控件,如图 1-2 所示,在弹出的工作空间下拉列表中选择不同的工作空间名称,就可以实现工作空间之间的切换。不同工作空间下的工作界面其绘图区基本相同,只是其相应的工具面板及其上面的工具有所不同。为尽可能与上一版本教材保持相对一致的界面风格,本书将采用"AutoCAD 经典"工作空间,其工作界面如图 1-3 所示。

图 1-2　工作空间下拉列表

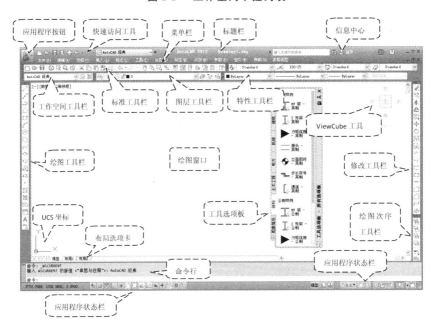

图 1-3　"AutoCAD 经典"工作界面

如图 1-3 所示,"AutoCAD 经典"工作界面主要包括以下几个部分:标题栏、菜单栏、工具栏、图形窗口、命令窗口、状态栏。以下择要介绍。

1. 标题栏

AutoCAD 应用程序窗口顶部区域为标题栏。标题栏中显示了在当前图形窗口中所显示的图形文件的名字。新建第一个 DWG 文档后,系统给出的默认文件名为 Drawing1.dwg,相应的标题栏的名称为"AutoCAD 2012－［Drawing1. dwg］"。

2. 菜单栏

紧靠标题栏下方的区域称为菜单栏,也称下拉菜单。它将 AutoCAD 命令进行了分类,例如所有与文件相关的命令都列在"文件"菜单下面,而所有绘图命令则位于"绘图"菜单下。菜单栏包括以下菜单:【文件】(File),【编辑】(Edit),【视图】(View),【插入】(Insert),【格式】(Format),【工具】(Tool),【绘图】(Draw),【标注】(Dimension),【修改】(Modify),【参数】Parameter,【窗口】(Window)和【帮助】(Help)。

下拉菜单以一种非常易于理解的方式提供了对 AutoCAD 进行整体控制和设置的手段。通过这些菜单,可以找到 AutoCAD 的核心命令和功能。下拉菜单选项执行以下 4 种基本功能:①打开次一级菜单命令选项;②打开一个对话框,其中包含可改变的设置选项;③发出一条命令,创建或修改图形;④提供与绘图工具栏和修改工具栏相同的扩展工具栏集。如图 1-4 所示为 AutoCAD 2012 的几个常用菜单。

(1)【格式】主菜单　　(2)【绘图】主菜单　　(3)【修改】主菜单

图 1-4　"AutoCAD 经典"工作界面下的常用菜单

3. 图形窗口

图形窗口为用户的绘图区域,用户所绘制的图形将显示在该区域。该窗口内左下角有一个 L 形箭头,称为 UCS[①] 图标,该图标指示用户绘图的方位。在处理复杂的二维绘图和三维模型时,该图标非常有用。X 箭头和 Y 箭头分别指示绘图的 X 轴和 Y 轴。箭头连接处的小方块表示用户正处于所谓的世界坐标系,如图1-5所示。

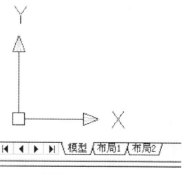

图 1-5　坐标标志及模型、布局选项卡

---

① 用户坐标系(User Coordinate System)的简称。

UCS 个选项卡,"模型"选项卡亮显时,表示当前视图窗口为模型窗口;若"布局 1"或"布局 2"选项卡亮显,表示当前视图窗口为布局窗口。

4. 工具栏

菜单与图形窗口之间以及图形窗口的左侧或两侧通常布局了 AutoCAD 2012 的工具栏。工具栏将下拉式菜单中最常用的一些命令以图形化方式显示在 AutoCAD 界面上,如图 1-6 所示为缺省情况下 AutoCAD 加载的工具栏。与下拉菜单相比,工具栏提供了更为快捷的命令单击访问方式,因而较受初学者的青睐。在 AutoCAD 的默认窗口布局中,只能看到最常用的工具栏,如"标准工具栏"、"图层工具栏"、"对象特性工具栏"、"绘图工具栏"、"修改工具栏"、"样式工具栏"和"绘图次序工具栏",其他工具栏则处于隐藏状态,需要用户手动打开它们。操作时只要单击工具条上的指定工具键(按钮),即可实现相应命令的调用。

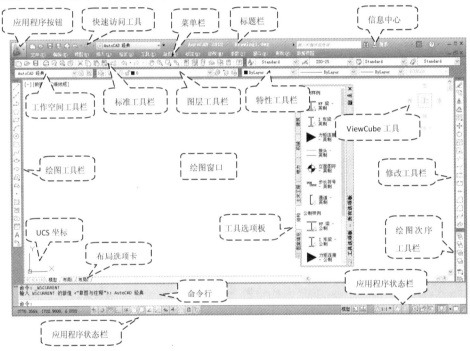

图 1-6 "AutoCAD 经典"工作界面下加载的工具栏

5. 命令行

绘图窗口的下方、状态栏的正上方,有一个小的水平方向的窗口,称为命令行。AutoCAD 在这个窗口对读者输入的命令作出响应。默认情况下,该窗口显示三行文本信息。

当调用一个命令时(如单击工具栏中的工具按钮,或者选择菜单命令),AutoCAD 都会通过在命令行中显示信息或打开一个对话框来响应。对于第一种响应方式,命令行所显示的信息通常会告诉用户下一步需要进行什么操作,或者提供一个选项列表,这些选项列表通常用方括号括起来。一条单独的命令通常会提供好几条信息,要求用户响应信息以完成命令的执行。这些信息对于初学者非常有用。此外,用户可通过命令行右侧的滚动条卷动命令行,以查看用户的操作历史和相关提示信息,用户也可按"F2"键将当前窗口切换到文本窗口以浏览上述信息。

以绘制 pline 线为例，当该命令激活时将出现以下提示信息：

命令：*pline*[1]
指定起点：
当前线宽为 0.0000
指定下一个点或［圆弧(A)/半宽(H)/长度(L)/放弃(U)/宽度(W)］：*w*
指定起点宽度 ＜0.0000＞：*2*
指定端点宽度 ＜2.0000＞：↙
指定下一个点或［圆弧(A)/半宽(H)/长度(L)/放弃(U)/宽度(W)］：

提示信息采用如下的约定：

(1) ＜缺省值＞。在尖括号中的值是当前命令的缺省值，按回车键将采用缺省值。

(2) 指定"×"点(此处"×"为通配符，"×"点可以是"起点"，也可以是"下一个点"，或者"第二个点"，等等)。当提示"指定'×'点"时，用户应该在屏幕上输入点信息，可以通过点击的方式或输入 X,Y,Z 坐标的方式来实现点的输入，或者使用对象捕捉拾取点。

(3) (选项)。小括号内的值通常是其前置的选择项的英文首字母或数字加英文字母，当键入该值时，AutoCAD 响应前置的选择项。例如，当提示"指定下一个点或［圆弧(A)/半宽(H)/长度(L)/放弃(U)/宽度(W)］："时，若用户键入"*w*"，表示选择了"宽度(W)"选项。

(4) 当一个输入选项中有一个字母大写时，键入该字母就可以完成相应选项的选择。例如选项是"e*X*it"，简单地键入"*x*"即可。

6. 状态栏

命令行的下方是状态栏，如图 1-7 所示。状态栏左侧显示有三个数字，分别代表了鼠标当前位置的 X 坐标、Y 坐标和 Z 坐标。紧挨着坐标值显示区域右侧的是模式指示器。在某种模式被打开时，该模式按钮处于按下的状态。如图 1-7 所示，极轴、对象捕捉、DUCS、DY. 和模型空间均处于打开的状态，其他模式则处于关闭状态。

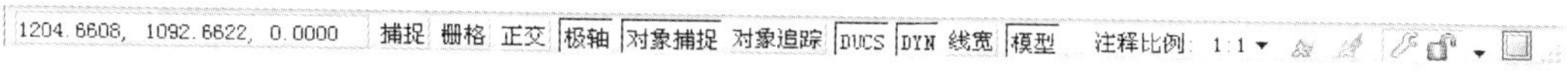

| 1204.6608, 1092.6622, 0.0000 | 捕捉 栅格 正交 极轴 对象捕捉 对象追踪 DUCS DYN 线宽 模型 | 注释比例 1:1 ▼ |

图 1-7　状态栏中的模式指示器

1.2　命令的输入

在 AutoCAD 2012 中，用户既可以通过菜单、工具条上的快捷键，也可以通过在命令行键入命令的方式来激活命令，最后一种方式在本教材中也称命令行方式。AutoCAD 环境中设置了键盘快捷键，熟练使用 AutoCAD 的用户往往用键盘输入，对他们来说这种命令输入方式的操作效率更高。

---

[1] 用户在命令行输入的命令或参数以加粗、斜体方式显示，以区别于其他文本，下同。

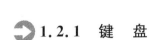

1.2.1 键 盘

最基本的命令输入方式是键盘输入。用户可通过键盘直接输入命令(采用全称方式,如 *rotate*,*rectang*),输入的内容显示在提示行,在输入结束后必须按回车键或空格键来激活该命令。命令是不区分大小写的,如果输入错误,可以用退格键(BackSpace)更正。

除键盘输入命令全称外,AutoCAD 还接受快捷键输入方式,包括命令快捷键、功能键和控制键等。

1. 命令快捷键

命令快捷键是命令全称的缩写,也称别名,比如命令 **Line** 的快捷键是"*l*",即键入"*l*"后再按回车键就会执行 **Line** 命令。几个常用的命令快捷键如表 1-1 所示。

表 1-1 常用命令快捷键

快捷键	命令全称	快捷键	命令全称
a	Arc	*im*	Image
aa	Area	*l*	Line
ar	Array	*la*	Layer
b	Block	*li*	List
bo	Boundary	*m*	Move
br	Break	*ml*	Mline
c	Circle	*o*	Offset
cp	Copy	*p*	Pan
d	Dimstyle	*pl*	Pline
dt	Text	*po*	Point
e	Erase	*r*	Redraw
f	Fillet	*ro*	Rotate
fi	Filter	*s*	Stretch
h	Hatch	*t*	Mtext
i	Insert	*tr*	Trim

更多的命令快捷键或添加自定义的快捷键请参阅本教材附录一。

2. 功能键

除命令快捷键外,AutoCAD 还定义了如表 1-2 所示的功能键。

表 1-2　功能键一览表

键　值	功　　能
F1	调用帮助窗口
F2	在图形和文字窗口间切换
F3	打开或关闭对象捕捉按钮
F4	打开或关闭三维对象捕捉按钮
F5	在同一模式下切换到下一个同轴平面,平面以旋转的方式(左、上、右,然后重复)被激活
F6	屏幕坐标值的显示打开或关闭
F7	网格打开或关闭
F8	正交模式打开或关闭
F9	捕捉模式打开或关闭
F10	极点跟踪打开或关闭
F11	对象捕捉跟踪打开或关闭
Alt＋F4	退出 AutoCAD
Alt＋F8	显示宏对话框
Alt＋F11	启动 Visual Basic 作为应用程序编辑器

3. 控制键

控制键此处是指"Ctrl"键,按住"Ctrl"键后再按另一个键可完成某个特定的操作任务。使用过 Windows 2000 或 Windows XP 系统的用户对"Ctrl＋C"(复制),"Ctrl＋V"(粘贴)和"Ctrl＋Z"(取消最近一次的操作)等操作一定不会陌生,这些操作在 AutoCAD 2012 中同样适用。在AutoCAD 2012 环境中,用户可以使用的控制键如表 1-3 所示。

表 1-3　控制键一览表

控制键	功　　能	控制键	功　　能
Ctrl＋1	显示 Properties 对话框	Ctrl＋L	打开或关闭正交模式
Ctrl＋2	打开 AutoCAD 设计中心	Ctrl＋N	开始绘制新图
Ctrl＋6	装入 DBConnect	Ctrl＋O	打开已经存在的图
Ctrl＋A	选择所有图形对象	Ctrl＋P	打印或绘制(绘图仪)图
Ctrl＋B	打开或关闭捕捉模式	Ctrl＋Q	将命令文本记录在一个日志

控制键	功　能	控制键	功　能
Ctrl＋C	复制到剪贴板	Ctrl＋R	切换到下一个视图窗
Ctrl＋D	改变坐标显示模式	Ctrl＋S	保存图
Ctrl＋E	切换到下一个等轴平面	Ctrl＋T	打开或关闭输入板模式
Ctrl＋F	对象捕捉功能打开或关闭；若尚未设置对象捕捉，则打开对象捕捉设置对话框	Ctrl＋V	从剪贴板粘贴
Ctrl＋G	网格打开或关闭	Ctrl＋X	剪切到剪贴板
Ctrl＋H	命令行的 BackSpaces	Ctrl＋Y	再次执行同一命令
Ctrl＋K	创建一个超级链接	Ctrl＋Z	取消上一次操作

4. 命令的重复和撤销

在命令提示符下按回车键或空格键，可以重复上一次命令。若要撤销最近一次命令，可以键入"*u*"或"*undo*"命令，或点击 ↺ 按钮，或使用控制键"Ctrl＋Z"。

某些命令会自动重复直到按"Esc"键为止，如"*copy*"命令。要强行使一条命令自动重复，可在命令前键入"*multiple*"，例如在命令提示符下键入"*multiple circle*"，绘圆命令将重复执行直到用户按"Esc"键将其强行中止。

➡ 1.2.2　菜单和工具条

与从键盘输入命令一样，使用下拉菜单同样能激活 AutoCAD 命令。单击任意一个主菜单，屏幕上将会出现一个下拉菜单，用户根据需要选择特定的菜单项以激活相应的命令。如果拉下一个菜单而不想选择具体的菜单项，用户可再次点击主菜单以退出菜单。

用户也可以通过快捷键激活下拉菜单。细心的读者可能注意到，在菜单栏和下拉菜单中的菜单命令都有一个带有下划线的字母。按下"Alt"键，然后再按下这些带有下划线的字母，就可以激活相应的菜单或菜单命令。工具条则将最常用的一些命令以图形化的方式分组显示在 AutoCAD 界面上。操作时只要单击工具条上的指定工具键（按钮），即可实现相应命令的调用。

例如，用户可通过以下方式激活绘制直线段命令：使用下拉菜单【绘图】➔【直线】；或通过"Alt＋D"键以展开绘图下拉菜单，并键入"*l*"；或单击"绘图"工具栏 ✏ 按钮。

当鼠标指针位于 AutoCAD 图形窗口内部时，用户也可以借助于右键弹出菜单（以下也称快捷菜单）来快速激活一些常用的命令。例如，当用户创建一个矩形后，在空白处单击右键将弹出如图 1-8(1)所示的弹出菜单；按"Esc"键取消弹出菜单后，右键单击矩形对象将弹出如图 1-8(2)所示的菜单。根据两图的比较不难发现，第二次右键单击所弹出的菜单中增加了"编辑多段线"、"删除"、"移动"等菜单项。

(1)

(2)

图 1-8　右键弹出菜单

需要指出的是,右键弹出的菜单是上下文相关菜单,其内容与右击的对象类型直接相关。与此同时,在命令执行过程中,用户也可以使用右键弹出菜单,菜单内容与当前的操作命令直接相关,如图 1-9(1)所示为绘制矩形过程中的右键弹出菜单,图 1-9(2)所示为绘制圆弧过程中的右键弹出菜单。另外,当 AutoCAD 提示用户输入坐标或点时,用户可通过按住"Shift"键的同时,在图形窗口中右击鼠标以弹出捕捉菜单,如图 1-9(3)所示。

(1)　　　　　　　　　(2)　　　　　　　　　(3)

图 1-9　不同图元的右键弹出菜单及捕捉弹出菜单

→ 1.2.3 对话框

在 AutoCAD 中,很多命令是以对话框的形式与用户交互的,了解和熟悉对话框的各个部件,对于学习本教材的内容及快速掌握这些命令,具有非常重要的意义。

图 1-10 以"图案填充和渐变色"对话框为例,图示对话框的各个部件。

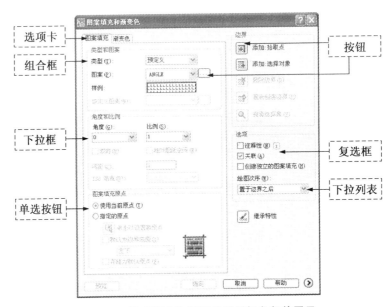

图 1-10　图案填充和渐变色对话框各部件图示

其中,同一组合框内的单选按钮仅能选择一个,复选框可以多选;下拉框兼有输入框与下拉列表的双重功能,而下拉列表一般不能输入自定义值;单击 按钮将打开另一对话框。

1.3 AutoCAD 文件类型

AutoCAD 使用许多不同的文件类型以支持各种绘图工作。文件内容的类型往往由文件的扩展名描述。例如,扩展名为".lin"的文件保存了多种线型,而图形则保存在扩展名为".dwg"的文件中。表 1-4 至表 1-9 为 AutoCAD 2012 中所使用的主要文件类型。

表 1-4　AutoCAD 图形文件一览表

扩展名	解　释
.＄ac	AutoCAD 创建的临时文件
.bak	备份图形文件
.dwf	图形的 Web 格式文件
.dwg	AutoCAD 图形文件
.dwt	绘图模板文件

扩展名	解　　释
.dxb	AutoCAD 二进制图形交换文件
.dxf	AutoCAD 图形交换文件

表 1-5　AutoCAD 程序文件一览表

扩展名	解　　释
.arx	ObjectARX（AutoCAD 运行扩展）程序文件
.dll	动态链接库
.exe	可执行文件，如 AutoCAD.exe
.lsp	AutoLISP 程序文件

表 1-6　AutoCAD 支持文件一览表

扩展名	解　　释
.ahp	AutoCAD 格式的帮助文件
.cfg	配置文件
.cus	自定义字典文件
.dct	字典文件
.dxt	DXFIX 实用程序使用的翻译文件
.err	错误记录文件
.fmp	字体映射文件
.hlp	Windows 格式的帮助文件
.hdx	帮助索引文件
.lay	层管理器层的设置（Express 工具）
.lin	线型定义文件
.lli	AutoVisionLandscape 库
.log	由 Logfileon 命令创建的记录文件
.mli	渲染材料库
.mln	复线文件库
.mnc	编译菜单文件
.mnd	带有宏的未编译菜单文件
.mnl	由 AutoCAD 使用的 AutoLISP 子程序
.mns	AutoCAD 产生的菜单源文件

续表

扩展名	解　释
.mnu	菜单源文件
.msg	消息文件
.pat	阴影图案定义文件
.pfb	PostScript 字体文件
.pgp	扩展命令和命令别名所使用的程序参数文件
.ps	字体映射文件
.psf	PostScript 支持文件
.scr	脚本文件
.shp	形状和字体定义文件
.shx	已编译的形状和字体文件
.xmx	外部消息文件

表 1-7　绘图仪支持文件一览表

扩展名	解　释
.ccp	CalComp 打印机和绘图仪使用的 CalComp 调色板文件
.pcp、pc2、pc3	绘图设置参数文件
.plt	绘图文件
.rpf	为 HP 绘图仪使用的光栅图案填充定义文件

表 1-8　输入输出文件一览表

扩展名	解　释
.3ds	3D Studio 文件(输入和输出)
.bmp	Windows 光栅文件(设备独立的位图)
.cdf	逗号定界文件(由 AttExt 产生)
.dxf	由 AttExt 产生的 DXF 文件
.eps	封装的 PostScript 文件
.pcx	光栅格式
.sat	ACIS 实体对象文件(SaveAsText)
.sdf	空格定界文件(由 AttExt 产生)
.slb	幻灯片库文件
.sld	幻灯片文件

扩展名	解　释
.stl	实体对象立体印刷文件(实体建模)
.tif	光栅格式(标记图像文件格式)
.tga	光栅格式(Targa)
.wmf	Windows 元文件格式

表 1-9　AutoLISP、ADS 和对象 ARX 程序文件一览表

扩展名	解　释
.ase	ASE(AutoCADSQL 扩展)数据库驱动器的名字和位置
.cpp	ADS 和 ObjectARX 源代码
.dcl	对话框的 DCL(对话框控制语言)描述
.def	ADS 和 ObjectARX 定义
.fas	AutoLISP 快速装载程序
.h	ADS 和 ObjectARX 函数定义
.hdi	Heidi 支持文件
.lib	ADS 和 ObjectARX 函数库
.mak	ADS 和 ObjectARX 生成文件
.pif	程序信息文件,由 Windows 在运行 DOS 应用程序时使用
.rx	自动加载的 ObjectARX 应用列表
.tlb	ActiveX 自动化类型库
.unt	单位定义文件

1.4　图形文件基本操作

启动 AutoCAD 后便可以开始创建一幅新图,也可以打开已经存在的图形文件。

1.4.1　创建新图

启动 AutoCAD 2012 后将自动创建一个新的图形文件,而在 AutoCAD 程序已经打开的前提下创建一个新图形文件的过程如下:

(1) 使用下拉菜单【文件】→【新建】。

(2) 在弹出的"选择样板"对话框(见图 1-11)中选择所需要的样板文件,单击"打开"按

钮，AutoCAD便生成一幅名为"Drawing1.dwg"的新图。

图 1-11　创建新图时所弹出的"选择样板"对话框

此处，样板文件是这样一类文件，它们存储有惯例和设置信息，包括单位类型和精度、标题栏、图层名、捕捉、栅格和正交设置、栅格界限、标注样式、文字样式和线型等。当需要创建使用相同惯例和默认设置的多个图形时，通过创建或自定义样板文件而不是每次启动时都指定惯例和默认设置可以节省很多时间。默认的图形样板文件为"acad.dwt"文件，若新建文件时不需要样板文件，则单击该对话框"打开"按钮旁的箭头，然后单击列表中的"无样板"选项即可。缺省情况下，图形样板文件存储在应用程序的"Template"文件夹中。

1.4.2　图形文件的打开、保存和关闭

在 AutoCAD 中，图形文件的打开与在 Office 软件如 Word 中打开文档的操作类似。通过使用菜单命令【文件】→【打开】以打开"选择文件"对话框，定位并选择需要打开的文件，单击"打开"按钮，图形文件便显示在图形窗口中。

图形文件的保存可以以其初始名称保存(【文件】→【保存】)，或者以另外的名称将其另存为一个新文件(【文件】→【另存为】)。默认情况下，AutoCAD 每隔 10 分钟自动存盘一次，自动存盘的文件名称为"AUTO.SV$"。值得注意的是，当所操作的图形文件较大时，频繁的保存会带来一定的耗时，此时建议扩大自动存盘的时间间隔。用户可使用"选项"对话框，重新设置自动存盘的时间间隔，也可改变自动存盘的文件名称(见图1-12)。另外，用户也可在命令行键入"*savetime*"以修改自动保存的时间间隔。

默认情况下，若使用 Windows XP 操作系统，文件"AUTO.SV$"被保存在"C:\Documents and Settings\User Name\Local Settings\Temp"路径下，此处"User Name"是指当前登录到 Windows XP 的用户名。

用户若需关闭当前打开的文件，可选择菜单命令【文件】→【退出】，在弹出的询问框中选择"是"或"否"选项以保存或放弃修改。无论何时，当我们试图退出一个已经修改过的图形文件时，都将看到同样的询问框。此确认请求是一个安全措施，它使用户有机会在退出

AutoCAD之前确认是否保存对文件所做的改动。

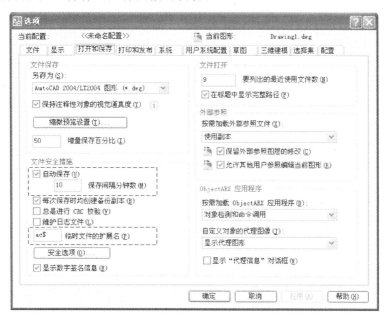

图 1-12　设置"打开和保存"选项

1.5　本书约定

（1）本书采用的默认工作界面为"AutoCAD 经典"工作界面。

（2）命令和变量的名称：以加粗且首字母为大写的英文字母表示，如 **Line**，**Fill**。

（3）键盘输入：包括命令、选项和数值输入，均以加粗斜体方式显示，英文字母均小写，如"*line*"等，完成输入后应按回车键，所以上述键盘输入更确切的表述应为"*line*✓"。使用键盘输入命令时，既可以输入命令的名称（全名），也可以使用简写命令，如键入"*rec*"以激活 **Rectang** 命令。

（4）命令行信息：阴影内的信息为命令行信息，记录了绘制过程，以下示例记录了绘制一个圆的作图过程：

命令：*circle*

指定圆的圆心或［三点（3P）/两点（2P）/相切、相切、半径（T）］：**(拾取点 a2)**

指定圆的半径或［直径（D）］＜120.0000＞：*d*

指定圆的直径 ＜240.0000＞：✓

在上述各命令行中，命令提示符"："前的信息是 AutoCAD 为方便用户下一步操作所显示的提示信息，"："后的信息为用户键盘输入的交互信息或相关的操作提示，加粗、斜体的文本如"*circle*"、"*d*"为键盘输入内容，而"（ ）"里面的内容为操作动作，并不是实际的输入内容，"✓"表示按回车键以响应缺省值（"〈 〉"内的选项为缺省值）或结束命令。

（5）系统下拉菜单命令：采用如下方式进行表述：【主菜单】→【菜单项】，"【 】"内为菜单名，"→"指向下一级菜单。上述表述对应的操作过程如下：先点击"主菜单"，然后点击"菜单项"。当有子菜单项时，则下拉菜单命令表述为【主菜单】→【菜单项】→【子菜单项】。如下拉菜单命令【绘图】→【圆】→【三点】，实际用户需进行以下操作：先点击"绘图"主菜单，然后点击"圆"菜单项，进而点击"圆"的子菜单项"三点"。

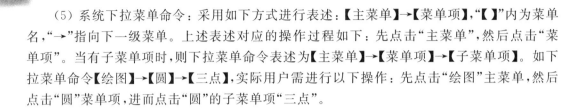

习 题 与 思 考

1. 启动 AutoCAD 2012，熟悉 AutoCAD 2012 的软件界面。

2. 尝试使用菜单栏、工具栏或键盘直接输入命令以绘制一些基本的二维图形。

3. AutoCAD 的图形文件类型有哪些？

4. 试述"．$ac"文件和"．bak"文件的作用。如何找到当前图形文件对应的"．$ac"文件？

5. 任意打开一个"．dwg"文档，将文档的"保存间隔分钟数"设置为 5。

6. 任意绘制一些基本二维图形并将图形文件保存到硬盘上。

第 2 章　二维图形绘制

大多数 CAD 绘图工作都包括最基本的二维图元如点、线、圆和矩形等的绘制。本章着重介绍二维图元的创建,力求使读者掌握三种坐标输入方式,了解常用的二维图元的基本构成要素,熟悉创建二维图元的相关命令及其参数,并掌握二维图元的绘制技巧。

2.1　坐标输入方式

在创建和编辑二维图元时,AutoCAD 命令行常常会提示用户输入某个点,这个点可能是直线或多段线上的点,也可能是矩形的角点,或者是圆弧的一个端点,还可能是对象修改中的基准点和目标点,用户可以使用定点设备指定点,也可以在命令行中输入坐标值。当需要精确定位输入点时,我们一般可以选择键盘输入点的方式。显然,了解点的输入方式对于绘制和编辑二维图元均具有十分重要的意义。

常用的坐标系有笛卡尔坐标系（X,Y）和极坐标系（X＜Y）两种。这两种坐标系中均可以选用相对坐标和绝对坐标两种方式进行坐标定点。

➡ 2.1.1　笛卡尔坐标和极坐标

笛卡尔坐标系有三个轴,即 X、Y 和 Z 轴,如图 2-1 所示。输入坐标值时,需要指定沿 X、Y 和 Z 轴相对于坐标系原点（0,0,0）的距离（以单位表示）及其方向（正或负）。若笛卡尔坐标为（a, b）,则该坐标的 Z 值为当前的标高（elevation）,其缺省值为 0。

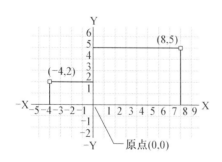

图 2-1　笛卡尔坐标系

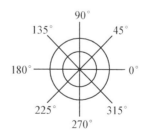

图 2-2　极坐标系

极坐标系（见图 2-2）使用距离和角度定位点。极坐标的形式为（X＜Y）,其中 X 表示该点距原点的距离,Y 表示该点与原点的连线与坐标轴的角度。点（0＜0）与笛卡尔坐标系中的点（0,0）重合,极坐标系中的坐标轴与笛卡尔坐标系中的 X 正方向轴平行。默认情况下,角度按逆时针方向增大,按顺时针方向减小。若需要按顺时针方向绕原点移动输入点,可以输入负的角度值。例如,输入"1＜315"与输入"1＜－45"效果相同。

▶ 2.1.2 绝对坐标和相对坐标

无论使用笛卡尔坐标系还是极坐标系,均可以基于原点(0,0)输入绝对坐标,或基于上一指定点输入相对坐标。在输入相对坐标时,需在坐标前加"@"符号。

1. 输入笛卡尔坐标

创建对象时,可以使用绝对或相对笛卡尔坐标定位点。

已知点坐标的精确的 X 和 Y 值时,可使用绝对坐标。例如,坐标(3,4)指定一点,此点在 X 轴正方向距离原点 3 个单位,在 Y 轴正方向距离原点 4 个单位。

相对坐标值则是基于上一输入点的。如果知道某点与前一点的位置关系,可以使用相对坐标。如坐标"@3,4"指定的点在 X 轴方向上距离上一指定点 3 个单位,在 Y 轴方向上距离上一指定点 4 个单位。

如图 2-31 所示,要在 AutoCAD 中用笛卡尔坐标系绘制一条起点为(－2,1),端点为(3,4)的直线,可以在命令行中输入:

命令:*line*
起点:*－2,1*
下一点:*3,4*

此外,我们也可以使用相对坐标,对于直线始点(－2,1)而言,末点在 X 方向的增量是 5 个单位,Y 方向的增量是 3 个单位,即末点的相对坐标是"@5,3",图 2-3 也可以下面的方式创建:

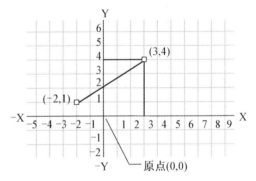

图 2-3 使用笛卡尔坐标绘制直线

命令:*line*
起点:*－2,1*
下一点:*@5,3*

2. 输入极坐标

要输入极坐标,需输入距离和角度,并使用尖括号"＜"隔开。例如,要指定相对于原点距离为 1 个单位,角度为 45°的点,可键入"1＜45"。

可用极坐标绘制如图 2-4 所示的一条直线段,在命令行中输入:

命令：*line*

起点：*0，0*

下一点：*4＜120*

下一点：*5＜30*

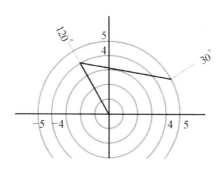

图 2-4 使用绝对极坐标绘制直线

在不退出上述绘制直线命令的同时，如图 2-5 所示，继续使用相对极坐标绘制直线，可在命令行中输入。

下一点：*@3＜45*

下一点：*@5＜285*

键入"*@3＜45*"的结果如图 2-5(1)所示，继续键入"*@5＜285*"的结果如图 2-5(2)所示。

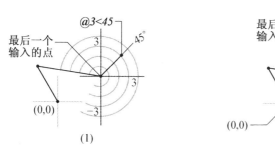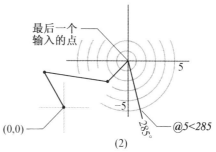

图 2-5 使用相对极坐标绘制直线

将极坐标与相对坐标配合使用可以大大减少指定坐标点时的计算量，在定点中使用较为广泛。

3. 直接距离输入

通过移动光标指定方向，然后直接输入距离的方法称为直接距离输入。直接距离输入法可用于指定下一个输入点。只有当极轴打开时，才可以使用直接距离输入。例如，在绘制一条线段并确定第一个点后，图形窗口出现如图 2-6 所示的情形，键入"*450*"，将从左边起始点沿极轴方向(虚线为极轴，此处为 0°)绘制长度为 450 的直线段。

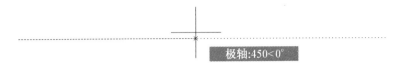

图 2-6　直接距离输入示意图

4. 动态输入

在动态输入功能打开时（状态栏中的"DYN"处于按下的状态），随着光标的移动，图形窗口中将出现提示信息和提示框，用户可直接在工具栏提示框中（而不是在命令行中）输入坐标值。在默认情况下，大多数命令输入的 X，Y 坐标值被解释为相对极坐标。要指示绝对坐标，应在坐标前加入符号 #。例如，要将对象移到图形原点，应在提示下键入"#0，0"。

当绘制直线时，在确定左下角第一点后继续拖动光标时将出现提示框和提示信息，如图2-7 所示，39°指示了当前点所在的方位，"427.7629"为光标所在位置到直线段左下角起始点的长度，通过使用 Tab 键，用户可在这两个值所在的输入框中进行切换，并根据需要修改框中的数值。<kbd>指定下一点或</kbd> 则给出了用户当前操作的提示信息。

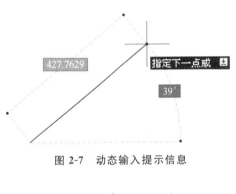

图 2-7　动态输入提示信息

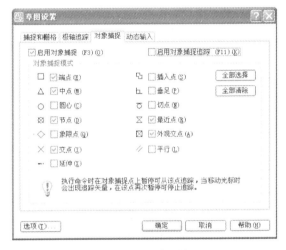

图 2-8　对象捕捉模式

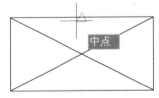

图 2-9　对象捕捉显示标志和提示

5. 对象捕捉

利用对象捕捉功能，用户可将待输入点精确定位到已绘制对象的特定位置上。通过右击状态栏的"对象捕捉"标签，在弹出菜单中单击"设置"项，将显示如图 2-8 所示的对话框，其中"对象捕捉"选项卡中列出了系统当前所使用的对象捕捉模式。在 AutoCAD 提示输入点时，当光标移到对象的对象捕捉位置时，将显示标注和工具栏提示。如图 2-9 所示，上方中央的△为显示标注，<kbd>中点</kbd> 为工具栏提示，指示了△所在点为何种类型的捕捉点。当然，其前提是"对象捕捉"处于打开或启用的状态（此时状态栏的"对象捕捉"标签处于按下的状态）。

当对象捕捉未启用时，用户仍可通过组合键"Shift＋右键"在图形窗口中单击，在弹出菜单(见图2-8)中选择相应的捕捉模式来实现对象捕捉。对于不频繁使用的对象捕捉模式,用户可使用上述方式进行对象捕捉。

另外,当命令行提示"指定×点"或"输入×点"时,用户也可以通过键入对象捕捉模式的名称(关键字)来选择相应的捕捉模式。对象捕捉模式及其对应的关键字如下:中心 *cen*,中点 *mid*,节点 *node*,象限点 *per*,交点 *int*,延伸点 *ext*,外观交点 *app*,插入点 *ins*,垂足 *per*,切点 *tan*,最近点 *nea*,平行 *par*。

利用对象捕捉实现对象上特定点的捕捉过程如下:

(1) 在提示输入点时,按住"Shift"键并在绘图区域内右击鼠标,选择要使用的对象捕捉模式,或直接键入捕捉模式的关键字

(2) 将光标移到所需的对象捕捉位置,如果"自动捕捉"已打开,光标会自动锁定选定的捕捉位置,标记和工具栏将提示指示对象捕捉点。

(3) 选择对象,光标将捕捉最靠近选择的符合条件的位置。

需要注意的是,仅当命令行提示输入点时,对象捕捉才有效。如果尝试在命令提示下使用对象捕捉,将显示错误信息。

2.2　二维图形绘制的基本工具

常用的二维绘图命令包括:点(Point)、直线(Line)、圆(Circle)、圆弧(Arc)、椭圆(Ellipse)、矩形(Rectang)、正多边形(Polygon)、多段线(Pline)、多线(Mline)、样条曲线(Spline)等,绘图工具栏如图2-10所示。在二维图形的绘制过程中,我们可以选择使用2.1节所介绍的坐标定位和输入方式。

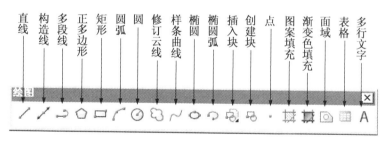

图 2-10　绘图工具栏

▶ 2.2.1　点(Point)

在城市规划设计图中,控制点等要素可以用点图元来表示。

1. 命令激活方式

(1) 下拉菜单:【绘图】→【点】。

(2) 工具栏按钮:"绘图"工具栏之 · 按钮。

(3) 命令行:*point* 或 *po*。

2. 绘制方式

当需要绘制多点时,可点击菜单栏的【绘图】→【点】→【多点】。关于"定数等分与定距等

分"，请参考第 7 章"修建性详细规划图绘制"中关于行道树绘制的相关内容。

采用缺省的点样式时，点图元通常不易辨识，用户可通过修改点图元的样式，提高其可见性和可识别性。用户可修改系统变量 Pdmode 和 Pdsize 来重新设定点的类型和大小，也可以使用"点样式"对话框（见图 2-11）来修改点的类型和大小。

在图 2-11 所示的"点样式"对话框中，处于选择状态的点图案为当前的点类型。"点大小"输入框用于定义点的大小，用户可以相对于屏幕设置点的大小，也可以用绝对单位设置点的大小。对于前一种情形，点的显示大小按屏幕尺寸的百分比设置，图形缩放时，点的显示大小并不改变；对于后一种情形，点的显示大小按实际单位设置，图形缩放时显示的点的大小随之改变。

需要注意的是，点样式的修改将影响图形窗口中所有点对象的显示。

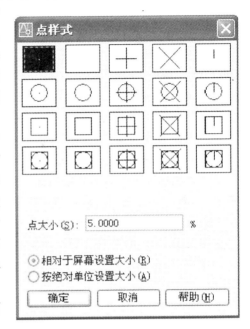

图 2-11 "点样式"对话框

⇨ 2.2.2 直线（Line）

在 AutoCAD 中，直线实际上是直线段，它是一种简单但又频繁使用的图元。在城市规划制图中，**Line** 命令多用来绘制辅助线、定位轴线等要素。使用 **Line** 命令，用户可以创建一条直线段，也可以创建一系列连续但相互独立的线段集合。

1. 命令激活方式

（1）下拉菜单：【绘图】→【直线】。

（2）工具栏按钮："绘图"工具栏之 ✏ 按钮。

（3）命令行：*line* 或 *l*。

2. 直线绘制流程

（1）指定起点：确定直线起点，可以使用定点设备，也可以在命令行上输入坐标值。

（2）指定端点以完成第一条线段，若要在执行 **Line** 命令时放弃前面绘制的线段，可输入 "*u*"或单击工具栏上的"放弃"。

（3）以上一条线段的端点为起点，指定下一线段的端点。

（4）按回车键结束，或者键入"*c*"以闭合一系列直线段。

⇨ 2.2.3 多段线（Pline）

多段线是由不同或相同宽度的直线或圆弧所组成的连续线段。城市规划设计图中的等高线、河流、道路以及地块分割界线等要素通常用多段线来绘制。多段线提供单个直线段所不具备的编辑功能。例如，可以调整多段线的宽度和曲率，可以通过拟合曲线或样条曲线等编辑选项光顺多段线。通过使用 **Explode** 命令可将多段线转换成单独的直线段和弧线段，但转换后多段线所附带的宽度等信息会丢失。

1. 命令激活方式

用户可采用以下任意一种方式激活多段线命令：

(1)下拉菜单：【绘图】→【多段线】。

(2)工具栏按钮："绘图"工具栏之 按钮。

(3)命令行：*pline* 或 *pl*。

2. 命令选项解释

在使用多段线命令过程中,命令行将提示：

指定下一个点或[圆弧(A)/半宽(H)/长度(L)/放弃(U)/宽度(W)]：

其中,各选项的含义如下：

(1)圆弧(A)。在用多段线命令绘制直线时,可以通过"圆弧(A)"选项切换为圆弧绘制。绘制多段线的弧线段时,圆弧的起点就是前一条线段的端点。用户可以通过指定圆弧的角度、圆心、方向、半径、中间点、端点等要素完成圆弧的绘制。多段线在绘制弧线的时候可以通过"直线(L)"选项切换为直线绘制。

(2)半宽(H)和宽度(W)。使用"半宽(H)"和"宽度(W)"选项可以设置要绘制的下一条多段线的宽度。零宽度生成细线,大于零的宽度生成宽线。如果"填充"模式[①]打开则填充该宽线,如果关闭则只画出轮廓。使用"宽度(W)"选项时,AutoCAD 将提示输入起点宽度和端点宽度。输入不同的宽度值,可以使多段线从起点到端点逐渐变细(通常用来画箭头等标志)。宽多段线线段的起点和端点位于直线的中心。相邻宽线段的相交处通常绘成倒角。但是,不相切的弧线段、锐角或使用点划线型的线段不绘成倒角。

(3)长度(L)。使用"长度(L)"选项可以沿最近一次绘制线的方向生成指定长度的线段,新建图形中默认该方向为极坐标中的 0°方向。

(4)放弃(U)。"放弃(U)"选项可以删除最近一次添加到该多段线的线段。

(5)闭合(C)。在指定对象最后一条边后,可以通过"闭合(C)"选项闭合该多段线以创建多边形。闭合多段线在城市规划制图中非常重要。用户除可以在绘制过程中直接闭合多段线外,也可以在后期的多段线编辑命令或特性对话框中生成闭合多段线。

3. 绘制实例(结果见图 2-12)

命令：*pline*

指定起点：**(拾取点 a1)**

当前线宽为 0.0000

指定下一个点或[圆弧(A)/半宽(H)/长度(L)/放弃(U)/宽度(W)]：*w*

指定起点宽度 <0.0000>：*2*

指定端点宽度 <2.0000>：↙

指定下一个点或[圆弧(A)/半宽(H)/长度(L)/放弃(U)/宽度(W)]：**(拾取点 a2)**

---

① "填充"模式可以通过 **Fill** 命令或"选项"对话框中"显示"选项卡的"应用实体填充"选项打开或关闭。

指定下一点或[圆弧(A)/闭合(C)/半宽(H)/长度(L)/放弃(U)/宽度(W)]：*a*

指定圆弧的端点或

[角度(A)/圆心(CE)/闭合(CL)/方向(D)/半宽(H)/直线(L)/半径(R)/第二个点(S)/放弃(U)/宽度(W)]：**(拾取点 a3)**

指定圆弧的端点或

[角度(A)/圆心(CE)/闭合(CL)/方向(D)/半宽(H)/直线(L)/半径(R)/第二个点(S)/放弃(U)/宽度(W)]：*l*

指定下一点或[圆弧(A)/闭合(C)/半宽(H)/长度(L)/放弃(U)/宽度(W)]：**(拾取点 a4)**

指定下一点或[圆弧(A)/闭合(C)/半宽(H)/长度(L)/放弃(U)/宽度(W)]：↙

命令：↙

指定起点：**(拾取点 a5)**

当前线宽为 0.0000

指定下一个点或[圆弧(A)/半宽(H)/长度(L)/放弃(U)/宽度(W)]：*w*

指定起点宽度 <0.0000>：**50**

指定端点宽度 <50.0000>：**0**

指定下一点或[圆弧(A)/闭合(C)/半宽(H)/长度(L)/放弃(U)/宽度(W)]：**(拾取点 a6)**

指定下一点或[圆弧(A)/闭合(C)/半宽(H)/长度(L)/放弃(U)/宽度(W)]：**(拾取点 a7)**

指定下一点或[圆弧(A)/闭合(C)/半宽(H)/长度(L)/放弃(U)/宽度(W)]：*w*

指定起点宽度 <0.0000>：↙

指定端点宽度 <0.0000>：↙

指定下一点或[圆弧(A)/闭合(C)/半宽(H)/长度(L)/放弃(U)/宽度(W)]：**(拾取点 a8)**

指定下一点或[圆弧(A)/闭合(C)/半宽(H)/长度(L)/放弃(U)/宽度(W)]：↙

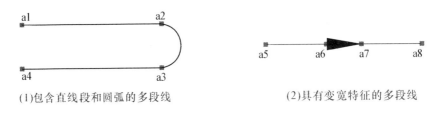

(1)包含直线段和圆弧的多段线　　　　　(2)具有变宽特征的多段线

图 2-12　绘制多段线

2.2.4　矩形(Rectang)

使用 **Rectang** 命令可创建矩形形状的闭合多段线,在绘制过程中,用户可以指定两个角点、长度、宽度、面积和旋转参数,还可以控制矩形上角点的类型(圆角、倒角或直角)。在城市规划图件编制过程中,通常用 **Rectang** 命令来绘制图框等图形要素。

1. 命令激活方式

(1) 下拉菜单:【绘图】→【矩形】。

(2) 工具栏按钮:"绘图"工具栏之 ▭ 按钮。

（3）命令行：*rectang* 或 *rec*。

2．命令选项解释

在使用该命令过程中所出现的多个选项的含义如下：

（1）倒角（C）：设置矩形的倒角距离。

（2）标高（E）：指定矩形的标高。

（3）圆角（F）：指定矩形的圆角半径。

（4）厚度（T）：指定矩形的厚度。

（5）宽度（W）：为要绘制的矩形指定多段线的宽度。

（6）旋转（R）：系统在生成矩形多段线时，对矩形长边的默认角度为极坐标系中的 0°方向，"旋转（R）"选项可以改变该默认角度。

（7）面积（A）：通过指定第一个角点、矩形面积以及矩形的其中一条边长三个要素确定矩形多段线。

（8）尺寸（D）：通过指定第一个角点、矩形两条边长以及另外一个角点的方向确定矩形多段线。

3．绘制实例（结果见图 2-13）

命令：*rectang*
指定第一个角点或[倒角（C）/标高（E）/圆角（F）/厚度（T）/宽度（W）]:(拾取点 **a1**)
指定另一个角点或[面积（A）/尺寸（D）/旋转（R）]：(拾取点 **a2**)
命令：↙
指定第一个角点或[倒角（C）/标高（E）/圆角（F）/厚度（T）/宽度（W）]：*f*
指定矩形的圆角半径 ＜0.0000＞：*12*
指定第一个角点或[倒角（C）/标高（E）/圆角（F）/厚度（T）/宽度（W）]:(拾取点 **a3**)
指定另一个角点或[面积（A）/尺寸（D）/旋转（R）]：*d*
指定矩形的长度 ＜10.0000＞：*300*
指定矩形的宽度 ＜40.0000＞：*290*
指定另一个角点或[面积（A）/尺寸（D）/旋转（R）]：(拾取点 **a4**,或点 **a3** 右下角任意点)
命令：↙
指定第一个角点或[倒角（C）/标高（E）/圆角（F）/厚度（T）/宽度（W）]：*c*
指定矩形的第一个倒角距离 ＜0.0000＞：*12*
指定矩形的第二个倒角距离 ＜12.0000＞：↙
指定第一个角点或[倒角（C）/标高（E）/圆角（F）/厚度（T）/宽度（W）]：*w*
指定矩形的线宽 ＜0.0000＞：*5*
指定第一个角点或[倒角（C）/标高（E）/圆角（F）/厚度（T）/宽度（W）]:(拾取点 **a5**)
指定另一个角点或[面积（A）/尺寸（D）/旋转（R）]：*r*
指定旋转角度或[拾取点（P）] ＜0＞：*－20*
指定另一个角点或[面积（A）/尺寸（D）/旋转（R）]：(拾取点 **a6**)

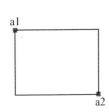
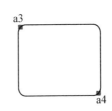
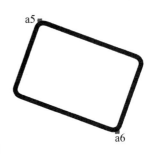

图 2-13 创建不同外观的矩形

2.2.5 正多边形(Polygon)

使用 **Polygon** 命令可创建具有 3~1024 条等长边的闭合多段线,该命令对于绘制等边三角形、正方形和正六边形是非常有用的。创建正多边形有指定内接圆、指定外切圆和指定边长三种方式。

1. 命令激活方式

(1) 下拉菜单:【绘图】→【正多边形】。

(2) 工具栏按钮:"绘图"工具栏之 ⬠ 按钮。

(3) 命令行:*polygon* 或 *pol*。

2. 命令选项解释

在使用该命令过程中出现的主要选项的含义如下:

(1) 边(E):选择此选项后,命令行将提示用户输入两个端点以确定多边形的一条边。

(2) 内接于圆(I)/外切于圆(C):"内接于圆(I)"与"外切于圆(C)"两个选项都需要先指定多边形中心点,"内接于圆(I)"选项要求另外指定其中一条边的端点确定正多边形,"外切于圆(C)"选项要求另外指定其中一条边的中心点以确定正多边形。

3. 绘制实例(结果见图 **2-14**)

命令:*polygon*

输入边的数目 <4>:*5*

指定正多边形的中心点或[边(E)]:(拾取点 a)

输入选项[内接于圆(I)/外切于圆(C)] <I>:*i*

指定圆的半径:*150*

命令:↙

POLYGON 输入边的数目 <5>:↙

指定正多边形的中心点或[边(E)]:(拾取点 b)

输入选项[内接于圆(I)/外切于圆(C)] <I>:*c*

指定圆的半径:*150*

命令:↙

POLYGON 输入边的数目 <5>:↙

指定正多边形的中心点或[边(E)]:*e*

指定边的第一个端点:(拾取点 c)

指定边的第二个端点:*@150,0*

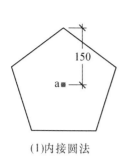

(1)内接圆法

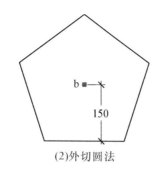

(2)外切圆法

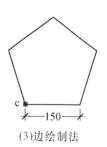

(3)边绘制法

图 2-14　用 3 种方法创建正五边形

2.2.6　圆(Circle)

圆也是城市规划制图中使用频率较高的一种图元要素。AutoCAD 提供了如图 2-15 所示的 6 种画圆方法。

AutoCAD 默认的方法是第一种方法,即通过指定圆心和半径来绘制圆。另外,"两点"是指利用圆上两点确定直径的方式画圆;"三点"是指利用不共线三点确定一个圆的定理,通过指定圆周上三点确定圆的位置;"相切、相切、半径"方式是通过指定两条直线、两个圆或一条直线、一个圆并指定半径之后,画出和它们相切的圆;"相切、相切、相切"方式是指指定每个切点,画出和线段或圆组合三点相切的圆。

> ◎ 圆心、半径(R)
> ◎ 圆心、直径(D)
> ◎ 两点(2)
> ◎ 三点(3)
> ◎ 相切、相切、半径(T)
> 　 相切、相切、相切(A)

图 2-15　菜单栏中的 6 种绘圆方法

1. 命令激活方式

(1) 下拉菜单:【绘图】→【圆】。

(2) 工具栏按钮:"绘图"工具栏之 ◎ 按钮。

(3) 命令行:*circle* 或 *c*。

2. 绘制实例(结果见图 2-16)

命令:*circle*

指定圆的圆心或[三点(3P)/两点(2P)/相切、相切、半径(T)]:(拾取点 a1)

指定圆的半径或[直径(D)]:*120*

命令:↙

指定圆的圆心或[三点(3P)/两点(2P)/相切、相切、半径(T)]:(拾取点 a2)

指定圆的半径或[直径(D)]<120.0000>:*d*

指定圆的直径 <240.0000>:↙

命令：↙

指定圆的圆心或[三点(3P)/两点(2P)/相切、相切、半径(T)]：**2p**

指定圆直径的第一个端点：**(拾取点 a3)**

指定圆直径的第二个端点：**(拾取点 b3)**

命令：↙

指定圆的圆心或[三点(3P)/两点(2P)/相切、相切、半径(T)]：**3p**

指定圆上的第一个点：**(拾取点 a4)**

指定圆上的第二个点：**(拾取点 b4)**

指定圆上的第三个点：**(拾取点 c4)**

命令：↙

指定圆的圆心或[三点(3P)/两点(2P)/相切、相切、半径(T)]：**t**

指定对象与圆的第一个切点：**(拾取直线 a5)**

指定对象与圆的第二个切点：**(拾取圆 b5)**

指定圆的半径 ＜120.0000＞：↙

命令：↙

指定圆的圆心或[三点(3P)/两点(2P)/相切、相切、半径(T)]：3p

指定圆上的第一个点： *tan*

到 (拾取直线 a6)

指定圆上的第二个点：*tan*

到 (拾取直线 b6)

指定圆上的第三个点：*tan*

到 (拾取直线 c6)

(1)圆心、半径法

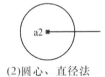

(2)圆心、直径法

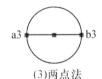

(3)两点法

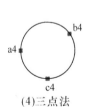

(4)三点法

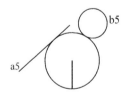

(5)相切、相切、半径法

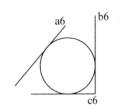

(6)相切、相切、相切法

图 2-16　用 6 种方法创建圆

2.2.7　圆弧(Arc)

圆弧是圆的一部分。和圆一样,圆弧有圆心和半径
(或直径)。但圆弧还有和直线类似的起始点和结束点。
在某些方面,弦长决定弧。在绘图菜单下的圆弧子菜单
中,列出了 11 种创建圆弧的方法(见图 2-17)。注意,圆
弧的角度小于 360°。

其中,"三点"法为绘制圆弧的缺省方法。除这种方法
外,其他方法都是从起点到端点沿逆时针方向[①]绘制圆弧。

除了单击菜单外,用户还可以使用以下两种方式激
活圆弧命令:

(1) 工具栏按钮:"绘图"工具栏之 ⌒ 按钮。

(2) 命令行:*arc* 或 *a*。

图 2-17　菜单栏中绘制圆弧的 11 种方法

2.2.8　圆环(Donut)

圆环是填充环或实体填充圆,即带有宽度的闭合多段线。要创建圆环,需指定它的内外
直径和圆心,如图 2-18 所示。通过指定不同的中心点,可以继续创建具有相同直径的多个
副本。要创建实体填充圆,须将内径值指定为 0。

(1)内径80　　　　　(2)内径50　　　　　(3)内径0

图 2-18　创建具有不同内径的圆环(外径均为 120)

除在 **Donut** 命令中指定内外径外,AutoCAD 还支持其他一些命令和参数,如 **Fill** 命令
可以控制圆环的填充。将 **Fill** 命令设为 off 状态后,圆环的填充部分将会转换为图案填充
(见图 2-19)。

图 2-19　**Fill** 命令设置为 off 后创建的圆环

可采用以下任意一种方式激活该命令:

(1) 下拉菜单:【绘图】→【圆环】。

(2) 工具栏按钮:"绘图"工具栏之 ◎ 按钮。

(3) 命令行:*donut* 或 *do*。

[①] 缺省情况下,逆时针方向为正方向。

2.2.9 样条曲线(Spline)

样条曲线是经过或接近一系列给定点的光滑曲线,如图 2-20 所示。用户可通过指定点来创建样条曲线,也可以封闭样条曲线,使起点和端点重合。公差表示样条曲线拟合所指定的拟合点集时的拟合精度。公差越小,样条曲线与拟合点越接近。公差为 0 时,样条曲线将通过所有拟合点。与使用"多段线编辑"(Pedit)命令的"样条曲线"选项创建的样条曲线相比,使用 Spline 命令创建的样条曲线占用较少的内存和磁盘空间。另外,可以用 Spline 命令绘制等高线,如图 2-21 所示。

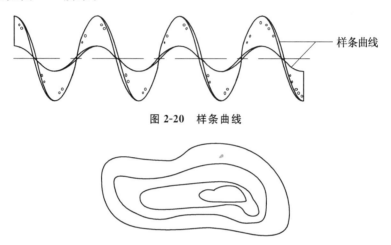

样条曲线

图 2-20 样条曲线

图 2-21 用 Spline 命令绘制等高线

1. 命令激活方式

(1) 下拉菜单:【绘图】→【样条曲线】。

(2) 工具栏按钮:"绘图"工具栏之 ～ 按钮。

(3) 命令行:*spline* 或 *spl*。

2. 命令选项解释

在使用该命令过程中所出现的主要选项的含义如下:

(1)方式(M):控制是使用拟合点还是使用控制点来创建样条曲线。拟合通过指定样条曲线必须经过的拟合点来创建 3 阶 B 样条曲线。在公差值大于 0 时,样条曲线必须在各个点的指定公差距离内。控制点通过指定控制点来创建样条曲线。使用此方法创建 1 到 10 阶的样条曲线。通过移动控制点调整样条曲线的形状通常可以提供比移动拟合点更好的效果。

(2)节点(K):指定节点参数化,它是一种计算方法,用来确定样条曲线中连续拟合点之间的零部件曲线如何过渡。

(3)对象(O):将多段线转换为样条曲线。

(4)闭合(C):可以使最后一点与起点重合,构成闭合的样条曲线。

(5)公差(L):可以修改当前样条曲线的拟合公差。根据新的公差值和现有点重新定义样条曲线。

(6)端点相切(T):指定在样条曲线终点的相切条件。

2.2.10　云线（Revcloud）

云线是由连续圆弧组成的多段线,用于在设计图纸检查阶段提醒用户注意图形的某个部分,如图 2-22 所示。用户可为云线的弧长设置默认的最小值和最大值,但弧长的最大值不能超过最小值的 3 倍。用户可以从头开始创建云线,也可以将对象(如圆、椭圆、多段线或样条曲线)转换为修订云线。将对象转换为修订云线时,如果系统变量 **Delobj** 设置为 1(默认值),原始对象将被删除。

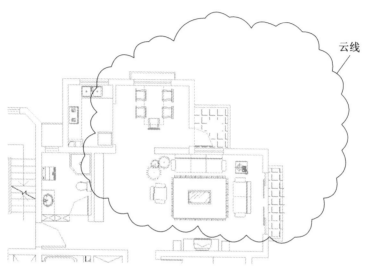

云线

图 2-22　云线

在执行此命令之前,需确保能够看见要使用此命令添加轮廓的整个区域。另外,此命令不支持透明以及实时平移和缩放。

1. 命令激活方式

(1) 下拉菜单:【绘图】→【修订云线】。

(2) 工具栏按钮:“绘图”工具栏之 🔲 按钮。

(3) 命令行:*revcloud*。

2. 命令选项解释

(1) 弧长(A):通过此选项来指定最小弧长和最大弧长。

(2) 对象(O):试图将某图元转换为云线时使用该选项。

(3) 样式(S):使用此选项,用户需选择“普通(N)”和“手绘(C)”两种方式中的一种,缺省的样式为“普通(N)”。如果选择“手绘”,云线看起来像是用画笔绘制的。

2.2.11　椭圆（Ellipse）

椭圆由定义其长度和宽度的两条轴决定,较长的轴称为长轴,较短的轴称为短轴。椭圆在二维图形中也是最常见的一种基本图元。AutoCAD 中有 4 种绘制椭圆的方法:①指定两个轴端点以及另一条半轴长度;②指定中心点、其中一个轴端点以及另一条半轴长度;③指定轴端点、长轴轴长以及旋转角度[①];④指定中心点、长轴轴长以及旋转角度。在椭圆绘制过程中,还可以截取椭圆弧,其绘制过程是,首先绘制一个完整的椭圆,然后移动光标删除椭圆的一部分,剩余部分即为所需要的椭圆弧,如图 2-23 所示。

1. 命令激活方式

(1) 下拉菜单:【绘图】→【椭圆】。

(2) 工具栏按钮:"绘图"工具栏之 ⬭ 按钮。

(3) 命令行:*ellipse* 或 *el*。

2. 绘制实例(结果见图 2-23)

命令:*ellipse*
指定椭圆的轴端点或[圆弧(A)/中心点(C)]:(拾取点 a1)
指定轴的另一个端点:(拾取点 b1)
指定另一条半轴长度或[旋转(R)]:(拾取点 c1)
命令:↙
指定椭圆的轴端点或[圆弧(A)/中心点(C)]:*c*
指定椭圆的中心点:(拾取点 a2)
指定轴的端点:(拾取点 b2)
指定另一条半轴长度或[旋转(R)]:(拾取点 c2)
命令:↙
指定椭圆的轴端点或[圆弧(A)/中心点(C)]:(拾取点 a3)
指定轴的另一个端点:*@ 500＜0*
指定另一条半轴长度或[旋转(R)]:*r*
指定绕长轴旋转的角度:*60*
命令:↙
指定椭圆的轴端点或[圆弧(A)/中心点(C)]:*c*
指定椭圆的中心点:(拾取点 a4)
指定轴的端点:*@ 250＜0*
指定另一条半轴长度或[旋转(R)]:*r*
指定绕长轴旋转的角度:*60*
命令:↙
指定椭圆的轴端点或[圆弧(A)/中心点(C)]:*a*
指定椭圆弧的轴端点或[中心点(C)]:(拾取点 a5)
指定轴的另一个端点:*@ 500＜0*
指定另一条半轴长度或[旋转(R)]:*125*
指定起始角度或[参数(P)]:(拾取点 c5)
指定终止角度或[参数(P)/包含角度(I)]:(拾取点 b5)
命令:↙
指定椭圆的轴端点或[圆弧(A)/中心点(C)]:*a*

---

① 通过绕椭圆第一条轴旋转确定长轴和短轴的比例,0 角度定义一个圆,可接受的最大角度是 89.4°。

指定椭圆的轴端点或[圆弧(A)/中心点(C)]：*c*

指定椭圆弧的中心点：**(拾取点 a6)**

指定轴的端点：**@ 250＜0**

指定另一条半轴长度或[旋转(R)]：**125**

指定起始角度或[参数(P)]：**(拾取点 b6)**

指定终止角度或[参数(P)/包含角度(I)]：*i*

指定弧的包含角度 ＜180＞：**145**

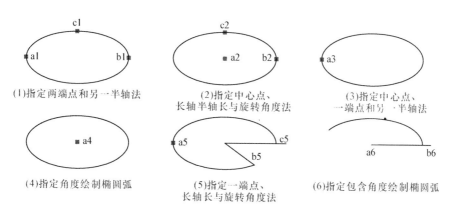

(1)指定两端点和另一半轴法　　(2)指定中心点、　　(3)指定中心点、
　　　　　　　　　　　　长轴半轴长与旋转角度法　　一端点和另一半轴法

(4)指定角度绘制椭圆弧　　(5)指定一端点、　　(6)指定包含角度绘制椭圆弧
　　　　　　　　　　长轴长与旋转角度法

图 2-23　创建椭圆及椭圆弧

🔘 2.2.12　构造线和射线(Xline 和 Ray)

射线和构造线分别为向一个或两个方向无限延伸的直线,通常用作创建其他对象的参照。例如,可以用构造线查找三角形的中心、绘制柱网网格或创建临时交点用于对象捕捉。

用户可使用以下任意一种方式激活构造线：

(1)下拉菜单：【绘图】→【构造线】。

(2)工具栏按钮："绘图"工具栏之 / 按钮。

(3)命令行：*xline* 或 *xl*。

用户可使用以下任意一种方式激活射线：

(1)下拉菜单：【绘图】→【射线】。

(2)命令行：*ray*。

🔘 2.2.13　多线(Mline)

多线由 1～16 条平行线组成,这些平行线称为元素。在城市规划制图中,我们通常用多线来绘制道路边线和户型墙线等要素。

1. 命令激活方式

(1)下拉菜单：【绘图】→【多线】。

(2)工具栏按钮："绘图"工具栏之 ∥ 按钮。

(3)命令行：*mline* 或 *ml*。

2. 命令选项解释

调用 **Mline** 命令后,命令行会出现如下提示:

命令:*mline*

当前设置:对正 = 上,比例 = 20.00,样式 = STANDARD

指定起点或[对正(J)/比例(S)/样式(ST)]:

---

(1) 对正(J):"对正(J)"选项确定如何在指定的点之间绘制多线。选择该选项后,命令行将出现如下提示:"输入对正类型[上(T)/无(Z)/下(B)]<当前类型>:"。

● 上(T):在光标下方绘制多线,在指定点处将会出现具有最大正偏移值的直线。

● 无(Z):将光标作为原点绘制多线。

● 下(B):在光标上方绘制多线,在指定点处将出现具有最大负偏移值的直线。

(2) 比例(S):"比例(S)"选项基于在多线样式定义中建立的宽度控制多线的全局宽度。如比例因子为 2 绘制多线时,其宽度是样式定义的宽度的两倍,负比例因子将翻转偏移线的次序。比例因子为 0 将使多线变为单一的直线。

(3) 样式(ST):用户可以通过"样式(ST)"选项指定多线的样式。选择该选项后,命令行将出现如下提示:"输入多线样式名或[?]:输入名称或输入 ?"。

● 样式名:指定已加载的样式名或创建的多线库(MLN)文件中已定义的样式名。

● 列出样式:列出已加载的多线样式。

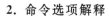 2.2.14 添加选定对象(Addselected)

与 COPY 不同,它仅复制对象的常规特性。例如,基于选定的圆创建对象会采用该圆的常规特性(如颜色和图层),但会提示用户输入新圆的圆心和半径。通过 Addselected 命令,用户可以创建与选定对象属于同一对象类型的新对象。除常规特性外,某些对象还具有受支持的特殊特性,如表 2-1 所示。

表 2-1 **Addselected 支持的特殊特性**

对象类型	Addselected 支持的特殊特性
渐变色	渐变色名称、颜色 1、颜色 2、渐变色角度、居中
文字、多行文字、属性定义	文字样式、高度
标注(线性、对齐、半径、直径、角度、弧长和坐标)	标注样式、标注比例
公差	标注样式
引线	标注样式、标注比例
多重引线	多重引线样式、全局比例
表	表格样式
图案填充	图案、比例、旋转
块参照、外部参照	名称
参考底图(DWF、DGN、图像和 PDF)	名称

用户可使用以下任意一种方式激活添加选定对象:

(1)工具栏按钮:"绘图"工具栏之 按钮。

(2)命令行:*addselected* 或 *add*。

2.3　二维图形绘制实例

2.3.1　绘制风玫瑰

1. 可能使用的命令

"直线"(**Line**)、"多段线"(**Pline**)、"文字"(**Mtext**)和"填充"(**Bhatch**)。

2. 绘制步骤

(1)使用"直线"(或"多段线")命令绘制两条十字线,其坐标分别为(0,−11)、(0,15)、(9,0)、(−9,0)。注意:在直接输入坐标时,应关闭状态栏中的动态输入(DYN)功能,否则将出现输入错误。

(2)关闭世界坐标轴的显示,以方便绘制和观察:选择菜单命令【视图】→【显示】→【UCS 图标】→【开】,将其前面的勾去掉。

(3)采用绝对直角坐标或相对直角坐标,依次输入风玫瑰外围一圈各点的坐标。最后输入"c"将多段线闭合。注意:图 2-24 中所注为绝对直角坐标,采用相对直角坐标捕捉各点时,需要将坐标作相应转化。

(4)打开状态栏中的"对象捕捉"功能,使用"直线"或"多段线"命令将十字线交点与外围各点相连。

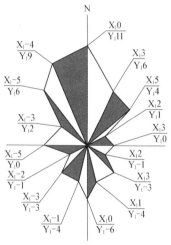

图 2-24　风玫瑰

(5)使用"文字"命令输入文本"N",并用"填充"命令填充风玫瑰的相应色块。其结果如图 2-24 所示。

2.3.2　绘制五角星

参考图 2-25 的角度标注,采用相对极坐标方式绘制如图 2-26 所示的五角星。

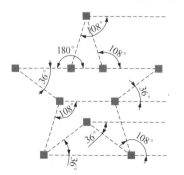

图 2-25　角度标注参照

图 2-26　五角星

1. 可能使用的命令

"多段线"（Pline）。

2. 绘制步骤

（1）使用"多段线"命令，在图中任意单击一点，作为五角星其中一角。

（2）按照顺时针或逆时针顺序，采用相对极坐标方式，依次捕捉相邻点的坐标。如"@ *100＜36*"、"@ *100＜－108*"，其中 100 为五角星的边长，该值也可自行设定。注意：Auto-CAD 2012 系统默认逆时针方向角度为递增，反之递减，故要注意角度的正负性。

（3）最后输入"*c*"闭合多段线，完成绘制。

2.3.3 绘制篮球场平面图

1. 可能使用的命令

"构造线"（Xline）、"直线"（Line）、"多段线"（Pline）、"矩形"（Rectang）、"圆"（Circle）和"偏移"（Offset）。

2. 绘制步骤

（1）篮球场平面图如图 2-27 所示。在"图层特性管理器"中新建一个"辅助线"图层，并使用"构造线"命令在该层绘制如图 2-28 所示的辅助线。其中用到了"偏移"命令，具体用法可参照第 3 章相关内容。

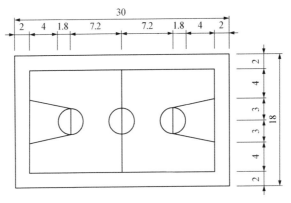

图 2-27　篮球场平面图

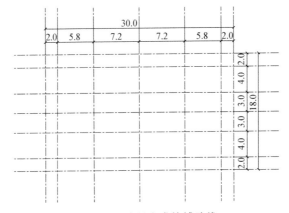

图 2-28　绘制完成的辅助线

（2）打开"对象捕捉"功能，使用"矩形"命令绘制最外边的两圈矩形场地界线。

（3）使用"直线"或"多段线"命令绘制场地中间的对称轴线。

（4）使用"圆"命令，利用捕捉功能在相应位置绘制三个半径为 1.8 的圆。

（5）利用捕捉功能，使用"直线"或"多段线"命令绘制左右两边的罚球线及边线。

2.3.4　绘制公建屋顶平面图

1. 可能使用的命令

"矩形"（**Rectang**）、"圆"（**Circle**）、"直线"（**Line**）、"多段线"（**Pline**）、"正多边形"（**Polygon**）和"圆弧"（**Arc**）。

2. 绘制步骤

（1）公建屋顶平面图如图 2-29 所示。使用"矩形"命令和"多边形"命令绘制如图 2-30所示的主要结构。

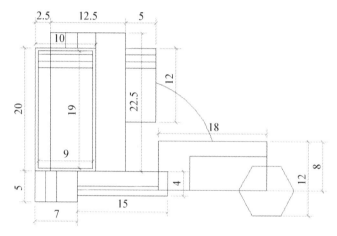

图 2-29　公建屋顶平面图

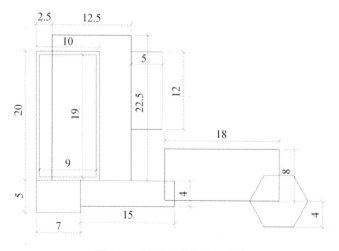

图 2-30　绘制完成的主要结构

（2）选择"圆弧"命令，使用"圆心—起点—端点"方式绘制如图2-31所示结构。

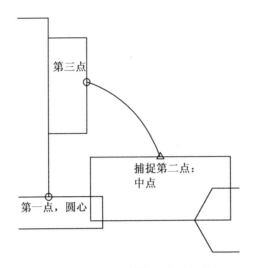

第三点

捕捉第二点：
中点

第一点，圆心

图 2-31　使用"圆弧"命令绘制的结构

（3）使用"直线"或"多段线"命令绘制内部剩余的结构线，具体尺寸可使用估计值。此过程需借助对象捕捉、极轴追踪等手段。

习题与思考

1. 试比较不同的坐标输入方式的特点及其适用情形。

2. 激活对象捕捉的方式有哪几种？试比较各种方式的优缺点。

3. 通过对象捕捉、极轴追踪、坐标输入等手段，综合使用各种图形绘制命令绘制如图2-32所示的羽毛球场地平面图。

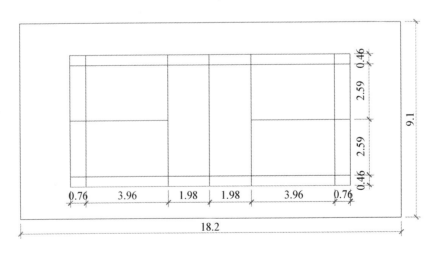

图 2-32　羽毛球场地平面图

4. 通过绘制如图 2-33 所示的某建筑正立面图,熟练掌握对象捕捉、极轴追踪、坐标输入和各种图形绘制命令的操作方法。

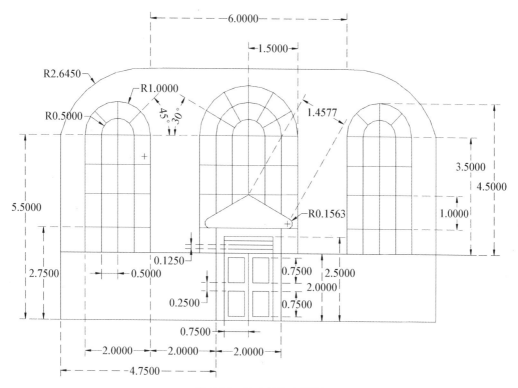

图 2-33　某建筑正立面图

第3章 二维图形编辑

直接通过绘制命令创建的图元通常不一定能满足用户的需要；另外，规划设计图通常需要进行多轮的修改，才能最后定稿。因此，在城市规划图绘制过程中，图形编辑是必不可少的。图形编辑是指对已经绘制的图元进行复制、旋转、移动、拉伸、缩放、镜像、删除等必要的修改和编辑过程。

本章将介绍两组不同模式的编辑命令和相应的目标选择方式，以及在选择和编辑目标过程中必不可少的视窗操作命令。

3.1 图元要素选择

图元要素选择或目标选择是 AutoCAD 编辑过程中必要的操作之一，所有的编辑命令都要求选取目标，用户可在激活命令前选目标或在激活命令时响应系统提示再选取目标。AutoCAD 提供了多种选取目标的方式。需要注意的是，激活命令前的目标选择和激活命令后的目标选择方式有较大的差异，以下将分别予以介绍。

3.1.1 激活命令前的目标选择

在激活编辑命令前，AutoCAD 支持用户提前选择待编辑的图元要素。在自动编辑模式①中，用户必须选用激活命令前的目标选择方式。

1. 全选

"全选"即选择图形中的所有元素，可以用下拉菜单【编辑】→【全部选择】或快捷组合键"Ctrl＋A"完成。当一个图元被选中以后，此要素会改变颜色，它的外形变成虚线，夹点（通常以高亮小方块显示）会被标示出来（见图3-1）。夹点的颜色和大小可以在"选项"对话框（使用下拉菜单【工具】→【选项】可弹出此对话框）的"选择集"选项卡中设定（见图3-2）。缺省情况下，若未进入编辑状态，夹点的颜色应为蓝色。

图 3-1 "全选"后的图形要素

① 有关自动编辑模式的介绍请参照第 3.2 节。

图 3-2　"选项"对话框中的"选择集"选项卡

2. 点选

点选是用鼠标单击图元要素来拾取目标。在 AutoCAD 2012 中,当用户将鼠标移动至待选图元要素上时,该图元会以高亮虚线的形式显示,此时单击鼠标左键即可选择该图元要素。

3. 窗选

通过鼠标指定两点定义矩形选框,当此矩形选框自左至右绘制时,矩形边界将会以实线方式显示,此时 AutoCAD 会选择完全位于窗口内部的图元要素。当矩形选框为自右至左绘制时,矩形边界会以虚线方式显示,AutoCAD 将选择窗口内的元素以及与窗口边界相交的图元要素。

在使用窗选模式进行选择时,为提高矩形选框内外部的区分度,AutoCAD 会在矩形选框内部临时填充具有较高透明度的颜色。颜色类型和透明度可以在"视觉效果设置"对话框(见图 3-3)中进行设定,此对话框可通过以下方式弹出:使用下拉菜单【工具】→【选项】,在"选项"对话框的"选择集"选项卡中单击"视觉效果设置"按钮。

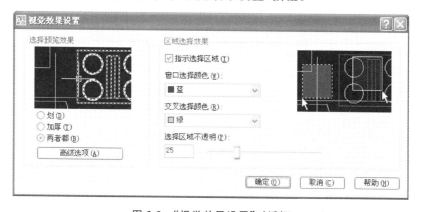

图 3-3　"视觉效果设置"对话框

4. 删除选择的目标

当用户选择目标时,AutoCAD 会生成选择集。在进一步选择时,配合"Shift"键可从选择集中删除某一个或几个图元要素。当发现有误选目标时,可以通过以上操作将这些目标从当前选择集中移除。

如果用户要一次性删除选择集中的所有目标,直接按"Esc"键即可。

5. 快速选择

利用"快速选择"对话框,用户可以使用对象特性或对象类型来将对象包含在选择集中或从选择集中排除。例如,用户可以只选择图形中所有红色的圆而不选择任何其他对象,或者选择除红色圆以外的所有其他对象。使用下拉菜单【工具】→【快速选择】,或直接在命令提示符下键入"*qselect*"可激活"快速选择"对话框(见图 3-4)。

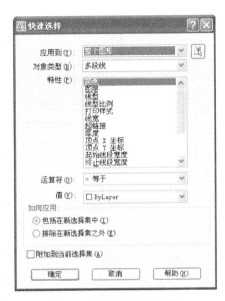

图 3-4 "快速选择"对话框

"快速选择"对话框各部分的含义如下:

(1)"应用到"。将过滤条件应用到整个图形或当前选择集(如果存在)。若要使用过滤条件选择一组对象,需使用下拉选择项"选择对象"。完成对象选择后,按"Enter"键重新显示该对话框,"应用到"将被设置为"当前选择"。

(2)[ ]。点击该按钮,将暂时关闭"快速选择"对话框,此时允许用户在图形窗口中选择要对其应用过滤条件的对象,按回车键将返回到"快速选择"对话框。与此同时,"应用到"下拉框将显示"当前选择"。只有选择了"包括在新选择集中"选项并清除"附加到当前选择集"选项时,"选择对象"按钮才可用。

(3)对象类型。指定要包含在过滤条件中的对象类型。如果过滤条件正应用于整个图形,则"对象类型"列表包含全部的对象类型。否则,该列表只包含选定对象的对象类型。

(4)特性。指定过滤器的对象特性,此列表包括选定对象类型的所有可搜索特性。选定的特性决定"运算符"和"值"中的可用选项。

(5)运算符。"运算符"用来控制过滤的范围。根据选定的特性,运算可能包括"等于"、"不等于"、"大于"、"小于"和"*通配符匹配"。对于某些特性,"大于"和"小于"选项不可用,"*通配符匹配"只能用于可编辑的文字字段。

(6)值。指定过滤器的特性值。如果选定对象的已知值可用,则"值"成为一个列表,可从中选择一个值。否则,需用户输入一个特定值。

(7)如何应用。选择"包括在新选择集中"将创建其中只包含符合过滤条件的对象的新选择集,选择"排除在新选择集之外"将创建其中只包含不符合过滤条件的对象的新选择集。

(8)附加到当前选择集。取消该选项时,**Qselect** 命令创建的选择集替换当前选择集;否则,新创建的选择集将追加到当前选择集中。

6.选择类似对象

利用"选择类似对象"功能,可以将与选定对象类似的对象添加到选择集。这是一种比较简单快速的方法。打开方式有如下两类:

第一类方式是先选择一个对象,然后再单击鼠标右键,在弹出的快捷菜单中选择"选择类似对象"命令,此时,系统会自动将图形中与所选对象类似的对象全部选中。

第二类方式是直接在命令提示符下键入"selectsimilar",并按"Enter"键启动选择类似对象命令。此时命令区会出现"选择对象或[设置(SE)]:"的提示,若直接选择某一个对象,只需再按"Enter"键,系统会自动将图形中与所选对象类似的对象全部选中;若输入"SE",则会弹出"选择类似设置"对话框,如图 3-5 所示。

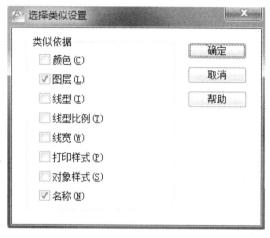

图 3-5　"选择类似设置"对话框

"选择类似设置"对话框可以设定颜色、图层、线型、线型比例、线宽、打印样式、对象样式(如文字形式、标注形式和表格形式)或名称(如图块、外部参考和影像),将相符的对象作为类似对象。

7.过滤器

"对象选择过滤器"对话框的功能与"快速选择"对话框的功能相似,都是使用对象特性或对象类型将对象包含在选择集中或从选择集中移除对象。与使用"快速选择"功能相比,使用"对象选择过滤器"的好处在于:可设定更为灵活的过滤或筛选条件;用户可以命名和保存过滤器以供将来使用。

"对象选择过滤器"对话框的激活方式为 **Filter** 命令。在命令提示符下键入"*filter*"后将弹出如图 3-6 所示的对话框。

对话框各部分的含义如下:

(1)过滤器特性列表。该列表位于对话框顶部,显示了组成当前过滤器的所有过滤器特性,当前过滤器就是在"已命名的过滤器"组合框中"当前"下拉列表中所选中的过滤器,如图 3-5 中的当前过滤器为"白色圆"。

(2)选择过滤器。用户在此组合框中为当前过滤器添加过滤器特性。

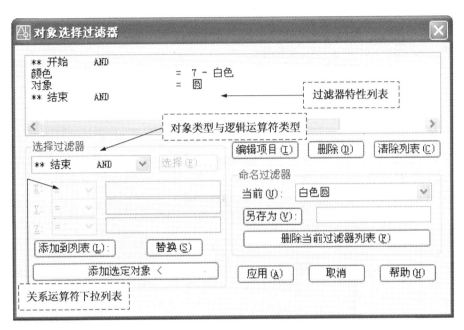

图 3-6 "对象选择过滤器"对话框

● "对象类型和逻辑运算符"下拉列表。该下拉列表中列出可过滤的对象类型和用于组成过滤表达式的逻辑运算符(AND、OR、XOR 和 NOT)。如果使用逻辑运算符,需确保在过滤器列表中正确地成对使用它们。表 3-1 列出了成对使用的逻辑运算符。图 3-6 中的过滤器即使用了 AND 逻辑运算符。使用该过滤器将使白色圆作为选择集中的图元。

表 3-1 逻辑运算符

开始运算符	操作对象	结束运算符
开始 AND	一个或多个运算对象	结束 AND
开始 OR	一个或多个运算对象	结束 OR
开始运算符	操作对象	结束运算符
开始 XOR	两个运算对象	结束 XOR
开始 NOT	一个运算对象	结束 NOT

● 参数 X、Y、Z。当在"对象类型和逻辑运算符"下拉框中选择点类型如点位置、块位置、圆心、直线端点等时,X、Y 和 Z 输入框被激活。使用时先单击"关系运算符"下拉列表以指定运算符,如选择"<(小于)"或">(大于)",然后在右侧的输入框中输入过滤值。例如,以下过滤器选择了圆心大于或等于(1,1,0)、半径大于或等于 1 的所有圆:

对象＝圆
圆心 X >= *1.0000*   Y >= *1.0000*   Z >= *0.0000*
圆半径 >= *1.0000*

● 选择。点击此按钮将显示一个对话框,其中列出了图形中指定类型的所有项目,据此选择要过滤的项目。例如,若选择对象类型为"颜色",点击"选择"按钮将弹出"选择颜色"面板。

● 添加到列表。单击此按钮将向"过滤器列表"添加"对象类型和逻辑运算符"下拉列表中的当前选项。除非手动删除,否则添加到未命名过滤器(缺省的过滤器名)的过滤器特性在当前工作任务中仍然可用。

● 替换。单击此按钮,"选择过滤器"中显示的某一过滤器特性将替换过滤器特性列表中的选定特性。

● 添加选定对象。单击此按钮将向过滤器列表中添加图形中的一个选定对象。

(3) 编辑项目。将选定的过滤器特性移动到"选择过滤器"区域进行编辑,需随后单击"替换"按钮才能完成过滤器特性的编辑。

(4) 删除。从当前过滤器中删除选定的过滤器特性。

(5) 清除列表。从当前过滤器中删除所有列出的特性。

(6) 命名过滤器。显示、保存和删除过滤器。

● 当前。"当前"标签右侧的下拉列表中加载了记录在 filter. nfl 文件中所记录的过滤器及特性列表。下拉列表当前选项所指示的过滤器信息将出现在"过滤器特性列表框"中。

● 另存为。保存过滤器及其特性列表,过滤器保存在 filter. nfl 文件中。

● 删除当前过滤器列表。从默认过滤器文件中删除当前过滤器及其所有特性。

(7) 应用。单击此按钮将退出"对象选择过滤器"对话框并显示"选择对象"提示,在此提示下创建一个选择集,假定为集合 A。应用当前过滤器后,将在集合 A 中选出符合过滤条件的对象,也就是说最终被选中的对象是集合 A 的子集。

3.1.2 "选择对象"提示下的目标选择

当 AutoCAD 提示用户选择目标时,程序将提示用户建立编辑目标集。执行许多命令(包括 **Select** 命令)后都会出现"选择对象"提示。大部分情况下,AutoCAD 不指定选择的方式,如果用户想浏览选择方式列表,当 AutoCAD 提示选择对象时,输入"?",将出现以下提示:

选择对象:?
需要点或窗口(W)/上一个(L)/窗交(C)/框(BOX)/全部(ALL)/栏选(F)/圈围(WP)/圈交(CP)/编组(G)/添加(A)/删除(R)/多个(M)/前一个(P)/放弃(U)/自动(AU)/单个(SI)/子对象(SU)/对象(O)

---

(1) 点选。直接点击图元以选取目标。

(2) 窗口(W)。使用两点确定矩形窗口,完全位于窗口内部的图元被选中。

(3) 上一个(L)。选择最近一次创建的可见对象。

(4) 窗交(C)。使用两点确定矩形窗口,处于窗口内部及与窗口边界相交的元素被选中。

(5) 框(BOX)。使用两点确定矩形窗口,如果矩形的点是从右至左指定的,框选与窗交等价。否则,框选与窗选等价。

（6）全部（ALL）。选择解冻的图层上的所有对象。

（7）栏选（F）。选择与选择栏相交的所有对象，组成选择栏的线段可以相交。

（8）圈围（WP）。通过在待选对象周围指定一系列点来定义一个多边形，完全位于多边形内部的图元将构成当前的选择集。该多边形可以为任意形状，但不能自相交。当待选目标的分布区域不规则时可选择此选项。

（9）圈交（CP）。通过在待选对象周围指定一系列点来定义一个多边形，完全位于多边形内部或与多边形相交的图元将构成当前的选择集。该多边形可以为任意形状，但不能自相交。当待选目标的分布区域不规则时可选择此选项。

（10）编组（G）。选择指定组中的全部对象。编组（G）选项应配合 **Group** 命令同时使用。

（11）添加（A）。切换到"添加"模式：可以使用任何对象选择方法将选定对象添加到选择集，"添加"模式为默认模式。

（12）删除（R）。切换到"删除"模式：可以使用任何对象选择方法从当前选择集中删除对象。

（13）多个（M）。指定多次选择而不高亮显示对象，从而加快对复杂对象的选择过程。如果两次指定相交对象的交点，"多选"也将选中这两个相交对象。

（14）前一个（P）。选择最近创建的选择集。当使用删除命令后，"前一个"选项失效，也即上一个选择集被清空。程序将跟踪是在模型空间中还是在图纸空间中指定每个选择集。如果在两个空间中切换将忽略"上一个"选择集。

（15）放弃（U）。放弃选择最近加到选择集中的对象。

（16）自动（AU）。切换到自动选择模式：指向一个对象即可选择该对象，指向对象内部或外部的空白区将形成框选方法定义的选择框的第一个角点。"自动"模式为默认模式。

（17）单个（SI）。切换到"单选"模式：选择指定的第一个或第一组对象而不继续提示进一步选择。

（18）子对象（SU）。切换到"子对象"模式：逐个选择原始形状，这些形状是复合实体一部分，或者三维实体上的顶点、边和面。可以选择这些子对象的其中之一，也可以创建多个子对象的选择集。选择集可以包含多种类型的子对象。

（19）对象（O）。结束选择子对象的功能。

3.2 自动编辑模式

编辑修改是绘图中使用频率非常高的一部分，AutoCAD 提供了一种不用触摸键盘，也不使用下拉菜单和工具栏按钮就可以激活一些常用编辑命令的功能，这种功能叫做自动编辑模式，使用这种功能可以在一定程度上提高用户的绘图效率，因而在实际的图形编辑中常常被使用。

自动编辑模式提供的常见编辑命令包括"移动"（**Move**）、"镜像"（**Mirror**）、"旋转"（**Rotate**）、"缩放"（**Scale**）、"拉伸"（**Stretch**）等。

3.2.1　激活自动编辑模式

1. 选择目标

要进入自动编辑模式,首先须使用激活命令前的目标选择方式选择待编辑目标。此时待编辑目标会以虚线形式显示,夹点[①]同时也会以蓝色小方块形式显现。

2. 指定基准点

当用户点取任意一个夹点时,夹点将成为基准点,同时该夹点的标识颜色也会改变(缺省情况下变成红色)。此时,用户已启动自动编辑模式。选择不同的基准点进入自动编辑模式后,默认的编辑命令也是不一样的,如直线元素的三个夹点中,选中两端的夹点后将自动进入拉伸命令,而选中中间的夹点后,AutoCAD 会默认进入移动命令。当右键点击基准点时,将弹出如图 3-7 虚线框内所示的右键菜单,通过在其上选择不同的菜单项,用户可基于基准点对被选中的目标进行"移动"、"镜像"、"旋转"、"缩放"、"拉伸"等操作。

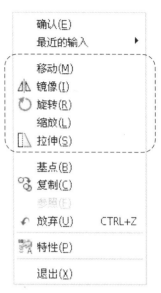

图 3-7　自动编辑模式下的 5 种编辑命令

用户还可以配合"Shift"键选择多个基准点同时对多个元素进行编辑。

3.2.2　使用自动编辑模式

1. 拉伸

对于大部分能够进行拉伸操作的图元来说,拉伸操作是进入自动编辑模式后的默认操作。对于直线、多段线、矩形、正多边形等图元要素,拉伸命令即对被选择目标中的基准点进行重定位操作。对于圆、圆弧、椭圆等要素,用户可以通过该命令重定位圆周上的基准点以改变圆的半径(见图 3-8)。

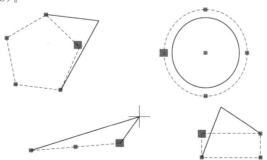

图 3-8　目标拉伸(虚线为拉伸前图形,实线为拉伸后的图形)

进入拉伸编辑模式后,命令行将提示"指定拉伸点或[基点(B)/复制(C)/放弃(U)/退出

---

① 夹点(Grips)是指对象控制点或关键点处所显示的以蓝色为填充色的正方形小框,它指示了对象的编辑状态。选择对象后出现的蓝色夹点通常也称为冷点,此时对象处于等待编辑的状态;若选中夹点,其颜色将为红色,此时的夹点称为热点,对象进入编辑状态。

(X)］：",各选项的含义如下。

（1）指定拉伸点。用户可以采用直接指定拉伸点的方式为基准点重定位,拉伸点的指定方法有鼠标点选和键盘输入两种。

（2）基点(B)。当需要重新选择基准点时选用此选项。

（3）复制(C)。选择此选项,被选中目标将首先被拷贝一份,然后再对被选中目标进行拉伸操作。

（4）放弃(U)。此选项可以自动取消拉伸过程中的上一步操作。

（5）退出(X)。此选项将退出命令。

2. 移动

移动过程是为所选取目标指定新位置的过程。在此过程中,目标的形状以及其他图形属性保持不变,如图 3-9 所示。

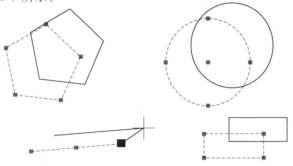

图 3-9　目标移动(虚线为移动前的图形,实线为移动后的图形)

移动目标所使用的大部分步骤与拉伸目标相同,用户首先选择目标,进而选择基准点,除部分情况下用户直接进入移动命令外,大部分时候用户需要使用鼠标右击基准点,在弹出的菜单中选择"移动"命令或键入"*mo*"进入移动编辑模式。注意:此时应确保动态输入功能关闭,否则键入"*mo*"之后将不能进入移动编辑模式。

3. 旋转

旋转是指绕指定基点旋转所选定的目标。旋转目标所使用的大部分步骤与移动目标相同,用户选择目标,进而选择基准点,右击基准点在弹出菜单中选择"旋转"命令或键盘输入"*r*"进入旋转编辑模式。注意:此时应确保动态输入功能关闭,否则键入"*r*"后将不能进入旋转编辑模式。

用户进入旋转编辑模式后,命令行将提示"指定旋转角度或［基点(B)/复制(C)/放弃(U)/参照(R)/退出(X)］：","复制(C)"、"放弃(U)"、"退出(X)"等选项的含义同上,其他各选项的含义如下:

（1）指定旋转角度。用户通常可采用两种方式指定旋转角度:一种是键盘键入,另一种是使用鼠标在图形上指定点,该点与基准点所绘成的直线在极坐标系中的角度即为被选择对象的旋转角度(见图 3-10)。

图 3-10　以指定角度旋转的直线[①]
(以 a 为基点,旋转直线 ab 到新位置 ac)

————————————

① 旋转角度为 ad 与水平线段 ae 的夹角。

（2）基点（B）。若用户想绕某一点而不是基准点旋转目标，可以使用"基点（B）"选项重新定位旋转基点。

（3）参照（R）。使用该选项可将对象从指定的角度旋转到新的绝对角度。假定已绘制如图 3-11（1）所示的正五边形，我们希望通过旋转操作，使 cf 所在的边能与 Y 轴平行，即旋转后得到如 3-11（2）所示的图形。其操作过程为：首先选中正五边形，单击点 a 以激活自动编辑模式，并进行如下操作：

命令：
＊＊拉伸＊＊
指定拉伸点或［基点（B）/复制（C）/放弃（U）/退出（X）］：**r**　　　　　　　　（激活旋转操作）
＊＊旋转＊＊
指定旋转角度或［基点（B）/复制（C）/放弃（U）/参照（R）/退出（X）］：**c**　　（进行复制）
＊＊旋转（多重）＊＊
指定旋转角度或［基点（B）/复制（C）/放弃（U）/参照（R）/退出（X）］：**r**　　（选用参照选项）
指定参照角 ＜0＞：**(拾取点 f)**
指定第二点：**(拾取点 c)**
＊＊旋转（多重）＊＊
指定新角度或［基点（B）/复制（C）/放弃（U）/参照（R）/退出（X）］：**90**
＊＊旋转（多重）＊＊
指定新角度或［基点（B）/复制（C）/放弃（U）/参照（R）/退出（X）］：↙

（1）操作前图形

（2）操作后图形

图 3-11　使用参照选项进行旋转

4. 缩放

缩放是按照特定比例缩小或放大所选图形。图形缩放的步骤大致如下：首先选择目标，随后选择基准点，在鼠标右键菜单中选择"缩放"命令，或键入"*scale*"或"*sc*"进入缩放模式。注意：此时应确保动态输入功能关闭，否则键入"*scale*"或"*sc*"后将不能进入缩放编辑模式。

用户进入缩放编辑模式后，命令行将提示："指定比例因子或［基点（B）/复制（C）/放弃（U）/参照（R）/退出（X）］："。比例因子的起始值为 1，该值可直接由键盘输入，也可以由鼠标在图形屏幕上拾取合适的点来确定，所拾取的点与基点之间的距离值即为比例因子。

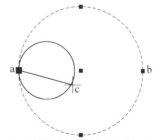

图 3-12　使用"参照"选项对圆进行缩放操作
（虚线为缩放前的图形，实线为缩放后的图形；选择直线 ab 为参照长度，ac 为新长度）

当选择"参照（R）"选项后，系统对图形的缩放比例由新指定的线段长度与参照长度的比值确定（见图 3-12）。"基点（B）"、"复制（C）"、"放弃（U）"、"退出（X）"等选项的含义同上。

5. 镜像

镜像即对称复制。激活镜像操作的过程如下：首先选择目标，随后选择基准点，右击基准点，在弹出菜单中选择"镜像"命令或键盘输入"*mi*"进入镜像编辑模式。注意：此时应确保动态输入功能关闭。根据基准点和指定的第二个点所确定的镜像线为镜像变换选定的目标(见图 3-13)。

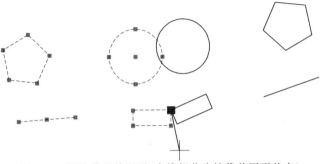

图 3-13   镜像前后的图形(虚线部分为镜像前图形状态)

用户进入镜像编辑模式后，命令行将提示："指定第二点或［基点（B）/复制（C）/放弃（U）/退出（X）］："。

若基准点不在镜像线上，可使用"基点（B）"选项更改基点。"复制（C）"、"放弃（U）"、"退出（X）"等选项的含义同上。

3.3   视图工具

由于计算机显示器大小的限制，在绘制图形时，我们通常需要不断变换视图①，以显示图形细节或全局。本节主要介绍视图缩放和视图管理。

▶ 3.3.1   视图平移和视图缩放

1. 视图平移

视图平移即在不改变图形缩放比例的情况下移动全图，改变图面位置，方便用户观察当前视窗中图形的不同部位。开启平移状态有以下几种方式：

（1）下拉菜单：【视图】→【平移】→【实时平移】。

（2）工具栏按钮："标准"工具栏之 🖐 按钮。

（3）命令行：*pan* 或 *p*。

（4）快捷菜单：在没有选择任何图元的情况下，右击图形窗口，在右键弹出菜单中选择"平移"菜单项。

当用户发出"实时平移"命令后，屏幕上的十字光标变成 🖐 图标，按住左键拖动鼠标，当前视窗中的图形将随光标移动方向移动。用户可通过"Esc"键或回车键结束实时平移命令，或右击鼠标弹出菜单中的"退出（Exit）"选项以结束此命令。

---

① 按一定比例、位置和方向显示的图形称为视图。

2. 视图缩放

为方便用户更清楚地观察或修改图形，AutoCAD 还提供了"视图缩放"功能，即在屏幕上对图形进行放大或缩小。缩放命令不改变图形中对象的绝对大小，只改变视图的比例。

AutoCAD 中提供了多种视图缩放方式。我们可以通过以下几种方式开启视图缩放功能：

(1) 下拉菜单：【视图】→【缩放】(见图 3-14)。

(2) 工具栏按钮："标准"工具栏之 🔍 🔲 🔍 按钮。

(3) 命令行：*zoom* 或 *z*。

(4) 快捷菜单：在没有选择任何图元的情况下，右击图形窗口，在弹出菜单中选择"缩放"菜单项。

激活视图缩放命令(**Zoom**)后，命令行会出现如下提示：

图 3-14　菜单栏中提供的缩放选项

命令：*zoom*

指定窗口的角点，输入比例因子 (nX 或 nXP)，或者

[全部(A)/中心(C)/动态(D)/范围(E)/上一个(P)/比例(S)/窗口(W)/对象(O)] <实时>：

各主要选项的含义如下：

(1) 全部(A)。在当前视图中缩放显示整个图形，如图 3-15 所示。在平面视图中，所有图形将被缩放到栅格界限和当前范围两者中较大的区域中。在三维视图中，**Zoom** 命令的"全部"选项与"范围"选项等效，即使图形超出了栅格界限也能显示所有对象。

(1)执行前状态

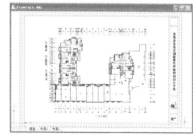

(2)执行后状态

图 3-15　执行"全部"命令前后的图形

(2) 中心(C)。选择"中心(C)"选项后命令行会出现如下提示：

指定中心点：

输入比例或高度 <当前值>：

指定中心点并输入比例或高度后，由上述二要素所定义的窗口范围内的图形将布满下一个视图窗口。

(3) 动态(D)。使用此选项时，AutoCAD 首先显示平移视图框，将其拖动到所需位置并单击，继而显示缩放视图框，调整其至合适大小后按回车键，当前视图框中的区域将布满整个视图窗口。图 3-16 反映了执行"动态"缩放操作前后视图窗口的变化。

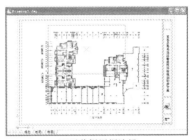

(1)平移视图框选择

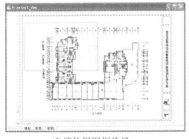

(2)缩放视图框选择

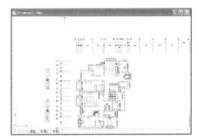

(3)执行操作后的图形

图 3-16　执行"动态"缩放操作前后的图形

（4）范围（E）。将所有对象最大化显示在当前图形窗口中。图 3-17 反映了执行"范围"缩放操作前后视图窗口的变化。

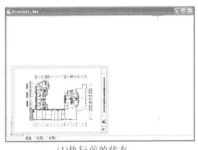

(1)执行前的状态

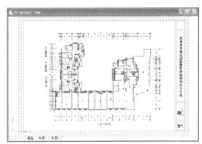

(2)执行后的状态

图 3-17　执行"缩放"命令前后的图形状态

（5）上一个（P）。缩放显示上一个视图。注意：使用此命令最多可恢复此前的 10 个视图。

（6）比例（S）。以指定的比例因子缩放显示。选择此选项时，命令行会提示："输入比例因子（nX 或 nXP）："，若以"nX"方式输入，即输入数值后再键入"x"，表示将根据当前视图指定比例。例如，输入"**0.5x**"使屏幕上的每个对象显示为原大小的二分之一。若以"nXP"方式输入比例因子，例如键入"**0.5xp**"，AutoCAD 将以图纸空间单位的二分之一显示模型空间。另外，直接输入数值将指定相对于图形界限的比例，此选项不常用。例如，在命令行键入"**z**"执行视图操作时，直接键入"**2**"，AutoCAD 将以对象原来尺寸的两倍显示对象。

（7）窗口（W）。选用此选项，由两个角点定义的矩形窗口框定的区域将充满整个视图窗口，如图 3-18 所示。

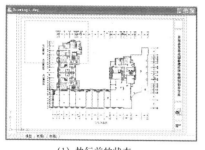 

(1) 执行前的状态　　　　　　　　　　　(2) 执行后的状态

图 3-18　执行"窗口"缩放命令前后的图形状态

(8) 对象(O)。缩放以尽可能大地显示一个或多个选定的对象并使其位于绘图区域的中心。

(9) 实时。使用此选项,缩放区随鼠标的变化而连续变化,从而实现实时缩放。实时模式下,在绘图区按下鼠标左键,光标即成为放大镜 Q^+。向上移动鼠标,图形放大;向下移动鼠标,图形缩小。当绘图区域变成用户所期望的大小时,可按"Esc"键、回车键或点击右键弹出菜单上的"退出"选项以结束实时缩放,也可点击右键弹出菜单上的"其他"选项以执行其他操作。

3. 透明缩放

透明缩放可在其他命令激活时执行。在任何命令提示行(提示用户输入文本除外)下键入"ʹzoom"或"ʹz"便可以激活透明缩放命令,注意务必在命令前面加上"ʹ"符号。

例如,在 **Line** 命令中使用透明缩放命令:

命令:*line*
指定第一点:ʹz
>>指定窗口的角点,输入比例因子(nX 或 nXP),或者
[全部(A)/中心(C)/动态(D)/范围(E)/上一个(P)/比例(S)/窗口(W)/对象(O)] <实时>:
>>>指定对角点:
正在恢复执行 LINE 命令。
指定第一点:

通常情况下,工具栏按钮和下拉菜单自动使用透明缩放。需要注意的是,在执行某些命令时将不能进行透明缩放,这些命令包括:**Vpoint**、**Dview** 和 **Zoom** 本身等。

3.3.2　视图管理操作

使用"视图缩放"命令下的"上一个(P)"选项可恢复每个视窗中显示的最后一个视图,最多可恢复前 10 个视图。当需要恢复更早的视图时,则必须使用命名视图功能。命名视图随图形一起保存并可以随时使用。当需要在布局、打印或参考特定的细节时,可将命名视图恢复到当前布局下的视窗中。AutoCAD 的直接输出功能也最好能与命名视图功能搭配使用。

使用下拉菜单【视图】→【命名视图】或 **View** 命令可以激活"视图"对话框,它包括"命名视图"选项卡(见图 3-19)和"正交和等轴测视图"选项卡两部分。

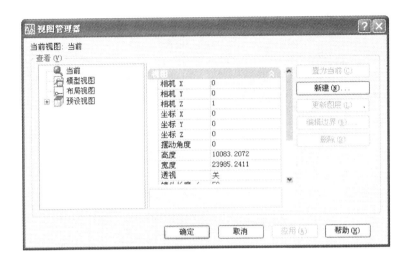

图 3-19　"视图"对话框中的"命名视图"选项卡

1. "视图"选项卡

（1）当前视图。此文本标签显示当前视图的名称。"视图"对话框第一次显示时,当前视图的名称显示为"当前"。

（2）视图列表。列出当前图形中的命名视图以及与每个命名视图一起存储的信息,当前命名视图被高亮显示。具体地,以下信息将与命名视图一起存储:

● 名称:视图的名称。

● 分类:"图纸集管理器"中"视图列表"选项卡上按类别列出了命名视图。

● 位置:"模型"选项卡或保存命名视图的布局选项卡的名称。

● VP:命名视图是否与图纸集中的图纸上的视窗关联。

● 图层:图层可见性设置是否与命名视图一起保存。

● UCS:与命名视图一起保存的用户坐标系（UCS）的名称。

● 透视:命名视图是否为透视视图。

（3）置为当前。单击此按钮,所选定的命名视图将置为当前视图。用户也可在列表中双击命名视图名称来恢复命名视图;或者在命名视图名称上右击鼠标,然后单击快捷菜单中的"置为当前"。

（4）新建。单击此按钮将显示"新建视图"对话框（见图 3-20）以创建新视图。

（5）更新图层。单击此按钮将更新与选定的命名视图一起保存的图层信息,使其与当前模型空间和布局视窗中的图层可见性匹配。

（6）编辑边界。单击此按钮,AutoCAD 将居中并缩小显示选定的命名视图,此时绘图区域的其他部分以较浅的颜色显示,从而显示命名视图的边界。用户可以重复指定新边界的对角点,直至按回车键结束。

（7）"详细信息"。单击此按钮将显示"视图详细信息"对话框（见图 3-21）。

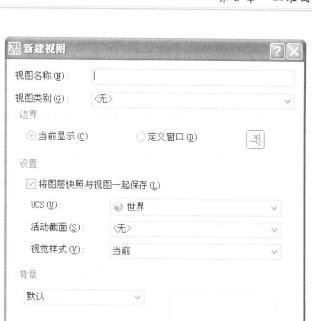

图 3-20　"命名视图"选项卡中的"新建视图"对话框

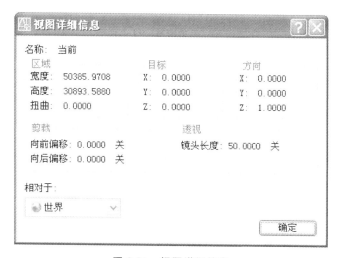

图 3-21　视图详细信息

（8）删除。单击此按钮以删除选定的命名视图。

2. 新建视图

（1）视图名称。在此文本框中输入并指定视图名称，该名称最多可以包含 255 个字符，可以包括字母、数字、空格、Microsoft Windows 和本程序未作他用的特殊字符。

（2）视图类别。使用此下拉列表框指定命名视图的类别，例如立面图或剖面图。用户可以从列表中选择一个视图类别，也可输入新的类别或保留此选项为空。

如果在图纸集管理器中更改了命名视图的类别，则在下次打开该图形文件时，所做的更改将显示在"视图"对话框中。

（3）边界。在此组合框内定义视图的边界，其中：

● 当前显示：单击此单选钮时将使用当前显示作为新视图。

● 定义窗口：单击此单选钮时，AutoCAD 将提示用户指定两个角点，并以此两点所定义的窗口作为新视图的范围。

（4）⟨按钮⟩。单击此按钮将暂时关闭对话框以便使用鼠标来指定新视图窗口的两个对角点。

（5）设置。此组合框提供用于将设置与命名视图一起保存的选项，包括：在视图中保存当前图层设置，在新的命名视图中保存当前图层可见性设置，UCS 与视图一起保存，UCS 与新的命名视图一起保存（UCSVIEW 系统变量）。

（6）UCS 名称。指定与新命名视图一起保存的 UCS。仅当选择了"UCS 与视图一起保存"时此选项才可用。

3.4 基本编辑命令

编辑对象指的是改变对象的尺寸、位置和形状。AutoCAD 中提供了多种编辑工具，通过这些工具我们可以修改已有的对象，从而获得精确度更高的图形。下面介绍编辑工具栏上的编辑命令。

编辑工具栏中所涉及的编辑命令包括：复制、删除、阵列、偏移、镜像等，如图 3-22 所示。其中，移动、旋转、镜像、缩放等命令与 3.2 节中对应的自动编辑命令的功能相同，本节不再重复介绍。与自动编辑模式下不同的是，此处应先激活编辑命令，然后再选择待编辑的对象。

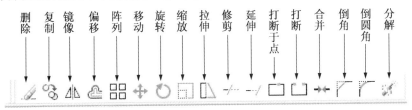

图 3-22 "编辑"工具栏

➤ 3.4.1 复制（Copy）

使用复制命令可以为原对象以指定的角度和方向创建副本。用户可以配合坐标、栅格捕捉、对象捕捉和其他工具精确复制对象。与早先版本不同，在 AutoCAD 2008 中，复制命令可以自动执行多重复制操作，按回车键或按"Esc"键将退出复制命令。

1. 命令激活方式

（1）下拉菜单：【修改】→【复制】。

（2）命令行：*copy*。

（3）工具栏按钮："修改"工具栏之 ⟨按钮⟩ 按钮。

2. 命令选项解释

调用 **Copy** 命令后，命令行会出现如下提示：

命令：*copy*
选择对象：
指定基点或［位移(D)］＜位移＞：
指定第二个点或［阵列(A)］＜使用第一个点作为位移＞：
指定第二个点或［阵列(A)/退出(E)/放弃(U)］＜退出＞：

各选项的含义如下。

（1）基点。图形窗口中拾取一个点或者输入一个绝对坐标值，将激活此选项，系统进而提示"指定第二个点或 ＜使用第一个点作为位移＞："，再次拾取或输入点后便定义了一个矢量，指示复制的对象移动的距离和方向；若在上述提示下直接键入回车键，以响应"使用第一个点作为位移"，则第一个点将视为相对位移。例如，指定基点为(2,3)并在下一个提示下按回车键，对象将从其当前位置复制到 X 方向 2 个单位、Y 方向 3 个单位的位置。

（2）位移。输入坐标值指定相对距离和方向。这里输入的坐标表示相对坐标，但坐标前不需要加"@"符号。

（3）阵列。若选择阵列(A)，则采用不同阵列方式来摆放复制的对象。

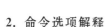 3.4.2 删除(Erase)

在 AutoCAD 2012 中可以使用多种方法从图形中删除对象：

（1）使用 **Erase** 命令。

（2）选择对象，然后使用"Ctrl＋X"组合键。

（3）选择对象，然后按"Delete"键。

（4）使用 **Purge** 命令删除未使用的命名对象，包括块定义、标注样式、图层、线型和文字样式。

为恢复意外删除的对象，用户可使用 **Undo** 命令；或在使用删除命令后，立即使用 **Oops** 命令以恢复最近使用 Erase 命令所删除的对象。

3.4.3 阵列(Array)

"阵列"实质上是对原始对象和其多个副本进行有规律排列的过程。根据排列规则的不同，阵列分为矩形阵列、路径阵列与环形阵列。对于矩形阵列，用户可通过控制行和列的数目以及它们之间的距离实现多重复制；对于路径阵列，用户可通过定义阵列的路径曲线，以及沿着路径阵列的方向、项目数、间距等来完成阵列操作；对于环形阵列，用户可通过控制对象副本的数目并决定是否旋转副本来实现阵列操作。创建多个排列规则的对象时，使用阵列命令比复制命令速度更快。

可采用以下几种方式激活"阵列"命令：

● 下拉菜单：【修改】→【阵列】→【矩形阵列】/【路径阵列】/【环形阵列】。

● 命令行：输入 *array* 或 *ar*，并按回车键确认，在选择了矩阵对象之后根据提示选择采用的矩阵方式：矩形/路径/环形。

● 工具栏按钮:"修改"工具栏之 "矩形阵列"按钮 ⊞⊟ ,或者在下拉列表中的"路径阵列"

按钮 ⌐、"环形阵列"按钮 ⊞⊞ 。

以下对"矩形阵列"、"路径阵列"与"环形阵列"分别进行阐述。

1. 矩形阵列

调用 **AR** 命令中的矩形阵列之后,命令行会出现如下提示:

命令:*ar*

选择对象:

输入阵列类型[矩形(R)/路径(PA)/极轴(PO)]<矩形>:(按 Enter)为项目数指定对角点或[基点(B)/角度(A)/计数(C)]<计数>:

按 Enter 键接受或[关联(AS)/基点(B)/行数(R)/列数(C)/层级(L)/退出(X)]<退出>:

各选项的含义如下:

(1)"为项目数指定对角点"

指定阵列对角点。

(2)"基点(B)"

指定阵列的基点。

(3)"角度(A)"

指定行轴角度。

(4)"计数(C)"

指定行数与列数。

(5)"关联(AS)"

指定是否在阵列中创建项目作为关联阵列对象,或作为独立对象。

(6)"行数(R)"

编辑阵列中的行数和行间距,以及它们之间的增量标高。

(7)"列数(C)"

编辑列数与列间距。

(8)"层级(L)"

指定层数和层间距。

2. 路径阵列

调用 **AR** 命令中的路径阵列之后,命令行会出现如下提示:

命令:*ar*

选择对象:

输入阵列类型[矩形(R)/路径(PA)/极轴(PO)]<矩形>:(输入 PA)

输入路径的项目数或[方向(O)/表达式(E)]<方向>:(输入项目数或者选择选项)

指定沿路径的项目之间的距离或[定数等分(D)/总距离(T)/表达式(E)]<沿路径平均定数等分(D)>:(输入项目之间的距离或者选择选项)

按 Enter 键接受或[关联(AS)/基点(B)/项目(I)/行(R)/层(L)/对齐项目(A)/Z 方向(Z)/退出(X)]<退出>:

各选项的含义如下：

(1)"输入路径的项目数"

指定路径阵列的项目数。

(2)"方向(O)"

控制选定对象是否相对于路径的起始方向重定向(旋转)，然后再移动到路径的起点。

(3)"表达式(E)"

使用数学公式或方程式获取值。

(4)"指定沿路径的项目之间的距离"

指定阵列项目之间的距离。

(5)"定数等分(D)"

沿整个路径长度平均定数等分项目。

(6)"关联(AS)"

指定是否在阵列中创建项目作为关联阵列对象，或作为独立对象。

(7)项目(I)

编辑阵列中的项目数。

(8)"行(R)"

指定阵列中的行数和行间距，以及它们之间的增量标高。

(9)"层(L)"

指定阵列中的层数和层间距。

(10)"对齐项目(A)"

指定是否对齐每个项目以与路径的方向相切。对齐相对于第一个项目的方向。

(11)Z 方向(Z)

控制是否保持项目的原始 Z 方向或沿三维路径自然倾斜项目。

3. 环形阵列

调用 **AR** 命令中的环形阵列之后，命令行会出现如下提示：

命令：*ar*

选择对象：

输入阵列类型[矩形(R)/路径(PA)/极轴(PO)]<矩形>：(输入 PO)

指定阵列的中心点或[基点(B)/旋转轴(A)]：(指定阵列的中心点)

输入项目数或[项目间角度(A)/表达式(E)]<4>：

指定填充角度(＋＝逆时针、－＝顺时针)或[表达式(EX)]<360>：

按 Enter 键接受或[关联(AS)/基点(B)/项目(I)/项目间角度(A)/填充角度(F)/行(ROW)/层(L)/旋转项目(ROT)/退出(X)]<退出>：

各选项的含义如下：

(12)"指定阵列的中心点"

指定分布阵列项目所围绕的中心点。

(13)"基点(B)"

指定阵列的基点。

（14）"旋转轴（A）"

通过指点两个指定点定义的自定义旋转轴。

（15）"输入项目数"

指定阵列项目的数目。

（16）"项目间角度（A）"

指定项目之间的角度。

（17）"指定填充角度"

指定阵列中第一个和最后一个项目之间的角度。

（18）"关联（AS）"

指定是否在阵列中创建项目作为关联阵列对象，或作为独立对象。

（19）"行（ROW）"

编辑阵列中的行数和行间距，以及它们之间的增量标高。

（20）"层（L）"

指定阵列中的层数和层间距。

（21）"旋转项目（ROT）"

控制在排列项目时是否旋转项目。

3.4.4　偏移（Offset）

"偏移"（Offset）命令用于创建与选定对象造型平行的新对象。偏移圆或圆弧可以创建更大或更小的圆或圆弧。在绘制户型平面图时，常使用 **Offset** 命令绘制轴网；在绘制城市规划图时，此命令常用于绘制道路边界和各类控制后退线等图形要素。

1. 命令激活方式

（1）下拉菜单：【修改】→【偏移】。

（2）命令行：*offset* 或 *o*。

（3）工具栏按钮："修改"工具栏之 按钮。

2. 命令选项解释

调用 **Offset** 命令后，命令行会出现如下提示：

命令：*offset*

当前设置：删除源＝否 图层＝源 OFFSETGAPTYPE＝0

指定偏移距离或［通过（T）/删除（E）/图层（L）］＜通过＞：

选择要偏移的对象，或［退出（E）/放弃（U）］＜退出＞：

指定要偏移的那一侧上的点，或［退出（E）/多个（M）/放弃（U）］＜退出＞：

（1）偏移距离。指定偏移后对象与原对象的距离。用户可以直接输入距离值，或在图形窗口中指定两点来确定偏移距离（见图 3-23）。

（2）通过。创建通过指定点的偏移对象。

（3）删除。若用户选择此选项，则创建偏移对象后将删除源对象。

(1)操作前道路中心线　　　　　　　　(2)中心线两侧各偏移20个单位

图 3-23　偏移操作

（4）图层。通过此选项来确定将偏移对象创建在当前图层上还是源对象所在的图层上。激活此选项后，AutoCAD 将提示："输入偏移对象的图层选项［当前（C）/源（S）］＜源＞:"，键入"*c*"时偏移对象创建在当前图层上，否则将创建在源对象所在的图层上。

➡ 3.4.5　修剪（Trim）

"修剪"（**Trim**）命令允许我们在图形中以一个对象为边界来修剪另一个对象，如图 3-24 所示。使用 **Trim** 命令，用户需定义作为剪切边沿的对象和对象中想要剪切的部分。用户通过标准的对象选择方式来定义修剪边沿，它可以是直线、弧线、圆或多义线。若使用多段线作为修剪边沿，并且该多段线的线宽不为 0，那么剪切点将位于其中心线。若试图以所有对象作为剪切边沿，可在 AutoCAD 提示"选择对象"时按回车键。与以前版本不同的是，AutoCAD 2012 中可直接使用该命令修剪多线对象。

(1)操作前　　　　　　　　　　　　　(2)操作后

图 3-24　修剪操作

1. 命令激活方式

（1）下拉菜单:【修改】→【修剪】。

（2）命令行: *trim* 或 *tr*。

（3）工具栏按钮:"修改"工具栏之 按钮。

2. 命令选项解释

激活 **Trim** 命令后，命令行会出现如下提示:

命令: *trim*

当前设置: 投影=UCS,边=无

选择剪切边...

选择对象或 ＜全部选择＞:

选择要修剪的对象,或按住 Shift 键选择要延伸的对象,或

［栏选(F)/窗交(C)/投影(P)/边(E)/删除(R)/放弃(U)］:

（1）选择要修剪的对象。指定一个或多个待修剪对象,按回车键结束对象选择。

（2）按住"Shift"键选择要延伸的对象。按"Shift"键后,将延伸选定对象而不是修剪它们。

（3）栏选(F)、窗交(C)。此二选项为标准的对象选取方式,请参考3.1.2的相关内容。

（4）投影(P)。指定修剪对象时使用的投影方法,激活此项后将出现以下选项:

● 无。选择此项后只修剪与三维空间中的剪切边相交的对象。

● UCS。选择此项后将修剪不与三维空间中的剪切边相交的对象。

● 视图。选择此项后将修剪与当前视图中的边界相交的对象。

（5）边(E)。确定对象是在另一对象的延长边处进行修剪,还是仅在三维空间中与该对象相交的对象处进行修剪,激活此项后将出现以下选项:

● 延伸。沿自身自然路径延伸剪切边使它与三维空间中的对象相交。

● 不延伸。指定对象只在三维空间中与其相交的剪切边处修剪。

（6）删除(R)。在不退出 **Trim** 命令的情况下删除选定的对象。

（7）放弃(U)。撤消由 **Trim** 命令所作的最近一次修改。

3.4.6 延伸(Extend)

利用"延伸"(Extend)命令可将选定的对象延伸到指定的边界对象,如图3-25所示。**Extend**命令的执行过程与 **Trim** 命令十分相似,用户需首先指定作为边界的对象(被选中对象要延伸到的终止点,可使用任何选择对象的方式来指定),然后指定待延伸的对象。如果选中了多个边界线,待延伸对象将被延伸到第一个与它相交的边界。如果边界线都不会与延伸后的对象相交,AutoCAD将会显示如下信息:"对象未与边相交"。如果选中的待延伸的对象是不能被延伸的对象,则我们会得到下面的信息:"无法延伸此对象"。与以前版本不同的是,AutoCAD 2012 中允许对多线进行延伸操作。

（1）操作前   （2）操作后

图 3-25　延伸操作

用户可采用以下方式激活延伸命令:

（1）下拉菜单:【修改】→【延伸】。

（2）命令行: *extend* 或 *ex* 。

（3）工具栏按钮:"修改"工具栏之 -/ 按钮。

3.4.7 打断(Break)

使用"打断(Break)"命令可以打断待编辑对象,如图3-26所示。单击"修改"工具栏上的 按钮以使用两点打断对象时,两个指定点之间的对象部分将被删除,对象中间因而产生间隙。特别地,当两个指定点重合,或在输入第二点时输入 @0,0 将打断对象而不产生间隙;当第二个指定点不在对象上,AutoCAD将选择对象上与该点最接近的点,因此若要打断直线、圆弧或多段线的一端,可以在要删除的一端附近指定第二个打断点;当打断对象为圆时,程序将按逆时针方向删除圆上第一个打断点到第二个打断点之间的部分,从而将圆转换成圆弧。另外,用户也可以单击"修改"工具栏上的 按钮以"打断于点"的方式直接创建无间隙的打断对象。需要注意的是,**Break** 命令不能用于块、标注、多线、面域等图元要素。

(1)操作前　　　　　(2)使用"打断"方式将线段　　(3)选中打断后的对象
　　　　　　　　　　ab在f点和g点处打断,
　　　　　　　　　　使用"打断于点"方式将
　　　　　　　　　　线段cd于点e处打断

图 3-26　打断操作

用户可采用以下方式激活打断命令:

(1) 下拉菜单:【修改】→【打断】。

(2) 命令行:*break* 或 *br*。

(3) 工具栏按钮:"修改"工具栏之 □ 或 □ 按钮。

➡ 3.4.8　合并(Join)

使用"合并"(**Join**)命令可以将相似的对象合并为一个对象,可被合并的对象包括圆弧、椭圆弧、直线、多段线、样条曲线等。最初选定的对象称为源对象,可合并的对象随源对象的不同而不同,源对象与所有待合并的对象必须位于同一坐标平面上。

用户可使用以下方式激活合并命令:

(1) 下拉菜单:【修改】→【合并】。

(2) 命令行:*join* 或 *j*。

(3) 工具栏按钮:"修改"工具栏之 ⤙ 按钮。

使用 **Join** 命令后,根据选定的源对象的不同,命令行将显示不同的提示,用户据此进行相应的操作:

(1) 当源对象为直线时,AutoCAD 提示用户"选择要合并到源的直线:"。要完成合并,所选的直线对象必须与源直线共线,但它们之间可以有间隙。

(2) 当源对象为多段线时,AutoCAD 提示用户"选择要合并到源的对象:"。被合并至源对象的对象可以是直线、多段线或圆弧,并且必须位于与 UCS 的 XY 平面平行的同一平面上,且对象之间不能有间隙。

(3) 当源对象为圆弧时,AutoCAD 提示用户"选择圆弧,以合并到源或进行[闭合(L)]:",所选择的圆弧与源对象必须位于同一圆上,但是两者之间可有间隙,合并从源对象开始沿逆时针方向进行,"闭合"选项可将源圆弧直接转换成圆。

(4) 当源对象为椭圆弧时,相关操作同源对象为圆弧时的情形,此处不再重复。

(5) 当源对象为样条曲线时,AutoCAD 提示用户"选择要合并到源的样条曲线:",待合并的样条曲线对象必须与源对象位于同一平面内,并且必须首尾相邻。

3.4.9 倒圆角(Fillet)

在城市总体规划图绘制过程中,"倒圆角"(Fillet)命令常用于城市道路网的绘制。利用此命令可将两个图元要素以指定半径的圆弧连接起来(见图3-27),适用于圆弧、圆、椭圆和椭圆弧、直线、多段线、射线、样条曲线、构造线、三维实体等多种图元要素。该命令不仅可以连接两个相交的对象,也可以连接一对平行对象。对于后者,倒圆角将产生一个180°的连接圆弧。另外,进行 **Fillet** 操作时使用"多段线(P)"选项可以为多段线的所有角点添加圆角。

(1)操作前   (2)修剪模式   (3)不修剪模式

图 3-27 倒圆角操作

若要进行倒圆角的两个对象位于同一图层上,那么将在该图层上创建圆角弧。否则,将在当前图层上创建圆角弧,对象将继承该图层的特性。

1. 命令激活方式

(1)下拉菜单:【修改】→【圆角】。

(2)命令行:*fillet* 或 *f*。

(3)工具栏按钮:"修改"工具栏之 按钮。

2. 命令选项解释

调用 **Fillet** 命令后,命令行会出现如下提示:

命令:*fillet*
当前设置:模式 = 修剪,半径 = 0.0000
选择第一个对象或[放弃(U)/多段线(P)/半径(R)/修剪(T)/多个(M)]:

命令行所提示的各选项的含义及用法如下:

(1)选择第一个对象。鼠标拾取对象时将自动激活此选项,被拾取对象将作为此操作所需的第一个对象。接着,AutoCAD 将提示"选择第二个对象,或按住 Shift 键选择要应用角点的对象:",拾取第二个对象后 AutoCAD 将按设定的半径对两个对象进行倒圆角。若按住"Shift"键时拾取第二个对象,则倒圆角半径将自动设置为0。需要指出的是,若所选的对象为直线、圆弧或多段线,它们的长度将被调整以适应圆角弧度。

(2)多段线(P)。使用此选项可在二维多段线的每个顶点处(首末点除外)插入圆角弧。特别地,当一条弧线段将两条汇聚于该弧线段的直线段分隔开时,**Fillet** 会删除该弧线段并将其替换为一个圆角弧。

(3)半径(R)。定义圆角弧的当前半径值,修改此值并不影响现有的圆角弧。

(4)修剪(T)。控制 **Fillet** 是否将选定的边修剪到圆角弧的端点。

(5)多个(M)。当需要为多个对象集加圆角时选用此选项。

3.4.10 倒角(Chamfer)

使用此命令,AutoCAD 将通过特定的数值剪切每个直线并把两端点连接起来绘制新的直线(见图 3-28)。所涉及的图元被剪切的距离可以不同,也可以相同。被剪切的两个对象不一定非要相交,但应保证它们延伸后能够相交。此命令仅适用于直线、二维多段线,不适用于圆弧、圆和椭圆等图元。当倒角距离都被设置为 0 时,AutoCAD 在两线段之间执行类似于 **Extend** 的命令。

(1)操作前 (2)操作后

图 3-28 倒角操作

1. 命令激活方式

(1) 下拉菜单:【修改】→【倒角】。

(2) 命令行:*chamfer* 或 *cha*。

(3) 工具栏按钮:"修改"工具栏之 按钮。

2. 命令选项解释

调用 **Chamfer** 命令后,命令行会出现如下提示:

命令:*chamfer*

("修剪"模式) 当前倒角距离 1 = 0.0000,距离 2 = 0.0000

选择第一条直线或[放弃(U)/多段线(P)/距离(D)/角度(A)/修剪(T)/方式(E)/多个(M)]:

各命令选项的含义及用法如下:

(1) 选择第一条直线。鼠标拾取对象时将自动激活此选项,所拾取的对象将作为此操作所需的第一个对象。所选对象的长度将在后续操作中调整以适应倒角线。特别地,在选择对象时按住"Shift"键,当前的倒角距离将被设定为 0。若选定对象是二维多段线的直线段,它们必须相邻或只能用一条线段分开。如果它们被另一条多段线分开,执行 **Chamfer** 将删除分开它们的线段并以倒角代之。

(2) 多段线(P)。此选项将对整个二维多段线倒角。对于闭合多段线,AutoCAD 将在多段线的每个顶点处产生倒角;对于开放多段线,除首末点外,其他顶点处均产生倒角。倒角所产生的直线段构成多段线的新线段。当多段线包含的线段过短以至于无法容纳倒角距离时,则不对这些线段倒角。

(3) 距离(D)。设置倒角至选定边端点的距离。

(4) 角度(A)。用第一条线的倒角距离及与第二条线的夹角设置倒角距离。

(5) 修剪(T)。控制 **Chamfer** 是否将选定的边修剪到倒角直线的端点。

（6）方式（E）。控制 **Chamfer** 使用两个距离还是一个距离一个角度来创建倒角。

（7）多个（M）。为多组对象的边倒角。**Chamfer** 将重复显示主提示和"选择第二个对象"提示，直到用户按回车键结束命令。

3.4.11　分解（Explode）

使用此命令可以将组成一个图块（Block）或其他复杂对象（如多段线）的对象分解成简单元素。分解后对象的颜色、线型和线宽有可能会改变，分解后得到的对象其特征随合成对象类型的不同会有所不同，具体如下：

（1）二维和优化多段线①。二维或优化多段线分解后，其附带的宽度或切线属性将全部被放弃。对于宽多段线，分解后的直线和圆弧将放置在多段线中心。

（2）三维多段线。三维多段线分解后将变成多条线段，每一条线段的线型均为三维多段线的指定线型。

（3）三维实体。三维实体分解后，平面表面将被分解成面域，非平面表面将被分解成体。

（4）圆弧、圆。位于非一致比例的块②内的圆弧和圆将被分解为椭圆弧和椭圆。

（5）块。使用 **Explode** 命令一次只能分解一级图块，嵌套式图块必须在原始图块被炸开之后再一次炸开。具有相同 X、Y、Z 比例的块将分解成它们的部件对象。非一致比例块可能被分解成意外的对象。

当按非统一比例缩放的块中包含无法分解的对象时，这些块将被收集到一个匿名块（名称以"＊E"为前缀）中，并按非统一比例缩放进行参照。如果这些块中的所有对象都不可分解，则选定的块参照不能分解。非一致缩放的块中的体、三维实体和面域图元不能分解。分解一个包含属性的块将删除属性值并重新显示属性定义。用 **Minsert** 和外部参照插入的块以及外部参照依赖的块不能分解。

（6）体。体分解后可变成一个单一表面的体（非平面表面）、面域或曲线。

（7）引线。根据引线的不同，可分解成直线、样条曲线、实体（箭头）、块插入（箭头、注释块）、多行文字或公差对象。

（8）多行文字。多行文字可分解成文字对象。

（9）多线。多线可分解成直线和圆弧。

（10）多面网格。多面网格分解后，单顶点网格分解成点对象，双顶点网格分解成直线，三顶点网格分解成三维面。

（11）面域。面域可分解成直线、圆弧或样条曲线。

用户可采用以下方式激活分解命令：

（1）下拉菜单：【修改】→【分解】。

（2）命令行：*explode* 或 *x*。

（3）工具栏按钮："修改"工具栏之 ⬚ 按钮。

---

① 经过样条曲线处理或拟合处理后的多段线可称为优化多段线。

② 具有不同 X、Y、Z 比例的块，可视为变形块。

3.5 二维图形编辑实例

➡ 3.5.1 商业建筑屋顶平面图绘制

一个商业建筑屋顶平面图如图 3-29 所示。

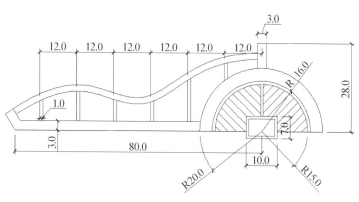

图 3-29 商业建筑屋顶平面图

1. 可能使用的命令

"直线"(**Line**)、"多段线"(**Pline**)、"圆"(**Circle**)、"矩形"(**Rectang**)、"样条曲线"(**Spline**)、"偏移"(**Offset**)、"修剪"(**Trim**)和"填充"(**Bhatch**)。

2. 绘制步骤

(1) 使用"直线"、"圆"、"矩形"、"样条曲线"、"多段线"命令,绘制如图 3-30 所示的主要结构。

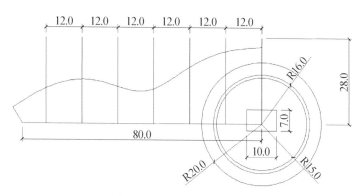

图 3-30 绘制的主要结构

(2) 使用"偏移"命令偏移部分直线、矩形和样条曲线,结果如图 3-31 所示。"偏移"命令的具体用法可参照本章相关内容。

(3) 使用"修剪"命令删除多余线条。"修剪"命令的具体用法可参照本章相关内容。

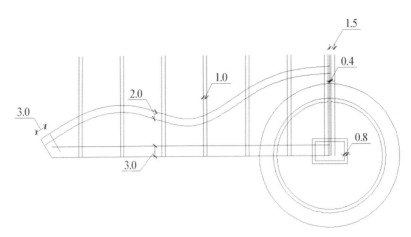

图 3-31　使用"偏移"命令绘制其他部分

（4）使用"填充"命令在半圆内填充斜线图案。在"图案填充与渐变色"对话框中，在"图案"后面的下拉列表中选择"ANSI31"样式。在填充右边的 1/4 圆时，"角度"文本框内输入"0"；而在填充左边 1/4 圆时，"角度"文本框内输入"90"。"填充"命令的具体用法可参照本章相关内容。

3.5.2　居住区小广场平面图绘制

一个居住区小广场平面图如图 3-32 所示。

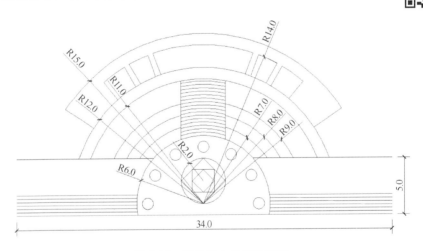

图 3-32　居住区小广场平面图

1. 可能使用的命令

"直线"（**Line**）、"多段线"（**Pline**）、"圆"（**Circle**）、"正多边形"（**Polygon**）、"偏移"（**Offset**）、"修剪"（**Trim**）、"旋转"（**Rotate**）、"阵列"（**Array**）、"移动"（**Move**）和"复制"（**Copy**）。

2. 绘制步骤

（1）使用"直线"、"多段线"、"圆"命令，绘制如图 3-33 所示的主要结构。

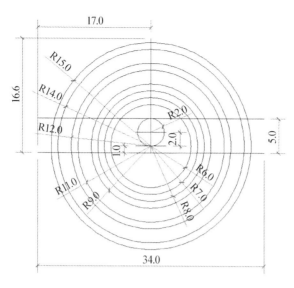

图 3-33　绘制的主要结构

（2）使用"修剪"命令删除部分多余的线条，然后使用"直线"命令绘制左边 4 条放射状直线，并用"镜像"命令复制出右边 4 条，再将垂直中轴线分别向左右两边偏移 2 个单位，修剪多余线条。结果如图 3-34 所示。

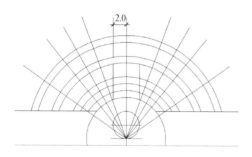

图 3-34　绘制出其他结构

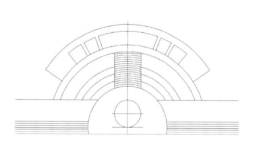

图 3-35　绘制完成的台阶等

（3）将最下边的水平直线和广场边界以 0.3 个单位进行多次偏移绘制台阶，然后将最靠近中轴线的 4 条射线分别向内侧偏移 0.5 个单位，使用"修剪"命令删除多余线条。结果如图 3-35 所示。

（4）在广场圆心的左侧 5 个单位处绘制一个半径为 0.5 的小圆，然后使用环形"阵列"命令，拾取广场圆心作为阵列的中心点，在"方法和值"组合框中，选择"项目总数和填充角度"一项，设置"项目总数"为 7，"填充角度"为 −180°。阵列结果如图 3-36 所示。

（5）使用"多边形"命令（边数为 4，内接于圆），由外到内依次绘制广场中心圆形图案内的 3 个四边形。结果如图 3-37 所示。

（6）最后删除中轴线和广场内部两条水平辅助线，完成绘制。

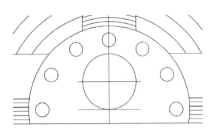

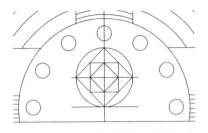

图 3-36　用"阵列"命令绘制出的圆形图案　　　　图 3-37　用"正多边形"命令绘制的内接正方形图案

3.5.3　小区组团平面图绘制

一个小区组团平面图如图 3-38 所示,图 3-39 至图 3-41 为辅助参考图。

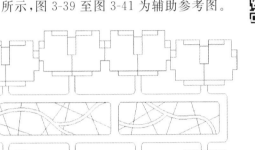

图 3-38　小区组团平面图

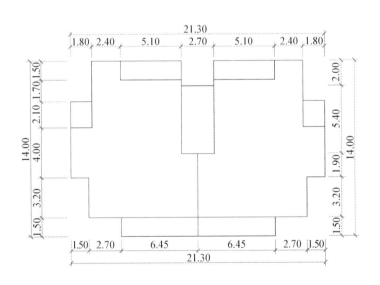

图 3-39　建筑屋顶平面局部详图

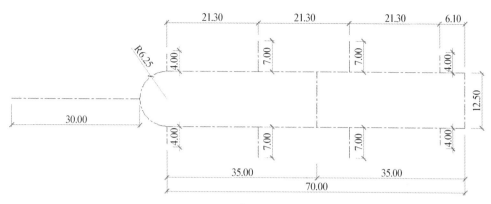

图 3-40　道路中线尺寸

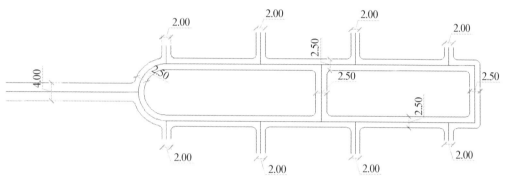

图 3-41　道路宽度

1. 可能使用的命令

"直线"（**Line**）、"多段线"（**Pline**）、"矩形"（**Rectang**）、"圆"（**Circle**）、"样条曲线"（**Spline**）、"云线"（**Revcloud**）、"偏移"（**Offset**）、"修剪"（**Trim**）、"复制"（**Copy**）、"镜像"（**Mirror**）和"圆角"（**Fillet**）。

2. 绘制步骤

（1）使用"直线"或"多段线"、"圆"、"矩形"和"修剪"命令绘制道路中线。

（2）修剪多余线条，使用"偏移"命令将道路中线向两侧偏移；再次使用"修剪"命令将"T"形交叉路口的内侧道路红线分成两段，如图 3-42 所示；然后对道路交叉口"倒圆角"，为简化绘制，所有倒圆半径均取 1 个单位。绘制结果如图 3-43 所示。

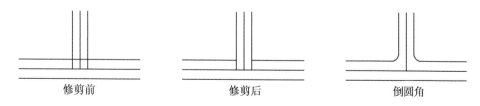

修剪前　　　　　　　　　　修剪后　　　　　　　　　倒圆角

图 3-42　对道路交叉口倒圆角的步骤图

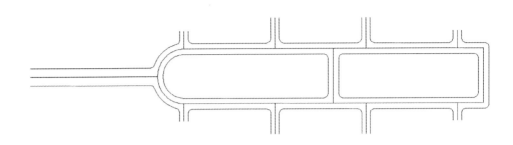

图 3-43 完成道路"倒圆角"

（3）参照第 2 章习题 3 中利用绘制辅助线来帮助定位的方法，绘制一个建筑屋顶平面图。

（4）使用"复制"和"镜像"命令，将 8 个建筑放置到合适位置，并删除道路中线。

（5）使用"样条曲线"命令绘制绿地内的游步道的一侧，再偏移 1 个单位绘出另外一侧，然后使用"直线"或"多段线"命令自由绘制绿地分割线，并使用"修剪"命令删除多余线条。结果如图 3-44 所示。

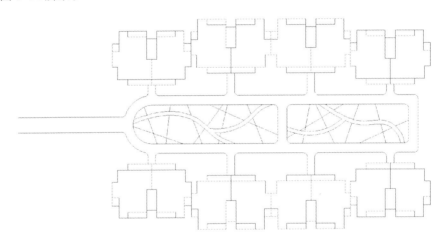

图 3-44 绘制完成的绿地

（6）使用"直线"或"多段线"、"偏移"等命令，绘制以 3×6 为单位的 5 个停车位，对停车场与组团路相交处进行"倒圆角"操作。

（7）最后使用"云线"命令绘制灌木丛。

3.5.4 产业区局部平面图绘制

产业区局部平面图如图 3-45 所示，图 3-46 和图 3-47 为辅助参考图。

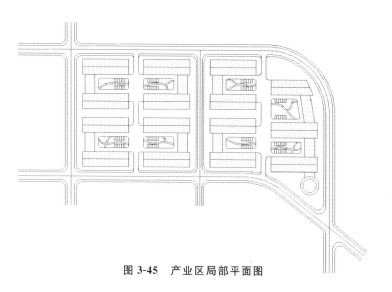

图 3-45 产业区局部平面图

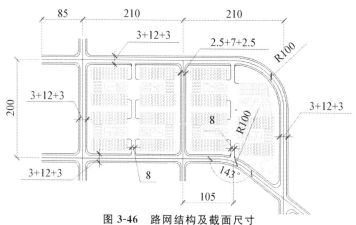

图 3-46 路网结构及截面尺寸

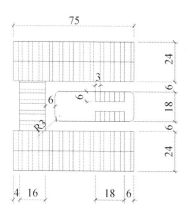

图 3-47 厂房单元尺寸

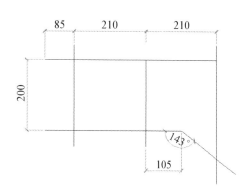

图 3-48 道路中线

1. 可能使用的命令

"直线"（**Line**）、"多段线"（**Pline**）、"矩形"（**Rectang**）、"样条曲线"（**Spline**）、"圆"（**Circle**）、"块定义"（**Block**）、"偏移"（**Offset**）、"圆角"（**Fillet**）、"镜像"（**Mirror**）、"复制"（**Copy**）、"移动"（**Move**）、"填充"（**Bhatch**）和"分解"（**Explode**）。

2. 绘制步骤

（1）使用"直线"命令绘制如图 3-48 所示的道路中线。

（2）使用"倒圆角"命令对右侧两处曲线路段进行倒圆角操作，圆角半径均为 100。

（3）使用"偏移"命令将各条道路中线向两侧偏移出路缘侧石线和道路红线，然后修剪道路交叉口并"倒圆角"，为简化绘制，圆角半径统一取 10。绘制结果如图 3-49 所示。

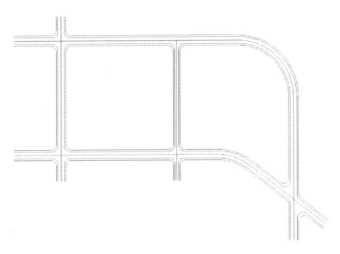

图 3-49   绘制完成的主要道路结构

（4）使用"矩形"命令绘制一组 U 形厂房建筑单元，并用"填充"命令填充屋顶。在"图案填充与渐变色"对话框中，选择"图案"下拉列表中的"STEEL"样式，设置比例为 2，在填充两幢水平建筑时"角度"项设置为 45，填充垂直建筑时设置为 315。结果如图 3-50 所示。

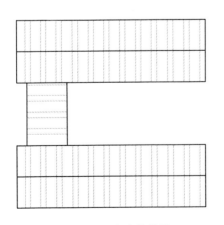

图 3-50   厂房建筑单元

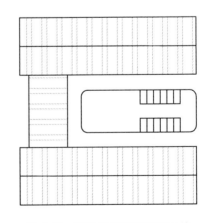

图 3-51   定义的厂房建筑单元块

（5）使用"偏移"命令将靠近厂房建筑单元中心的 3 条直线段向内偏移 6 个单位，得到花坛的 3 条边线；用"直线"绘制花坛第四条边，并用"倒圆角"命令对花坛四边进行倒圆角操作，倒圆角半径为 3；最后用"偏移"、"镜像"等命令绘制停车位。结果如图 3-51 所示。完成上述操作后，可以使用"块定义"命令将该单元定义为一个块，以后该单元就可以作为一个整体进行移动、复制、镜像等各种操作。"块定义"命令的具体用法可参照第 4 章相关内容。

（6）使用"移动"、"复制"、"镜像"等命令，布置各厂房单元。最右边的一竖排联体厂房，其建筑形态有所变化。如果之前已经将厂房单元定义为块，可以将其分解，再进行适当修改。结果如图 3-52 所示。

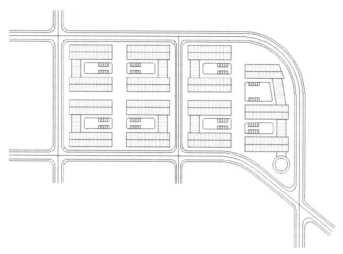

图 3-52　绘制完成的厂房建筑布局

（7）使用"直线"或"多段线"命令绘制厂区内部道路主要架构，如图 3-53 所示。

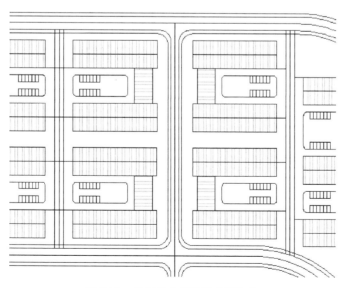

图 3-53　绘制的内部道路主要架构

75

（8）使用"修剪"命令修剪多余线段，然后用"倒圆角"命令对内部道路进行倒圆，为简化绘制，倒圆角半径均设置为 4。结果如图 3-54 所示。

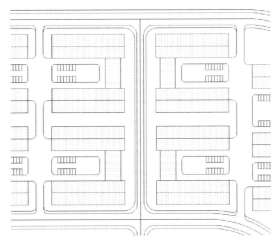

图 3-54　对内部道路倒圆角

（9）参考 3.5.3 中的方法，自由绘制花坛内部的游步道。

习题与思考

1. 体育馆屋顶平面图绘制。综合使用图形绘制命令和编辑命令绘制如图 3-55 所示的体育馆屋顶平面图。

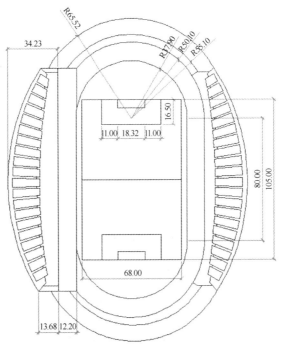

图 3-55　体育馆屋顶平面图

2. 居住区局部平面图绘制。综合使用图形绘制命令和编辑命令绘制如图 3-56 所示的居住区局部平面图。

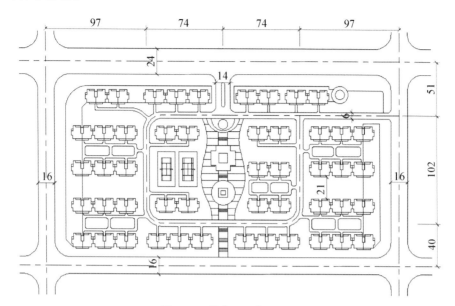

图 3-56　居住区局部平面图

第4章 建筑平面图绘制

由于 AutoCAD 具有定位便捷、准确,图形创建和修改方便,尺寸标注快捷等优势,设计单位一般均采用它绘制建筑平面图。在城市规划设计领域,常见的建筑平面图是户型平面图或楼层平面图。本章将以某住宅建筑标准层平面图的绘制为例,介绍如何高效地绘制建筑平面图。

4.1 概 述

在绘制户型平面图或楼层平面图时,我们应首先明确图纸所要表达的内容,然后根据上述内容大致确定各类图形要素的绘制顺序,决定哪些图形要素必须从头绘制,哪些要素可以从其他文件引入而无需重绘。

一般地,上述两类图纸的绘制包括以下几个流程。

(1)设置绘图环境。应事先确定长度度量采用哪种类型,是英制还是公制。若采用公制,一个绘图单位对应于现实世界的 1mm、1cm 还是 1m。据此进一步确定图形界限。为方便操作,可事先设置常用的捕捉方式,并添加必要的图层。

(2)绘制轴线。轴线是一种辅助的图形要素,借助于它,用户可以较为方便地定位其他图形要素。在绘制建筑平面图时,若事先绘制好轴线,能明显提高工作效率。当然,在最终的成果图上,轴线所在的图层——"轴线"层将处于冻结或关闭的状态。

(3)绘制墙线。墙线一般情况采用"偏移"(Offset)命令进行绘制,也可采用"多线"(Mline)命令。若采用前者,由于墙线的数量较多,编辑时(尤其是使用"修剪"(Trim)命令进行编辑时)操作较为繁琐。我们注意到,采用"多线"绘制墙线时,墙线的数量减少一半,墙线可在起始点处自动封口,并且其剪裁、打断、T 形合并、角点结合等操作非常方便,故建议采用多线绘制墙线。

(4)编辑墙线。在绘制建筑平面图时,一般需处理以下几种情形——T 形合并、角点结合以及墙线打断。对于前两种情形,使用"多线编辑工具"中的相应编辑项便可达到预期编辑效果,对于后者可直接使用 **Trim** 命令,但需事先在打断位置添加辅助线段。

(5)绘制窗户。对于方窗,可使用"多线"(**Mline**)命令绘制;对于八角窗等特殊形状的窗户,可以结合对象追踪和对象捕捉,综合使用相关的编辑命令进行绘制。

(6)绘制门。门是户型平面图或楼层平面图中使用频率较高的部件,为保持图形的一致性、操作的便捷性和减小图形文件的大小,通常事先定义块,并通过插入块的方式来绘制门。在绘制时应配合镜像、旋转、缩放等工具,并适时使用"特性"面板修改插入的"X 比例"

或"Y 比例"。

（7）绘制卫浴、家具等。一般可使用已有图库，通过块插入的方式将相应的 DWG 文件所包含的图形引入到当前图形文件中。在插入块时应配合镜像、旋转、缩放等工具，并适时使用"特性"面板修改插入的"X 比例"或"Y 比例"。

（8）尺寸标注。在户型平面图和楼层平面图中，为美观和整齐起见，通常使用连续尺寸标注。相对而言，尺寸标注的操作较为简单，关键是合理设置好尺寸标注样式及其相关参数。

（9）房间功能标注。为了让非专业人士也能很好地阅读平面图，应当标注各房间的使用功能。应事先设置使用中文字体的文字样式，并使创建的文本保持合适的尺寸。

4.2　相关命令和工具

4.2.1　绘图环境设置

1. 绘图单位设置

在绘图之前一般需事先确定度量单位采用英制还是米制、一个绘图单位
所表示的实际尺寸是多大以及度量精度如何。

在 AutoCAD 中，以上所涉及的度量单位的选择及相关设置是通过 **Units** 命令来进行的。使用下拉菜单【格式】→【单位】，或在命令提示符下键入"*units*"，将激活 **Units** 命令，并弹出"图形单位"对话框，此对话框各要素如下。

（1）长度。在此组合框内指定测量的当前单位及当前单位的精度。包括：

● 类型。此列表框内显示当前的测量单位格式。在其下拉列表中包括以下类型的测量单位格式："建筑"、"小数"、"工程"、"分数"和"科学"。其中，"工程"和"建筑"格式提供英尺和英寸显示，并假定每个图形单位表示 1 英寸；其他格式可表示任何真实世界单位。

● 精度。此列表框用来设置坐标或度量值如面积、长度等的小数位数或分数大小，列表框中显示的值表示了当前的精度。若精度为 0（见图 4-1），则表示小数位数为 0，即精确到整数。

（2）角度。在此组合框内指定当前角度格式和当前角度显示的精度。包括：

● 类型。此列表框用来设置当前角度格式，可采用的角度格式包括：百分度、度/分/秒、弧度、勘测单位、十进制度数。

● 精度。设置当前角度显示的精度。

● 顺时针。勾选此复选框，AutoCAD 将以顺时针方向计算正的角度值。默认情况下，不勾选此复选框，即正角度方向是逆时针方向。

图 4-1　"图形单位"对话框

（3）插入比例。在此组合框内控制插入到当前图形中的块和图形的测量单位。如果块或图形创建时使用的单位与该选项指定的单位不同，则在插入这些块或图形时，将对其按比

例缩放,其插入比例是源块或图形使用的单位与目标图形使用的单位之比。若希望在插入块时不按指定单位缩放图形,请选择下拉列表中的"无单位"选项。

(4)方向。点击此按钮,用户可以自定义零角度的方向,零角度方向可以是"东"、"北"、"西"、"南"方向,也可以指定除上述正方向以外的其他方向。

4.2.2 图层管理和线型设置

图层(Layer)是绘图中一个重要的概念。AutoCAD 中的图层是一个管理图形对象的工具,用户可以根据图层对图形几何对象、文字、标注等进行归类处理,不仅能使图形的各种信息清晰、有序,而且也给图形的显示、编辑、修改和输出带来很大的便利。

利用颜色和线型组织图形的最好方法是使用图层。图层提供强大的功能使用户能够轻易地区分图中各种各样图元的特性。在一个户型平面图或楼层平面图中,常见的图层有墙线、轴线、门、窗、家具、文字、尺寸标注等图层。在城市总体规划总图中,通常包含道路层、各类用地边界层、各类用地填充层、文字标注层等。每一个应用领域都有它自己的图层使用约定,用户可针对不同的工作特点使用不同的约定。一般来说,AutoCAD 的图层具有以下特点:

(1)用户可以在一幅图中指定任意数量的图层,系统对图层数没有限制,对每一图层上的对象数也无限制。

(2)每个图层有一个名称。新建 CAD 文件时,AutoCAD 自动创建层名为"0"的图层,这是 AutoCAD 的默认图层,其余图层需由用户添加并定义。

(3)一般情况下,一个图层上的对象应该是一种线型、一种颜色。用户可以随时改变图层的线型、颜色和状态以改变其所包含对象的线型和颜色。

(4)虽然 AutoCAD 允许用户建立多个图层,但只能在当前图层上绘制图形。

(5)各图层具有相同的坐标系、绘图界限及显示时的缩放倍数。用户可以对位于不同图层上的对象同时进行编辑操作。

(6)用户可以对各图层进行打开、关闭、冻结、解冻、锁定与解锁等操作,以决定各图层的可见性与可操作性。

使用图层绘制图形时,在图层上创建的新对象的各种特性将默认为随层,即由当前图层的默认设置决定。用户也可以单独设置对象的特性,新设置的特性将覆盖原来随层的特性。为方便图形的管理,一般不单独为对象做上述设置。

1. 设置新图层

采用以下任意一种方式激活"图层特性管理器"(见图 4-2)。

(1)下拉菜单:【格式】→【图层】。

(2)工具栏按钮:"图层"工具栏的 按钮。

(3)命令行:*layer* 或 *la*。

单击"图层特性管理器"对话框中的 "新建图层"按钮,将创建一个新图层,默认情况下,新建图层的状态、颜色、线型及线宽等特征与当前图层相同,双击图层名称后可修改该图层的名称。

在添加新图层时,可以连续按"图层特性管理器"对话框上方的 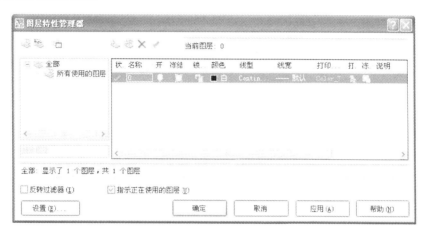 按钮以创建系列图层,然后再逐个修改图层名、颜色和线型。创建图层是建立图形的一个重要组成部分。用户可以在模板中创建并保存图层。这样当开始绘制相同类型图件时,可直接使用模板中所定义的图层,无需重新定义。

图 4-2　"图层特性管理器"对话框

2. 设置图层颜色

单击图层列表中目标图层的"颜色"属性值(图 4-2 中为白色),弹出"选择颜色"对话框,如图 4-3 所示,在颜色面板中选择某特定颜色后按"确定"按钮即完成图层颜色的设置。

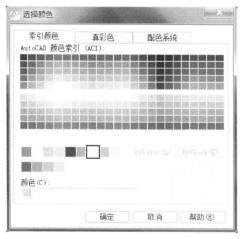

图 4-3　"选择颜色"对话框

图 4-4　"选择线型"对话框

3. 设置图层线型

单击目标图层"线型"属性的显示区域,弹出"选择线型"对话框,如图 4-4 所示。由于当前列表中只有一种连续线型时,用户需通过单击"加载"按钮,在"加载或重载线型"对话框中选择所需的线型并将其加载到"选择线型"对话框,如图 4-5 所示。当用户在"选择线型"对话框中选择特定线型,并单击"确定"按钮后(见图 4-6),所选的线型即设置为图层的线型。

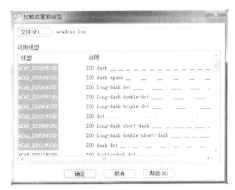
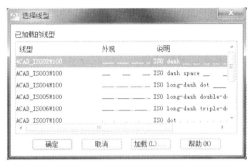

图 4-5 选择待加载的线型　　　　　图 4-6 为图层选择线型

当添加一个名为轴线、颜色为红色、线型为"ACAD_IS002W100（IS0 dash）"的新图层后，图层列表中新图层所在行所显示的信息如图 4-7 所示。

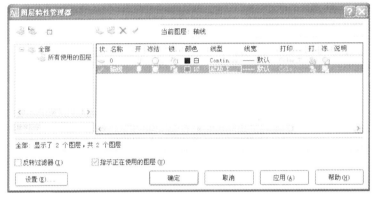

图 4-7 添加一个新图层

4. 设置当前图层

双击图层列表中目标图层，即可将该层设置为当前图层，该图层名称左侧的状态符号将显示为 。用户也可以在选择目标图层后，单击图层列表上方的 按钮，将该层置为当前层。此时，用户就可以在该层上绘制新图形了。

5. 打开或关闭图层

当图层的"开"属性为 时，图层处于打开状态，此图层在当前图形窗口中可见；点击 图标时，此图标变为 ，图层处于关闭状态，该图层不可见，但当重新生成图形时，该图层也会一同生成。当点击 时，图标恢复为 。

6. 冻结或解冻图层

当图层的"冻结"属性为 时，图层处于解冻状态。当图层的"冻结"属性为 时，图层处于冻结状态。点击 图标时，图标变为 ；反之亦然。处于冻结状态的图层不可见、不能被编辑。当重新生成图形时，系统不计算被冻结的图层。与关闭图层不一样，当图层较多时，冻结一些暂时不用的图层将明显加快图形的生成和刷新速度。与打开一个图层的情况不同，解冻一个图层将引起图形的重新生成，而前者仅仅导致图形的重绘。另外，当前图层不能被冻结。

7．锁定或解锁图层

当图层的"锁定"属性为 时，图层处于解锁状态。当图层的"锁定"属性为 时，图层处于锁定状态，此时图层可见，可以进行捕捉，但不能被编辑。对于无需修改但在编辑其他图层时又需参考的图层，建议将其设置为锁定状态。

图 4-8 未能删除图层时所弹出的警告信息

8．删除图层

选择待删除图层，单击 按钮，即可将被选图层删除。当图层中包含图形对象时，此操作失败，并弹出如图 4-8 所示的警告窗口。

9．刷新图层使用信息

在"图层特性管理器"对话框的右上角单击 图标，可以通过扫描图形中的所有图元来刷新图层使用信息。

10．图层设置

在"图层特性管理器"对话框的右上角单击 图标，将弹出"图层设置"对话框，在其中可以进行新图层通知设置、隔离图层设置、对话框设置等。

11．图层管理右键菜单

在"图层特性管理器"对话框的图层列表中单击右键，将显示弹出菜单，可实现诸如"新建图层"、"置为当前"、"删除图层"等功能，也可以实现图层选择和图层状态保存及恢复等功能。

12．图层工具栏

除了在"图层特性管理器"对话框中管理图层外，AutoCAD 还提供了更为快捷的图层管理工具，即"图层"工具栏 。利用它，用户可以快速地设置当前图层，关闭或打开图层，冻结或解冻图层，锁定或解锁图层。

4.2.3 块的创建和使用

在使用 AutoCAD 绘图时，如果图形中有大量相同或相似的内容，或者所绘制的图形与已有的图形文件中的图形相同，则可以将需重复绘制的图形创建成块，在需要时直接插入它们；也可以将已有的图形文件直接插入到当前图形中，从而避免重复劳动，并提高工作效率。

1．定义块和块文件

块是用户保存和命名的一组对象，这些对象可以绘制在几个图层上并具有不同的特性。用户可以在绘图所需要的任何地方插入块。AutoCAD 2012 提供了块编辑器（【工具】→【块编辑器】）及在位编辑块（【工具】→【外部参照和块在位编辑】→【在位编辑参照】）等工具，利用它们，用户可以直接修改块（定义）。块一旦被重新定义，该块的所有引用都会自动全部更新，并立即反映到图形中。

块只能在当前图形中引用，而块文件则可以在任何图形中引用，块文件其实就是一个图形文件。已更新的块文件重新插入到当前图形文件时，该块文件的所有引用都会自动全部更新，并立即反映到当前图形中。

定义块时每个块需指定基点，基点是用户用来插入块的点。基点不一定在对象上，但它应该是一个易于插入块的位置。

（1）定义块。可以使用以下任意一种方式激活块创建命令：

● 下拉菜单：【绘图】→【块】→【创建】。

● 工具栏按钮："绘图"工具栏之 按钮。

● 命令行：*block* 或 *b*。

激活块创建命令后，系统将弹出如图 4-9 所示"块定义"对话框。具体地，定义块的过程如下：

● 在"块定义"对话框中的"名称"输入框中键入块名，如"床"。

● 在"对象"组合框中单击"选择对象"按钮，选择要包括在块定义中的对象，按回车键完成对象选择。

● 在"对象"组合框中选择对象的处置方式：选择"保留"选项，则创建块以后保留用于创建块定义的原图形对象；选择"转换为块"选项，则该图形对象转换为块；如果选择了"删除"选项，将从图形中删除原图形对象。

图 4-9 "块定义"对话框

● 在"块定义"对话框的"基点"组合框内，可以使用以下任意一种方法指定块的基点：

① 单击"拾取点"按钮，使用鼠标在图形窗口拾取一个点。

② 直接在"X"、"Y"、"Z"输入框中输入该点的 X、Y、Z 坐标值。

③ 必要时在"说明"文本框中输入块定义的说明。

④ 单击"确定"按钮，完成块的定义。

（2）定义块文件。定义块文件的目的是创建图形文件用于作为块文件插入到其他图形中。有两种创建图形文件的方法：使用"保存"（**Save**）或"另存为"（**Saveas**）命令创建并保存整个图形文件；使用"写块"（**Wblock**）命令从当前图形中将选定的对象保存到新的图形文件中。

用 Wblock 命令定义块文件操作如下：打开现有图形或创建新图形；使用键盘命令 *wblock*，将弹出"写块"对话框，如图 4-10 所示。该对话框与"块定义"对话框类似，不同之处在于：前者多一个"目标"参数设置，用户需在"文件名称和路径"框内输入新图形的文件名称和路径。其他选项和按钮在"块定义"对话框中均已介绍，在此不再介绍。

图 4-10 "写块"对话框

2. 插入块和块文件

插入块后也就创建了块参照,块参照包含块插入位置、比例因子和旋转角度,可以使用不同的 X、Y 和 Z 值指定块参照在不同方向上的插入比例。图 4-11 显示了块插入时 X、Y 比例不一致及块插入时进行旋转的情形。"插入块"操作将创建一个称作块参照的对象,因为参照了存储在当前图形中的块定义。

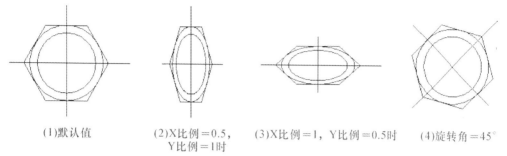

(1)默认值　　　(2)X比例＝0.5,　　(3)X比例＝1,Y比例＝0.5时　　(4)旋转角＝45°
　　　　　　　　　Y比例＝1时

图 4-11　使用不同参数插入块

特别地,如果插入的块所使用的图形单位与为图形指定的单位不同,则块将自动按照两种单位相比的等价比例因子进行缩放。

(1)插入块和块文件。可以使用以下几种方法插入块:

● 下拉菜单:【插入】→【块】。

● 工具栏按钮:"插入"工具栏之 按钮。

● 命令行: *insert* 或 *i*。

选择以上任意一种方式,将显示"插入"对话框如图 4-12 所示,具体操作如下:

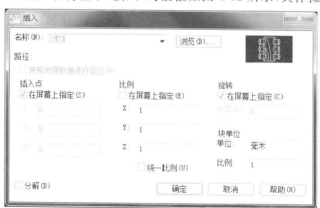

图 4-12　"插入"对话框

① 在"名称"标签右侧的块下拉列表中选择待插入的块;或者单击"浏览"按钮在弹出的对话框中选择块文件,进行插入。

② 如果需要使用鼠标在图形窗口中指定插入点、比例和旋转角度,可选择"在屏幕上指定"。否则,分别在相应的输入框中键入合适的值以指定插入点、缩放比例和旋转角度。

③ 如果要将块中的对象作为可编辑的对象而不是单个块插入,需选择"分解"。

④ 单击"确定",完成块和块文件插入。

除了使用 Insert 命令插入块外,还可以使用 Measure 命令以等分间距方式插入块,或使用 Divide 命令以成比例的间距(均匀间距)插入块。

另外,还可以通过拖放文件将其以块的形式插入到当前的图形文件,具体操作如下:

① 从 Windows 资源管理器或任一文件夹中,将图形文件图标拖至 AutoCAD 图形窗口。

② 释放鼠标左键后,将提示指定插入点。

③ 指定"插入点"、"缩放比例"和"旋转角度"完成块插入。

(2) 块和块文件自动更新。每个图形文件都具有一个称作"块定义表"的不可见数据区域。"块定义表"中存储着全部的块定义,包括块的全部关联信息。在图形中插入块时,所参照的就是这些块定义。插入块时即插入了块参照,不但将信息从块定义复制到绘图区域,而且在块参照与块定义之间建立了链接。因此,如果修改块定义后,所有的块参照也将自动更新。

3. 编辑块

在块定义并插入后,可以通过"块编辑器"和"在位编辑块"等工具进行修改。

图 4-13 以插入块的方式绘制了两个门,假定插入块的名称为"门",现在需要增加包含在"门"块定义中的对象。下面以"在位编辑块"为例,说明如何编辑此块定义。

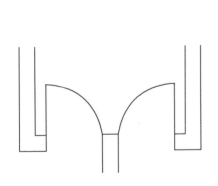

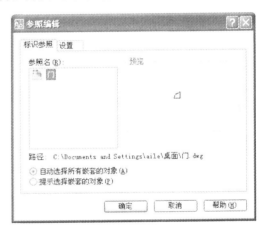

图 4-13　未编辑前的块参照　　　　图 4-14　"参照编辑"对话框

(1) 选择任意一个块参照,假定选择右边的块参照,单击右键,选择"在位编辑块"命令,系统将弹出"参照编辑"对话框,如图 4-14 所示。

(2) 单击"参照编辑"对话框中的"确定"按钮,系统弹出"参照编辑"工具栏(见图 4-15),此时用户可以编辑块定义中所包含的对象。与此同时,图形显示上呈现以下特征:突出显示了选中的块参照,不显示未选中块参照,其他图形则虚化显示。编辑后的块如图 4-16 所示。

图 4-15　"参照编辑"工具栏　　　　　　　　　图 4-16　编辑块

（3）完成编辑后，点击"参照编辑"工具栏上的 "保存参照编辑"命令，将弹出如图 4-17 所示的保存编辑确认框以提示用户保存对块参照的修改，单击"确定"按钮，所有的块参照均被更新，结果如图 4-18 所示。

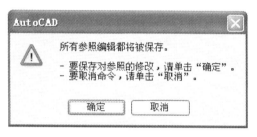

图 4-17　保存编辑确认框　　　　　　　图 4-18　所有引用该块的块参照自动更新

4. 块与图层的关系

块可以由绘制在若干图层上的对象组成，系统可以将图层的信息保留在块中。当插入这样的块时，AutoCAD 有如下约定（见表 4-1）：

表 4-1　块使用约定

若要使块中的对象	在这些图层中创建对象	创建具有这些特性的对象
保留原特性	除 0 层外的任何层	除"随块"或"随层"外的任何值
继承当前图层的特性	0 层	BYLAYER（随层）
先继承单独的特性，然后继承图层特性	任何层	BYBLOCK（随块）

（1）块插入后，原来位于当前图层上的对象被绘制在此图层上，并按该层的颜色与线型绘出。

（2）对于块中其他图层上的对象，若块中包含有与图形中的图层同名的层，块中该层上的对象仍绘制在图中的同名层上，并按图中该层的颜色与线型绘制。块中其他图层上的对象仍在原来的层上绘出，并为当前图形增加相应的图层。

（3）如果插入的块由多个位于不同图层上的对象组成，那么冻结某一对象所在的图层后，此图层上属于块的对象将不可见；当冻结插入块时的当前层时，不管块中各对象处于哪一图层，整个块将不可见。

插入块参照时，对于对象的颜色、线型和线宽特性的处理，有三种选择：

（1）块中的对象不从当前设置中继承颜色、线型和线宽特性。不管当前设置如何，块中对象的特性都不会改变。对于此选择，建议为块定义中的每个对象分别设置颜色、线型和线宽特性；创建这些对象时不要使用"随块"或"随层"作为颜色、线型和线宽的设置。

（2）块中的对象仅继承块插入时的当前图层的颜色、线型和线宽特性，此时块中的对象具有"浮动"特性。对于此选择，在 0 层创建即将包含在块定义中的对象，并将当前颜色、线型和线宽设置为"随层"。

（3）对象继承已明确设置的当前颜色、线型和线宽特性，即这些特性已设置成取代块插入时当前图层的颜色、线型和线宽。如果未进行明确设置，则继承当前图层的颜色、线型和线宽特性。对于后者，在创建要包含在块定义中的对象前，将当前颜色或线型设置为"随块"。

4.2.4　多线创建和编辑

使用"多线"（Mline）来创建墙线简便、高效。绘制多线首先需要对多线样式进行设置，然后采用新设置的多线样式来绘制多线，进而利用"多线编辑工具"（Mledit）和"修剪"（Trim）命令来修剪多线。规划设计人员也常利用 **Mline** 命令来绘制城市道路网。

1. 多线样式设置

使用菜单命令【格式】→【多线样式】，弹出"多线样式"对话框，如图 4-19 所示。

图 4-19　"多线样式"对话框

在"多线样式"对话框中单击"新建"按钮，在弹出的"创建新的多线样式"对话框中键入新的多线样式的名称如"道路线"，如图 4-20 所示。

图 4-20　命名新多线样式

单击"继续"按钮完成新样式命名,在弹出的"新建多线样式:道路线"对话框中进行如下设置:在"偏移"输入框中键入"**0**";在"颜色"下拉列表中选择"红色";点击"线型"长按钮,在"选择线型"对话框中的"线型"列表中选择某一特定线型如"CENTER",当此线型不在线型列表中时,单击"加载"按钮以加载线型,然后再选择线型;单击"添加"按钮,元素列表中将增加一个偏移为 0、颜色为 BYLAYER、线型为 CENTER 的新元素。完成上述设置后的"新建多线样式"对话框如图 4-21 所示。

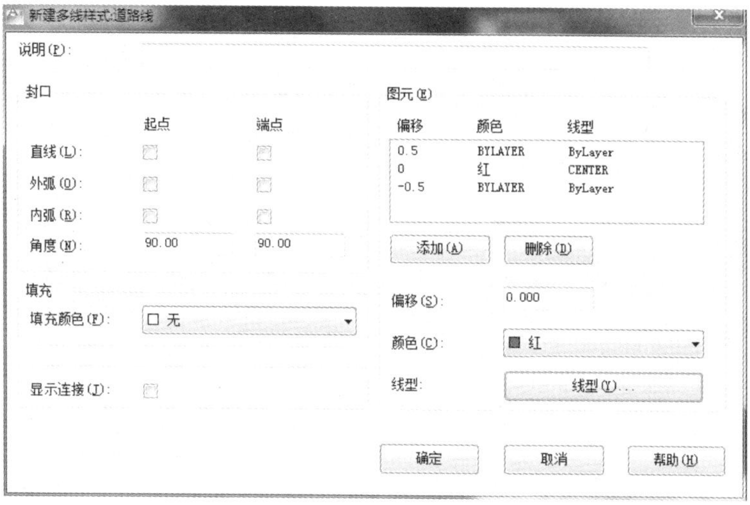

图 4-21 设置新建的多线样式

在"多线样式"对话框的"样式"列表中选择"道路线",单击"置为当前"按钮,使其成为当前的多线样式,也可以点击"修改"按钮,对该样式进行再编辑,按"确定"按钮结束多线样式设置。

2. 多线绘制

以新设置的多线样式为例,绘制一条宽度为 40、节点位于中心线的多线的过程如下:

```
命令:mline
当前设置:对正 = 上,比例 = 20.00,样式 = 道路线
指定起点或[对正(J)/比例(S)/样式(ST)]:j
输入对正类型[上(T)/无(Z)/下(B)]<上>:z
当前设置:对正 = 无,比例 = 20.00,样式 = 道路线
指定起点或[对正(J)/比例(S)/样式(ST)]:s
输入多线比例<20.00>:40
当前设置:对正 = 无,比例 = 40.00,样式 = 道路线
指定起点或[对正(J)/比例(S)/样式(ST)]:          (拾取点)
指定下一点:                               (拾取点)
指定下一点或[放弃(U)]:          (继续拾取点或按回车键结束)
```

以上操作过程中的关键参数的含义如下:

（1）对正（J）。此参数项有三个选项"上（T）"、"无（Z）"、"下（B）"，其含义分别是："上（T）"表示多线以绘制方向最左侧的偏移线为基准捕捉点，"无（Z）"表示多线以中线为基准捕捉点，"下（B）"表示多线以绘制方向最右侧的偏移线为基准捕捉点。

（2）比例（S）。此参数用来设置多线的宽度，缺省值为 20.00，表示多线的宽度为 20 个单位。在绘制规划总图时，若道路宽度为 40 米时，可将其设置为 40。需要注意的是，若多线的诸元素中最大数值减最小数值的值为 a，且 a>1 时，表明定义多线样式时已经为其设置了宽度，因而使用 **Mline** 命令绘制的多线宽度为 a×比例。

（3）样式（ST）。此参数用来设置当前的多线样式。

3. 多线编辑工具

使用下拉菜单【修改】→【对象】→【多线】，或使用命令 **Mledit**，将激活多线编辑工具，如图 4-22 所示。利用此工具，用户可实现"十字合并"、"T 形合并"、"角点结合"、"添加顶点"和"删除顶点"等操作。

图 4-22   多线编辑工具

AutoCAD 2012 支持使用 **Trim** 命令直接对多线进行修改操作。

4. 多线分解

在某些情形下，多线编辑工具并不能满足编辑的需要。例如，利用多线编辑工具无法实现对"十字"相交或"T 字"相交的多线倒圆角。此时，需要先将其分解，然后再进行倒圆角等操作。

使用命令"分解"（**Explode**），或点击"修改"工具栏上的 按钮，选择待分解的多线，便可将多线分解。需要注意的是，经过以上操作后的多线将分解为多个直线段。

4.2.5　创建与编辑文本

文本注记是图纸中不可或缺的一部分。在户型平面图或楼层平面图中,标注房间的功能、尺寸标注和创建标题时均需使用文本。

1. 定义文字式样

可通过以下几种方式定义文字样式:

● 下拉菜单:【格式】→【文字样式】。

● 工具栏按钮:"文字"工具条之 按钮。

● 命令行:*style* 或 *st*。

采用以上任意一种方式,将弹出"文字样式"对话框,如图 4-23 所示。对话框中各选项的含义与用法如下:

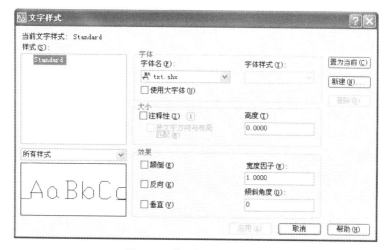

图 4-23　"文字样式"对话框

（1）样式。该组合框的左侧为"样式"(S)列表框,列表框中显示的是当前文字样式,点击列表框将显示当前图形文件已定义的所有样式名。要更改当前样式,请从列表中选择另一种样式,或选择"新建"以创建新样式。

（2）字体。字体组合框中的"SHX 字体(X)"列表框中列出的是支持当前文字样式的字体文件。当勾选"使用大字体"复选框时,列表框中列出的是 AutoCAD 2012 的 Fonts 文件夹下的编译形字体;否则,不仅列出编译的形字体,还列出所有注册的 TrueType 字体。只有在"SHX 字体(X)"列表框中指定 SHX 文件时,才能使用"大字体",因为只有 SHX 文件可以创建"大字体"。

（3）大小。若高度值采用缺省的 0.0000(小数点后的位数取决于系统的精度),在每次使用当前样式输入文字时,系统都将提示输入文字高度。当在"高度(T)"输入框中输入大于 0.0 的高度值时,此文字样式将以此高度值作为文字的高度;使用此样式输入文字时,系统将不再提示输入文字高度。在相同的高度设置下,TrueType 字体显示的高度要小于 SHX 字体。

2. 创建单行文字

可采用以下三种方式激活该命令:

● 下拉菜单:【绘图】→【文字】→【单行文字】。

● 工具栏按钮:"文字"工具栏之 A̲I 按钮。

● 命令行：*text* 或 *dtext* 或 *dt*。

相关的操作步骤如下:

(1) 选择以上任一种方式激活创建单行文字命令。

(2) 键入"*j*"以修改对正方式。

(3) 键入"*m*"以选择"中间(M)"对正选项,或键入激活其他选项(对齐(A)/调整(F)/中心(C)/中间(M)/右(R)/左上(TL)/中上(TC)/右上(TR)/左中(ML)/正中(MC)/右中(MR)/左下(BL)/中下(BC)/右下(BR))的关键字。

(4) 键入"*s*"以修改样式。在"输入样式名"提示下输入现有文字样式名。当不能回忆起文字样式名时,可输入"?"以列出文字样式列表,继而键入合适的样式名。

(5) 指定第一个字符的插入点。若按回车键,AutoCAD 将紧接最后创建的文字对象(如果有的话)定位新的文字。

(6) 指定文字高度。只有当文字高度在当前文字样式中设置为 0 时,才提示用户输入文字高度。完成步骤(5)定位插入点并移动光标后将出现拖引线,通过单击将文字的高度设置为拖引线的长度。

(7) 指定文字旋转角度。可以输入角度值,或直接敲回车键令旋转角度为 0。

(8) 输入文字。在每行的结尾处敲回车键,即创建了一个新的文本对象。

(9) 继续输入文字,将在下一行创建一个新的文本对象。

(10) 连续敲回车键两次,结束命令。

3. 创建多行文字

可采用以下三种方式创建多行文字:

● 下拉菜单:【绘图】→【文字】→【多行文字】。

● 工具栏按钮:"文字"工具栏之 **A** 按钮。

● 命令行：*mtext* 或 *t* 或 *mt*。

具体步骤如下:

(1) 采用以上任一种方式激活多行文字命令。

(2) 指定边框的对角点以定义多行文字对象的输入区域。

(3) 在弹出的"在位文字编辑器"输入框中输入文字,如图 4-24 所示。

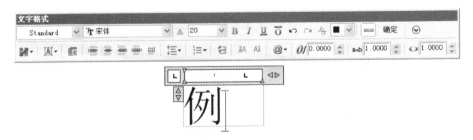

图 4-24　在"在位文字编辑器"输入框中输入文字

（4）采用以下方法保存修改并退出编辑器：单击"在位文字编辑器"上的"确定"按钮；单击编辑器外部的图形；按"Ctrl＋回车"组合键。

4. 编辑文本

可采用以下三种方式编辑文本：

● 下拉菜单：【修改】→【对象】→【文字】→【编辑】。

● 通过直接双击文字进行修改。

● 命令行：*ddedit* 或 *ed*。

文本编辑需要注意以下几个方面：

（1）单行文字编辑。对于单行文字，激活以上文本编辑命令只能编辑文本的内容，对于文字高度、格式等内容无法实现变更，需要通过打开"特性"窗口进行修改。特别是字体格式的改变只能通过改变文字样式来实现。

（2）多行文字编辑。对于多行文字，选择任一方式激活"在位文字编辑器"，直接在文本输入框中对文字进行修改，修改该编辑器中的各个选项就可以实现文本高度、格式等的更改。

（3）文字格式批量编辑。对于大量需要转换成同一格式的文字，可以更改现有文字的文字样式或通过"特性匹配"工具 来完成。"特性匹配"不改变文字内容，文字格式匹配也并不完全，如对多行文字的颜色、斜体、加粗等设置无法进行匹配。

4.3 实例 1

以下将以某居住建筑的标准层平面图的绘制为例，较为详细地介绍建筑平面图的绘制要领和相关技巧。

4.3.1 绘图环境设置

1. 确定绘图单位

使用下拉菜单【格式】→【单位】，如下设置绘图环境的单位：

（1）"长度"类型为"小数"，精度为"0.0"。

（2）"角度"类型为"十进制度数"，角度精度为"0.0"。

（3）用于缩放插入内容的单位为"毫米"。进行上述设置后的"图形单位"对话框如图 4-25所示。

2. 确定绘图区域

根据居住建筑的长度和进深，确定绘图范围。

图 4-25 确定图形单位

本例中，居住建筑的长度大致为 21700×12500，据此确定绘图范围为 24000×16000。具体的设置过程如下：

命令：*limits*

重新设置模型空间界限：

指定左下角点或［开(ON)/关(OFF)］＜0.0000,0.0000＞：↙

指定右上角点 ＜420.0000,297.0000＞：**24000 , 16000**

命令：*z*

指定窗口的角点，输入比例因子 (nX 或 nXP)，或者

［全部(A)/中心(C)/动态(D)/范围(E)/上一个(P)/比例(S)/窗口(W)/对象(O)］＜实时＞：*a*

正在重生成模型。

3. 设定捕捉模式

用鼠标右键点击状态栏中的"对象捕捉"按钮，在右键弹出菜单中选择"设置"菜单项，当弹出"草图设置"对话框并激活"对象捕捉"选项卡时，勾选"启用对象捕捉"复选框，在"对象捕捉模式"组合框中勾选将频繁使用的捕捉选项。如图 4-26 所示的"草图设置"对话框中设置了三种对象捕捉模式，即"端点"、"交点"和"外观交点"，"外观交点"是指相关对象延伸后的交点。

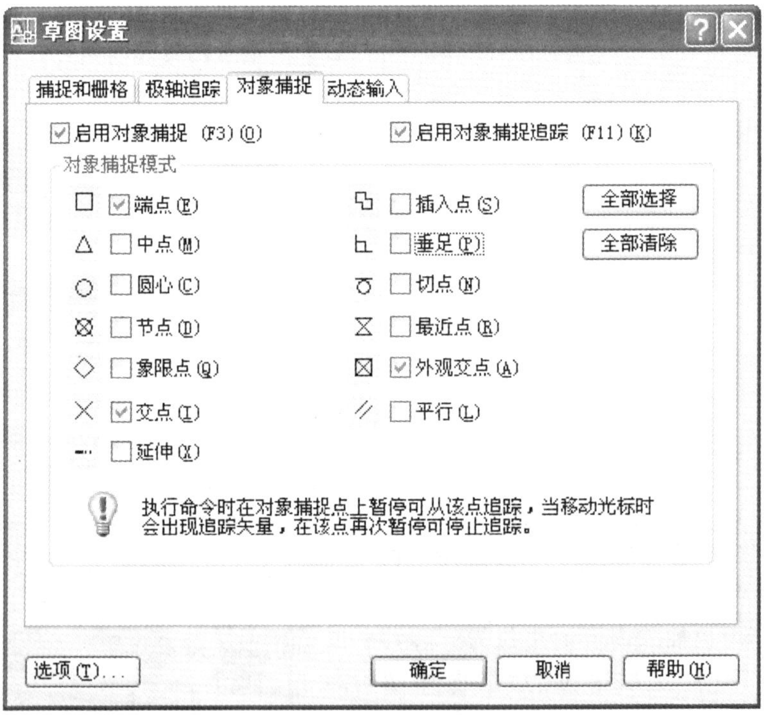

图 4-26 设定捕捉模式

4. 图层设置

可以通过把一类元素归入一个图层(见图 4-27),方便使用。

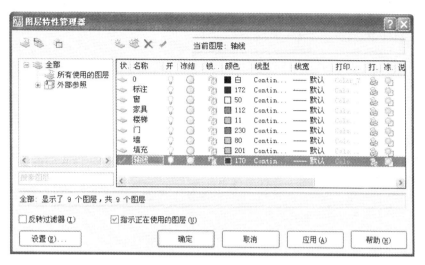

图 4-27　图层特性管理器

4.3.2　绘制轴线

首先,将"轴线"层置为当前层。可使用以下快捷方式来实现:点击"图层"工具栏的下拉列表,在所显示的图层列表中选择"轴线"。当然,用户也可点击"图层工具栏"的 ▧ 或使用下拉菜单【格式】→【图层】,在弹出的"图层特性管理器"(见图 4-27)中进行相应的设置以实现上述目的。

其次,利用"多段线"(**Pline**)命令绘制水平方向和垂直方向的多段线各一条作为起始轴线,其相应长度应不小于建筑的长度和进深。

最后,利用"偏移"(**Offset**)命令,根据图 4-28 所示的尺寸,分别绘制出其他轴线。绘制水平轴线的过程如下:

命令:*offset*

OFFSET

当前设置:删除源=否 图层=源 OFFSETGAPTYPE=0

指定偏移距离或[通过(T)/删除(E)/图层(L)]<通过>:*4200*

选择要偏移的对象,或[退出(E)/放弃(U)]<退出>:　　　　　　(选择刚创建的水平轴线)

指定要偏移的那一侧上的点,或[退出(E)/多个(M)/放弃(U)]<退出>:

　　　　　　　　　　　　　　　(用鼠标在需要绘制偏移线的一侧拾取一个点)

选择要偏移的对象,或[退出(E)/放弃(U)]<退出>:↙

命令:↙　　　　　　　　　　　　　　　　　　　(重复上一命令)

OFFSET

当前设置:删除源=否 图层=源 OFFSETGAPTYPE=0

指定偏移距离或[通过(T)/删除(E)/图层(L)]<4200>:*2100*

选择要偏移的对象,或[退出(E)/放弃(U)]<退出>:　　　　**(选择用偏移命令所创建的新轴线)**

指定要偏移的那一侧上的点,或[退出(E)/多个(M)/放弃(U)]<退出>:

　　　　　　　　　　　　　　　　(用鼠标在需要绘制偏移线的一侧拾取一个点)

选择要偏移的对象,或[退出(E)/放弃(U)]<退出>:↙

命令:↙

OFFSET

当前设置:删除源=否 图层=源 OFFSETGAPTYPE=0

指定偏移距离或[通过(T)/删除(E)/图层(L)]<2100>:**3400**

选择要偏移的对象,或[退出(E)/放弃(U)]<退出>:　　　　**(选择用偏移命令所创建的新轴线)**

指定要偏移的那一侧上的点,或[退出(E)/多个(M)/放弃(U)]<退出>:

　　　　　　　　　　　　　　　　(用鼠标在需要绘制偏移线的一侧拾取一个点)

选择要偏移的对象,或[退出(E)/放弃(U)]<退出>:↙

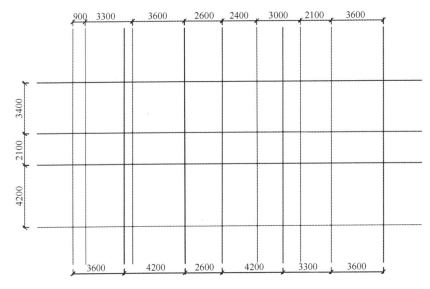

图 4-28　绘制轴线

4.3.3　绘制墙线

1. 设置多线样式

使用下拉菜单【格式】→【多线样式】,在弹出的"多线样式"对话框中单击"新建"按钮,创建名为"240 墙线"的多线样式,在"新建多线样式:240 墙线"对话框中设置墙线的起点和端点(末点)的"封口"类型均为"直线",在"元素"组合框中设置元素的偏移量分别为"120"和"−120",进行上述设置后的对话框如图 4-29 所示。

采用类似方法新建另一名为"120 墙线"的多线样式,同样设置墙线的起点和端点(末点)的"封口"类型为"直线",在"元素"组合框中设置元素的偏移量分别为"60"和"−60"。

完成添加新样式后,在"多线样式"对话框的"样式"列表框中选择"240 墙线"项,单击"置为当前"按钮。这样,"240 墙线"便成为当前的多线样式。

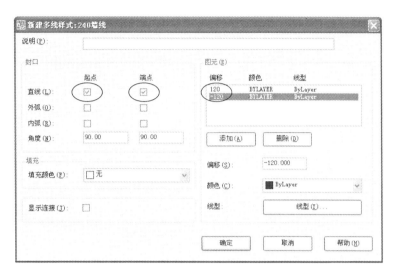

图 4-29　设置名为"240 墙线"的多线样式

2. 绘制 240 墙线

在绘制前首先将"墙线"层设置为当前图层,并事先设定多线的属性,包括多线的"比例"、"对正方式"等。本例中,相关尺寸均基于 240 墙线的中心线,因而"对正方式"采用"无(Z)"方式,即多线的节点位于多线的中央。另外,由于"240 墙线"样式已经定义了墙线的宽度,因而相应的多线"比例"应调整为"1"。

以下是对多线进行设置时所显示的命令行信息:

命令: *ml*
MLINE
当前设置: 对正 = 上,比例 = 20.00,样式 = 240 墙线
指定起点或[对正(J)/比例(S)/样式(ST)]: *j*
输入对正类型[上(T)/无(Z)/下(B)]<上>: *z*
当前设置: 对正 = 无,比例 = 20.00,样式 = 240 墙线
指定起点或[对正(J)/比例(S)/样式(ST)]: *s*
输入多线比例 <20.00>: *1*
当前设置: 对正 = 无,比例 = 1.00,样式 = 240 墙线
指定起点或[对正(J)/比例(S)/样式(ST)]:　　　　　　　　　　　　　　　　　(拾取点)
指定下一点:　　　　　　　　　　　　　　　　　　　　　　　　　　　　　(拾取点)
指定下一点或[放弃(U)]:　　　　　　　　　　　　　　　　(拾取点或回车结束多线绘制)

根据图 4-30 所示的尺寸绘制 240 墙线。为方便后续的编辑操作,在使用 **Mline** 命令时不宜使用"闭合"选项。为此,以多线绘制建筑物外墙时宜以 a 为起始点,b 为终点,该图中即以顺时针方式绘制外墙。

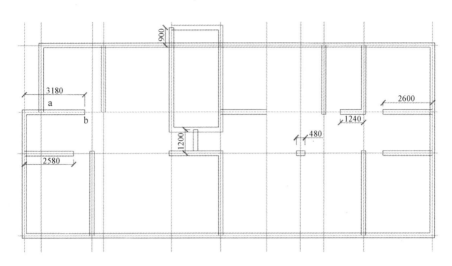

图 4-30　绘制完成 240 墙线

3. 绘制 120 墙线

将当前多线样式设置为"120 墙线",可在"多线样式"对话框进行设置,也可采用以下方式:

命令:*ml*

MLINE

当前设置:对正 = 无,比例 = 1.00,样式 = 240 墙线

指定起点或[对正(J)/比例(S)/样式(ST)]:*st*

输入多线样式名或[?]:?

已加载的多线样式:

名称	说明

---

120 墙线

240 墙线

STANDARD

输入多线样式名或[?]:**120 墙线**

当前设置:对正 = 无,比例 = 1.00,样式 = 120 墙线

指定起点或[对正(J)/比例(S)/样式(ST)]:　　　　　　　　　　　　　**(拾取点)**

指定下一点:　　　　　　　　　　　　　　　　　　　　　　　　　**(拾取点)**

指定下一点或[放弃(U)]:　　　　　　　　　　　　**(拾取点或回车结束多线绘制)**

根据给定尺寸绘制 120 墙线,结果如图 4-31 所示。

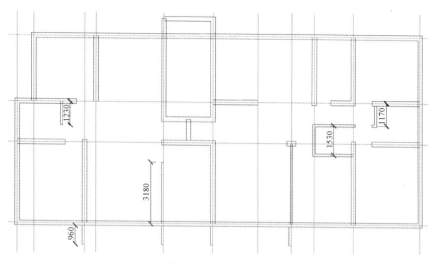

图 4-31　绘制完成 240 墙线及 120 墙线

▶ 4.3.4　编辑墙线

1. 墙角处理

利用"多线编辑工具"中的"T形合并"来处理"丁字形"相交的墙线,在编辑时应注意多线的选择顺序。以图 4-32 为例,使用命令 **Mledit**,在弹出的"多线编辑工具"对话框中选择"角点结合"选项,当命令行提示"选择第一条多线"时应选择多线 cd,当命令行提示"选择第二条多线"时应选择另一条多线 ab。

图 4-32　"T形合并"示意图

利用"多线编辑工具"的"角点结合"选项来处理首末点相同的多线,或具有同一个端点的两条多线,如图 4-33 所示。

图 4-33　角点结合示例

99

最终墙角处理结果如图 4-34 所示。

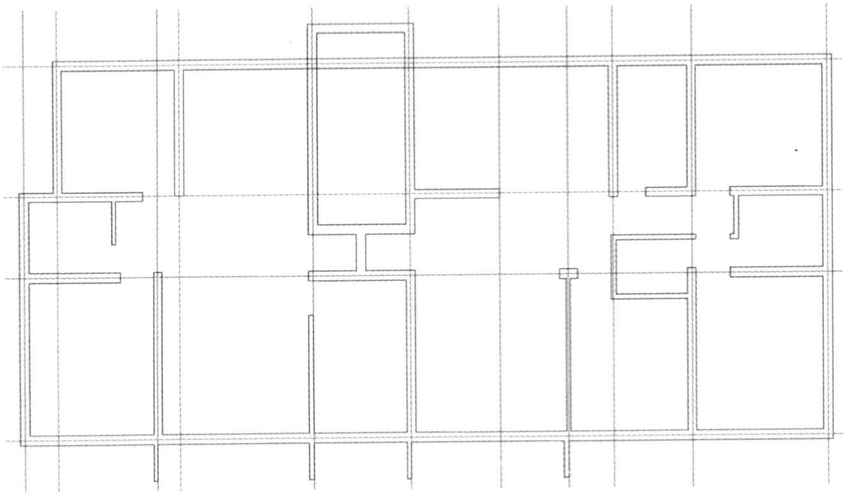

图 4-34　完成"T 形合并"与"角点结合"操作后的墙线

2. 墙线打断

在需绘制门、窗的墙线位置时应当打断。"多线编辑工具"中有"全部剪切"选项,类似于"打断"(Break)命令,以打断多线。但是,该命令的缺点是不能使用对象捕捉定位打断点。我们注意到,Trim 命令能直接处理多线对象。因此,我们事先在需要打断的位置添加辅助直线段,如图 4-35 所示,进而使用 Trim 命令对墙线进行剪裁。在绘制辅助直线段时可结合对象捕捉和对象追踪来灵活和精确地定位。最终的墙线剪裁结果如图 4-36 所示。

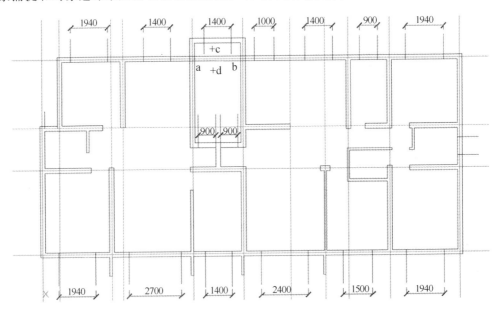

图 4-35　添加用于剪裁多线的辅助直线段

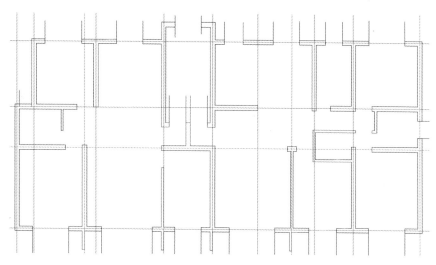

图 4-36　完成修剪后的墙线

以上剪裁涉及两种类型，一种是被剪裁的多线段由多线本身和相关的直线段所定义，另一种是由多线本身和另一个或多个多线所定义。对于前者，操作较为简单，可参考第 3 章中所介绍的 **Trim** 命令；对于后者，以图 4-37 为例，操作过程如下。

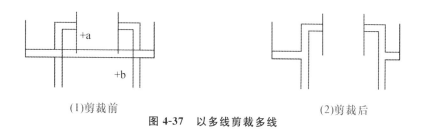

　(1)剪裁前　　　　　　　　　　　　　　　(2)剪裁后

图 4-37　以多线剪裁多线

命令：**tr**
TRIM
当前设置：投影＝UCS，边＝无
选择剪切边…
选择对象或 ＜全部选择＞：指定对角点：找到 3 个　　　　　　　　　　**(使用窗选)**
选择对象：↙
选择要修剪的对象，或按住 Shift 键选择要延伸的对象，或
[栏选(F)/窗交(C)/投影(P)/边(E)/删除(R)/放弃(U)]：*c*
指定第一个角点：　　　　　　　　　　　　　　　　　　　　　**(拾取点 b)**
指定对角点：　　　　　　　　　　　　　　　　　　　　　　　**(拾取点 a)**
输入多线连接选项[闭合(C)/开放(O)/合并(M)] ＜合并(M)＞：↙
选择要修剪的对象，或按住 Shift 键选择要延伸的对象，或
[栏选(F)/窗交(C)/投影(P)/边(E)/删除(R)/放弃(U)]：↙

以上修剪过程也可采用其他选项如"栏选(F)"，也可以不输入选项，直接用鼠标定义一

个窗口以选择待修剪的对象。读者可以自行尝试以上操作。对墙线进行打断和剪裁操作，并隐藏辅助线后，图形窗口如图 4-38 所示。

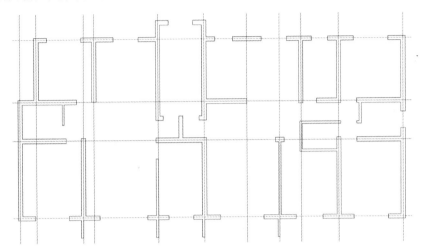

图 4-38 完成修剪操作后的多线

→ 4.3.5 绘制方窗

方窗的绘制步骤如下。

（1）新建一名为"窗户"的多线样式，对该样式的元素作如图 4-39 所示的设置。

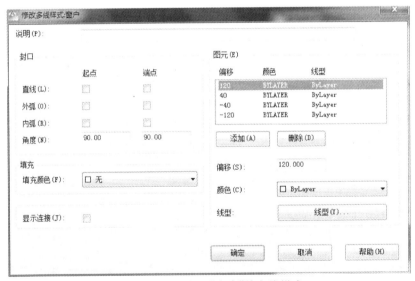

图 4-39 定义名为"窗户"的多线样式

（2）在"多线样式"对话框中选择"窗户"多线样式，点按"置为当前"按钮，将"窗户"多线样式设置为当前多线样式。

（3）右击状态栏中的"对象捕捉"项，在弹出的"草图设置"对话框的"对象捕捉"选项卡中，启用"交点"对象捕捉模式。

（4）激活 **Mline** 命令,确认当前多线样式的"比例"为 1,"对正方式"为无,绘制窗户多线,结果如图 4-40 所示。

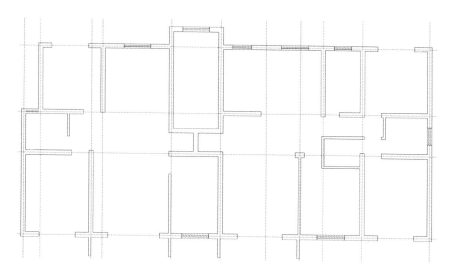

图 4-40　完成方窗绘制后的楼层平面图

4.3.6　绘制八角窗

1. 绘制八角窗外边缘

八角窗外边缘的绘制包括以下几个步骤:

（1）绘制辅助直线段 ab 和 bc,如图 4-41 所示。

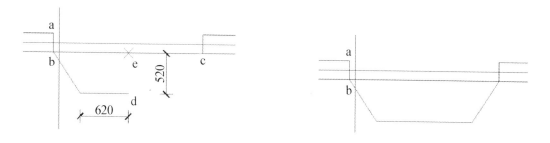

图 4-41　八角窗外边缘线绘制

（2）启用"对象捕捉模式"中的"中点"捕捉,激活"对象追踪"功能,激活 **Pline** 命令,以点 d 作为起始点,绘制多段线 db。

（3）以点 d 和线段 bc 的中点作为镜像线,镜像复制多段线 db。

（4）激活"多段线编辑"（**Pedit**）命令,将 db 和其镜像线连接成一个多段线,结果如图 4-41所示。其中,**Pedit** 命令的操作过程如下:

命令：*pe*

PEDIT

选择多段线或[多条(M)]：   (选取 db)

输入选项

[闭合(C)/合并(J)/宽度(W)/编辑顶点(E)/拟合(F)/样条曲线(S)/非曲线化(D)/线型生成

(L)

/放弃(U)]：*j*

选择对象：找到 1 个   (选取 db 的镜像线)

选择对象：↙

2 条线段已添加到多段线   (因为镜像线由两个直线段组成)

输入选项

[闭合(C)/合并(J)/宽度(W)/编辑顶点(E)/拟合(F)/样条曲线(S)/非曲线化(D)/线型生成

(L)/放弃(U)]：↙

2. 设置点样式

使用下拉菜单【格式】→【点样式】，单击⊠，并在"点大小"输入框中输入 5，以定义点的大小，如图 4-42 所示。

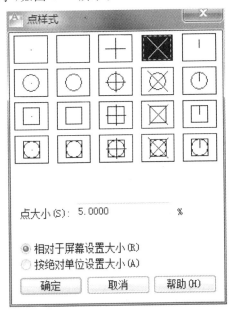

图 4-42　设置点样式

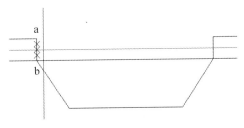

图 4-43　绘制等分点

3. 绘制等分点

使用下拉菜单【绘制】→【点】→【定数等分】，或键盘命令 *divide* 或 *div*，当提示"选择要定数等分的对象："时，选择图 4-43 所示的直线段 ab；当进一步提示"输入线段数目或[块(B)]："时键入 *4*，便可在线段 ab 上插入三个等分点，如图 4-43 所示。

4. 绘制偏移线

启用"对象捕捉模式"中的"节点"捕捉，使用偏移命令，并选择"通过(T)"选项，绘制成

初始的八角窗,如图 4-44 所示。操作过程如下:

命令:**o**
OFFSET
当前设置:删除源＝否 图层＝源 OFFSETGAPTYPE＝0
指定偏移距离或[通过(T)/删除(E)/图层(L)]＜通过＞:↙
选择要偏移的对象,或[退出(E)/放弃(U)]＜退出＞:　**(选择八角窗的外边缘 polyline)**
指定通过点或[退出(E)/多个(M)/放弃(U)]＜退出＞:　**(选择等分点)**

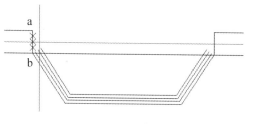

图 4-44　偏移复制外边缘线

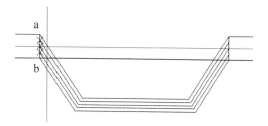

图 4-45　延伸偏移线

5. 延伸偏移线

使用“延伸”(**Extend**)命令,选择两侧的多线(墙线)作为边界,分别将多段线延伸到两侧的多线,结果如图 4-45 所示。

6. 删除辅助要素并复制

删除如图 4-45 所示的等分点“X”和其他辅助要素如直线段,选中构成八角窗的所有 5 条多段线,进行复制或镜像复制,完成所有八角窗的绘制后如图 4-46 所示。

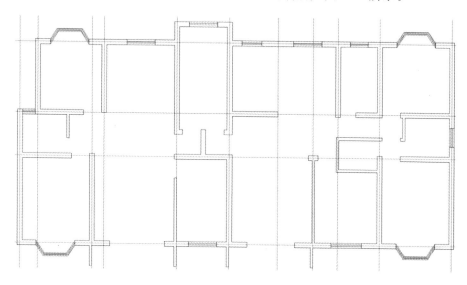

图 4-46　完成八角窗绘制

4.3.7　绘制阳台

以如图 4-47 所示的点 c 为起点,绘制一个 720×420 的矩形,在矩形内部对此矩形进行两次偏移复制,将所创建的三个矩形在阳台东面墙的一侧复制一份,并绘制相应的连接弧墙。

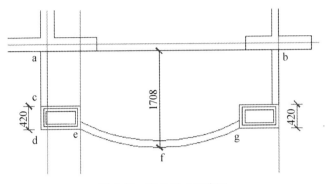

图 4-47　阳台尺寸示意图

命令:*rec*
RECTANG
指定第一个角点或[倒角(C)/标高(E)/圆角(F)/厚度(T)/宽度(W)]:
指定另一个角点或[面积(A)/尺寸(D)/旋转(R)]:*@720,-420*
命令:*o*
OFFSET
当前设置:删除源=否 图层=源 OFFSETGAPTYPE=0
指定偏移距离或[通过(T)/删除(E)/图层(L)]<通过>:*50*
选择要偏移的对象,或[退出(E)/放弃(U)]<退出>:　　　　　　　　　（选择新创建的矩形）
指定要偏移的那一侧上的点,或[退出(E)/多个(M)/放弃(U)]<退出>:
　　　　　　　　　　　　　　　　　　　　　　　　　　　（在矩形内部任意拾取一点）
选择要偏移的对象,或[退出(E)/放弃(U)]<退出>:　　　　　　　　　（选择新创建的矩形）
指定要偏移的那一侧上的点,或[退出(E)/多个(M)/放弃(U)]<退出>:
　　　　　　　　　　　　　　　　　　　　　　　　　　　（在矩形内部任意拾取一点）
选择要偏移的对象,或[退出(E)/放弃(U)]<退出>:↙
命令:*cp*
COPY
选择对象:指定对角点:找到 3 个　　　　　　　　　　　　　　　（使用交叉窗口进行选择）
选择对象:↙
指定基点或[位移(D)]<位移>:*3600,0*
指定第二个点或 <使用第一个点作为位移>:↙
命令:arc 指定圆弧的起点或[圆心(C)]:　　　　　　　　　　　　　　（拾取点 e）

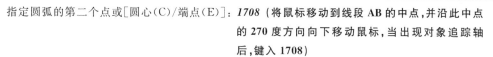

指定圆弧的第二个点或[圆心(C)/端点(E)]：**1708**（将鼠标移动到线段 **AB** 的中点，并沿此中点
的 **270** 度方向向下移动鼠标，当出现对象追踪轴
后，键入 **1708**）

指定圆弧的端点：　　　　　　　　　　　　　　　　　　　　　　　　　　　　（拾取点 g）

4.3.8　绘制门

门的绘制通常以块插入的方式来实现。具体过程如下：

（1）绘制用来创建块的图形，令 0 图层为当前图层，绘制一个圆弧，其半径为 900，圆弧起
点相对于圆心（圆弧所在圆的圆心）的方位角为 90°，终点相对于圆心的方位角为 180°，自圆弧
起点至圆心绘制一条直线段。

（2）以圆弧的终点为基点，创建一个包含圆弧与直线段的块，命名为"门"；

（3）令"门"图层为当前图层，使用 **Insert** 命令插入块"门"，根据需要旋转、镜像或缩放插入
的块对象，如图 4-48 所示。

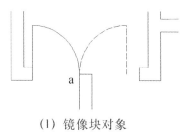
　　　（1）镜像块对象

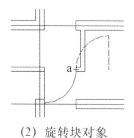
（2）旋转块对象

图 4-48　插入块"门"

使用"矩形"（**Rectang**）命令绘制如图 4-49 所示的移门，以左下角顶点为基点，将其创建
为新块"移门"。在本实例中，移门的宽度是有变化的，但同时我们又希望移门的厚度能保持
不变。因而，在实际操作中，应当适当调整"移门"块的 X 方向比例，而无需调整 Y 方向的
比例。

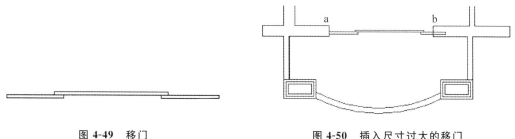

图 4-49　移门　　　　　　　　　　　图 4-50　插入尺寸过大的移门

假定插入如图 4-50 所示的一个移门。显然，移门的尺寸过大了，需调整以便使移门恰
好能置于两墙之间。调整过程如下：

（1）选中移门，按"Ctrl＋1"组合键，激活"特性"面板（见图 4-51）。

图 4-51 块参照的特性编辑器

图 4-52 快速计算器

（2）点击"特性"面板中的"X 比例"项，所在行将亮显，并且其右侧将显示"计算器"图标 ▦，点击此图标，将弹出如图 4-52 所示"快速计算器"。

（3）在弹出的"快速计算器"对话框中，点击 ▦，AutoCAD 提示">> 输入点："，启用端点捕捉，分别拾取点 a 和点 b，ab 之间的距离将自动写入到输入框中，单击"数字键区"的"/"，继续单击 ▦，量测块的长度，输入框中显示为"2400/2700"，相继点击"应用"和"关闭"按钮。完成此操作后的结果如图 4-53 所示。

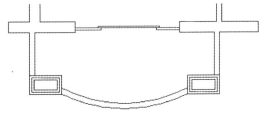

图 4-53 调整 X 比例后的移门

插入所有移门并适当调整 X 比例后的平面图如图 4-54 所示。

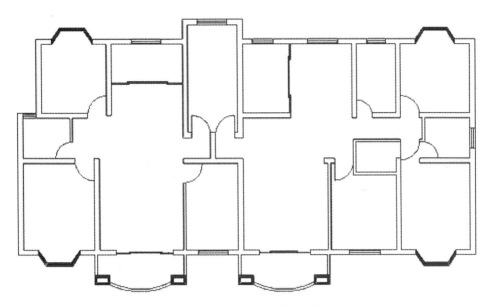

图 4-54　插入移门后的平面图

4.3.9　绘制卫浴和家具等

　　卫浴、家具、电器、楼梯等物件事先已制作好,并保存在相应的 DWG 文件中。直接使用 **Insert** 命令,在弹出的"插入"对话框中,点击"浏览"按钮,定位到上述 DWG 文件所在的文件夹,并选择相应的 DWG 文件,即可将此文件中图形要素插入到当前图形文件中,如图 4-55 所示。在插入这些块时,应注意插入的位置、角度和比例,必要时可能还需要镜像操作。

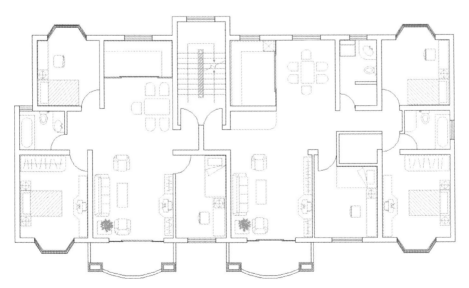

图 4-55　插入家具、卫浴设备等物件后的平面图

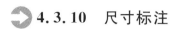

4.3.10 尺寸标注

1．设置尺寸标注类型

（1）创建新样式。使用下拉菜单【格式】→
【标注样式】，在弹出的"标注样式管理器"中单击
"新建"按钮，在弹出的"创建新标注样式"对话框
中，将新样式命名为"建筑平面图"（见图 4-56），
并以"ISO－25"为基础样式，单击"继续"按钮。

（2）在弹出的"新建标注样式：建筑平面
图"对话框（见图 4-57）中，进行如下设置。

图 4-56　创建名为建筑平面图的新标注样式

图 4-57　"新建标注样式：建筑平面图"对话框

在"线"选项卡中，"超出尺寸线"设置为 2，勾选"固定长度的尺寸界线"复选框，将其长度
设置为 2。由于在水平（垂直）标注时，各标注点的 Y(X) 坐标往往不一致，当未勾选"固定长
度的尺寸界线"复选框时，将出现尺寸界线参差不齐的情况。因此，为制作一幅美观的平面
图，勾选此复选框是必不可少的。

在"符号和箭头"选项卡中，将"箭头"组合框中的"第一项"和"第二项"设置为"建筑标
志"，将箭头大小设置为 2。

在"文字"选项卡中，将"文字高度"设置为 2.5；单击"文字样式"下拉框右侧的 .. 按钮，
为当前"Standard"样式指定"Times New Roman"字体。

在"调整"选项卡中，勾选"使用全局比例"单选框，在该框的右侧输入 100 作为全局
比例。

在"主单位"选项卡中，将"小数分隔符"设置为"'.'句点"。

2. 水平尺寸和垂直尺寸连续标注

水平尺寸标注分两个步骤,先使用下拉菜单【标注】→【线性】或在命令行键入 *Dimlinear* 或 *dli* 标注最左边两条垂直轴线之间的水平距离,然后以此为基础,使用下拉菜单【标注】→【连续】或键盘键入 *Dimcontinue* 或 *dco*,依次标注其他相邻垂直轴线之间的距离。最终结果如图 4-58 所示。

完成尺寸标注后的绘制图如图 4-58 所示。

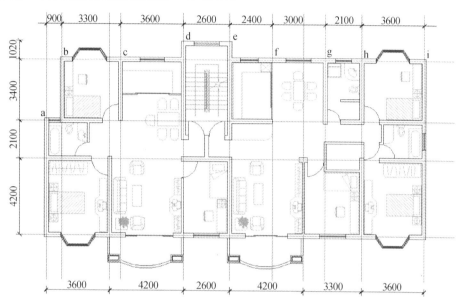

图 4-58　完成尺寸标注的绘制

以北侧的水平尺寸连续标注为例,其过程如下:

命令:*dli*

DIMLINEAR

指定第一条尺寸界线原点或 <选择对象>:　　　　　　　　　　　　　(拾取点 a)

指定第二条尺寸界线原点:　　　　　　　　　　　　　　　　　　　(拾取点 b)

创建了无关联的标注。

指定尺寸线位置或

[多行文字(M)/文字(T)/角度(A)/水平(H)/垂直(V)/旋转(R)]:

标注文字 = 900

命令:*dco*

DIMCONTINUE

指定第二条尺寸界线原点或[放弃(U)/选择(S)] <选择>:　　　　　　(拾取点 c)

标注文字 = 3300

指定第二条尺寸界线原点或[放弃(U)/选择(S)] <选择>:　　　　　　(拾取点 c)

标注文字 = 3600

指定第二条尺寸界线原点或[放弃(U)/选择(S)] <选择>:　　　　　　(拾取点 d)

标注文字 = 2600

指定第二条尺寸界线原点或［放弃(U)/选择(S)］＜选择＞：　　　　　　（拾取点 e）

标注文字 = 2400

指定第二条尺寸界线原点或［放弃(U)/选择(S)］＜选择＞：　　　　　　（拾取点 f）

标注文字 = 3000

指定第二条尺寸界线原点或［放弃(U)/选择(S)］＜选择＞：　　　　　　（拾取点 g）

标注文字 = 2100

指定第二条尺寸界线原点或［放弃(U)/选择(S)］＜选择＞：　　　　　　（拾取点 h）

标注文字 = 3600

指定第二条尺寸界线原点或［放弃(U)/选择(S)］＜选择＞：✔

选择连续标注：✔

➡ 4.3.11　标注房间功能

使用下拉菜单【格式】→【文字样式】，新建一个名称为"房间标注"的文字样式，该样式采用中文字体——"华文仿宋"，字体高度设为 0，其他参数均采用缺省值，进行上述设置后的"文字样式"对话框如图 4-59 所示。

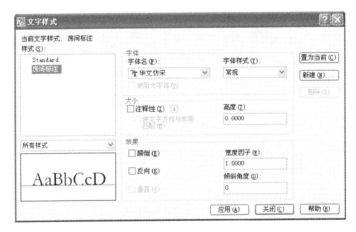

图 4-59　新建用以标注房间功能的文字样式

以下将使用"单行文字"（**Dtext**）命令来标注各房间的使用功能。选择 Dtext 命令的原因是利用它所创建的文字可以非常方便地进行移动操作。激活 **Dtext** 命令，设置文字的高度为300，键入"卧室 1"以标注住宅建筑西北角房间的功能，将此文本拷贝多份至各房间的相应位置。双击所拷贝的文本，激活"动态文本编辑"（**Ddedit**）命令，修改文本框内的文字，完成各个房间功能的标注，结果如图 4-60 所示。

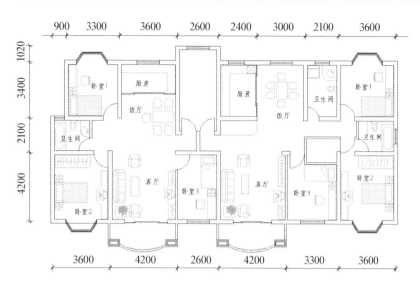

图 4-60 绘制完成的楼层平面图

4.4 实例 2

此实例与实例 1 类似(见图 4-61),以下简要介绍绘制要点。

图 4-61 实例 2 之建筑平面图

1. 可能使用的命令

"直线"（Line）、"多段线"（Pline）、"偏移"（Offset）、"修剪"（Trim）、"多线"（Mline）、"多线编辑"（Mledit）、"插入块"（Insert）、"复制"（Copy）、"旋转"（Rotate）、"镜像"（Mirror）、"线性标注"（Dimlinear）与"文字"（Mtext）。

2. 绘制步骤

（1）参照实例1设置绘图环境（包括绘图单位、绘图区域、捕捉模式和图层设置）。

（2）使用"直线"、"偏移"和"修剪"命令，绘制如图4-62所示的墙线中线。

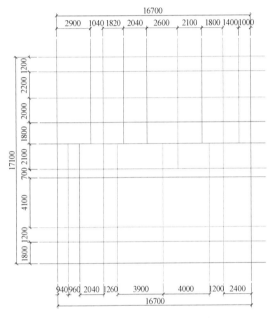

图 4-62　绘制完成的墙线中线

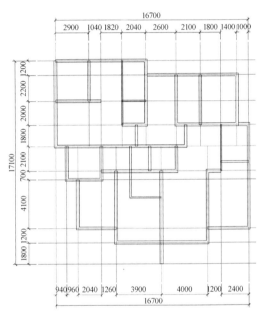

图 4-63　绘制完成的 240 和 120 墙线

（3）使用"多线"命令绘制如图4-63所示的240和120墙线。在绘制之前，选择【格式】→【多线样式】，在弹出的"多线样式"面板中，新建一个"墙线"样式，将"封口"组合框中的"直线（L）"的"起点"、"端点"均勾选。激活"多线"命令，将多线样式设置为"对正＝无，比例＝240.00，样式＝墙线"，绘制240墙；将多线样式设置为"对正＝无，比例＝120.00，样式＝墙线"，绘制120墙线。

（4）在命令行中输入"*mledit*"命令，使用"多线编辑"命令修改多线的交叉样式，结果如图4-64所示。

（5）绘制门窗洞。可先用"直线"或"多段线"绘制一些辅助线，用于修剪多线，之后将其删除。效果如图4-65所示。

（6）绘制窗户和阳台。可以新建多线样式来绘制窗户，也可用偏移直线的方法来绘制。

（7）插入家具、门、楼梯间、电梯等块，完善内部摆设。为了使插入的块与文件单位统一，在插入前需使用 **Units** 命令将图形文件的单位设置成"毫米"。

（8）标注尺寸以及文字。

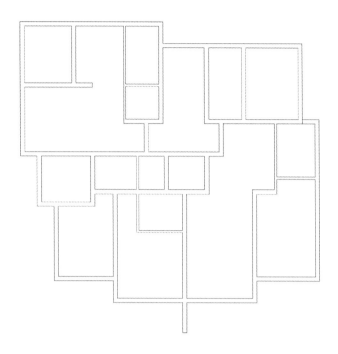

图 4-64　用"多线编辑"命令绘制完成的墙线

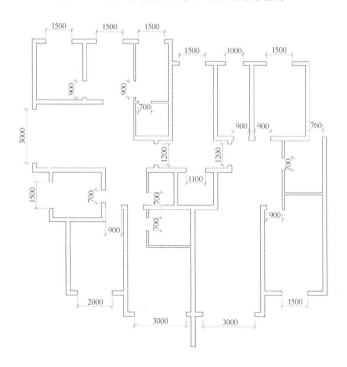

图 4-65　绘制完成的门窗洞

习题与思考

1. 试阐述图层的作用以及如何在 AutoCAD 中合理设置图层。

2. 在创建相同图形时既可以使用块,也可以直接使用对象复制命令,那么,这两种方式的本质区别是什么?

3. 如何使块中的对象具有浮动特性?

4. 简述建筑平面图绘制的大致过程。

5. 参考实例 1 或实例 2 及其相应的视频,完成如图 4-66 所示的首层平面图。

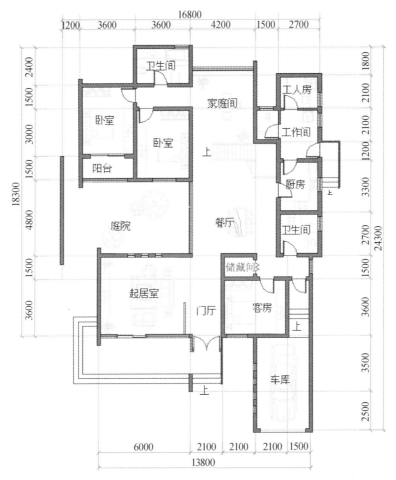

图 4-66 首层平面图

6. 参考实例 1 或实例 2 及其相应的视频,完成如图 4-67 所示的二层平面图。

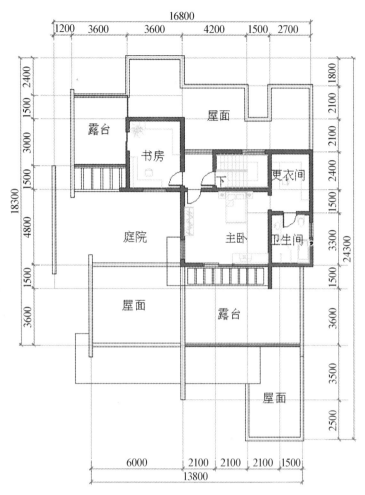

图 4-67　二层平面图

第5章 城市总体规划图绘制

城市总体规划是对未来一定时期内城市的经济和社会、土地利用、空间布局以及各项建设的总体综合部署,是建设和管理城市的基本依据。城市总体规划由城市政府定期组织编制,一旦批准,便具有法律效应。城市规划区内的各类城市建设活动不得违反城市总体规划。

根据 2007 年颁布的《中华人民共和国城乡规划法》,承担城市总体规划编制任务的规划设计单位应当提供以下规划成果:城市总体规划的文件和图则。其中,规划文件包括规划文本和附件,附件包括规划说明书及基础资料汇编等;图则主要包括城市现状图、市域城镇体系规划图、城市总体规划图、道路交通规划图、各项专业规划图及近期建设图,各图纸的比例应满足:大中城市 1∶10000～1∶25000,小城市 1∶5000,其中市域城镇体系规划图为 1∶50000～1∶100000。

城市总体规划总图(简称规划总图)是城市总体规划的图纸成果中最重要的一份图纸,它表现规划建设用地范围内的各项规划内容,体现规划建设用地范围内主要的路网结构和用地布局,也是绘制各类专项规划图的基础。本章将着重介绍城市总体规划总图的绘制过程及相关要点。

5.1 城市总体规划总图概述

城市总体规划总图通常包括特定的专题要素和一般要素。前者根据专题特征的不同而有所不同,而后者通常包括标题、指北针、风玫瑰、比例尺、图例、落款、编制日期等。就规划总图而言,其专题要素通常包括规划用地要素、道路交通设施要素、市政设施要素。规划总图用地要素的绘制应参照《城市用地分类与规划建设用地标准(GB50137—2011)》的相关要求。

→ 5.1.1 专题要素

1. 规划用地要素

根据《城市用地分类与规划建设用地标准(GB50137－2011)》,用地分类包括城乡用地分类、城市建设用地分类两部分,其中城乡用地共分 2 个大类、9 个中类、14 个小类,城市建设用地共分 8 个大类、35 个中类、43 个小类。用地分类采用大类、中类和小类 3 级分类体系。大类应采用英文字母表示,中类和小类应采用英文字母和阿拉伯数字组合表示。在城市总体规划层面,用地分类一般采用大类,其用地代码采用大写英文字母。部分用地类型如公共管理与公共服务用地、商业服务业设施用地等可细分到中类,其用地代码采用大写英文字母加阿拉伯数字组合表示,如表 5-1 和表 5-2 所示。

表 5-1　城乡用地大、中类分类表

代　码	用地名称	含　义
建设用地（H）		包括城乡居民点建设用地、区域交通设施用地、区域公用设施用地、特殊用地、采矿用地及其他建设用地等
H1	城乡居民点建设用地	城市、镇、乡、村庄建设用地
H2	区域交通设施用地	铁路、公路、港口、机场和管道运输等区域交通运输及其附属设施用地,不包括城市建设用地范围内的铁路客货运站、公路长途客货运站以及港口客运码头
H3	区域公用设施用地	为区域服务的公用设施用地,包括区域性能源设施、水工设施、通信设施、广播电视设施、殡葬设施、环卫设施、排水设施等用地
H4	特殊用地	特殊性质的用地
H5	采矿用地	采矿、采石、采沙、盐田、砖瓦窑等地面生产用地及尾矿堆放地
H9	其他建设用地	除以上之外的建设用地,包括边境口岸和风景名胜区、森林公园等的管理及服务设施等用地
非建设用地（E）		居住区或居住区级以上的行政、经济、文化、教育、卫生、体育以及科研设计等机构和设施的用地,不包括居住用地中的公共服务设施用地
E1	水域	河流、湖泊、水库、坑塘、沟渠、滩涂、冰川及永久积雪
E2	农林用地	耕地、园地、林地、牧草地、设施农用地、田坎、农村道路等用地
E9	其他非建设用地	空闲地、盐碱地、沼泽地、沙地、裸地、不用于畜牧业的草地等用地

表 5-2　城市建设用地大、中类分类表

代　码	用地名称	含　义
居住用地（R）		住宅和相应服务设施的用地
R1	一类居住用地	设施齐全、环境良好,以低层住宅为主的用地
R2	二类居住用地	设施较齐全、环境良好,以多、中、高层住宅为主的用地
R3	三类居住用地	设施较欠缺、环境较差,以需要加以改造的简陋住宅为主的用地,包括危房、棚户区、临时住宅等用地
公共管理与公共服务设施用地（A）		行政、文化、教育、体育、卫生等机构和设施的用地,不包括居住用地中的服务设施用地
A1	行政办公用地	党政机关、社会团体、事业单位等办公机构及其相关设施用地
A2	文化设施用地	图书、展览等公共文化活动设施用地
A3	教育科研用地	高等院校、中等专业学校、中学、小学、科研事业单位及其附属设施用地,包括为学校配建的独立地段的学生生活用地
A4	体育用地	体育场馆和体育训练基地等用地,不包括学校等机构专用的体育设施用地
A5	医疗卫生用地	医疗、保健、卫生、防疫、康复和急救设施等用地
A6	社会福利用地	为社会提供福利和慈善服务的设施及其附属设施用地,包括福利院、养老院、孤儿院等用地
A7	文物古迹用地	具有保护价值的古遗址、古墓葬、古建筑、石窟寺、近代代表性建筑、革命纪念建筑等用地。不包括已作其他用途的文物古迹用地
A8	外事用地	外国驻华使馆、领事馆、国际机构及其生活设施等用地

续表

代 码	用地名称	含 义
A9	宗教用地	宗教活动场所用地
	商业服务业设施用地（B）	商业、商务、娱乐康体等设施用地，不包括居住用地中的服务设施用地
B1	商业用地	商业及餐饮、旅馆等服务业用地
B2	商务用地	金融保险、艺术传媒、技术服务等综合性办公用地
B3	娱乐康体用地	娱乐、康体等设施用地
B4	公用设施营业网点用地	零售加油、加气、电信、邮政等公用设施营业网点用地
B9	其他服务设施用地	业余学校、民营培训机构、私人诊所、殡葬、宠物医院、汽车维修站等其他服务设施用地
	工业用地（M）	工矿企业的生产车间、库房及其附属设施用地，包括专用铁路、码头和附属道路、停车场等用地，不包括露天矿用地
M1	一类工业用地	对居住和公共环境基本无干扰、污染和安全隐患的工业用地
M2	二类工业用地	对居住和公共环境有一定干扰、污染和安全隐患的工业用地
M3	三类工业用地	对居住和公共环境有严重干扰、污染和安全隐患的工业用地
	物流仓储用地（W）	物资储备、中转、配送等用地，包括附属道路、停车场以及货运公司车队的场站等用地
W1	一类物流仓储用地	对居住和公共环境基本无干扰、污染和安全隐患的物流仓储用地
W2	二类物流仓储用地	对居住和公共环境有一定干扰、污染和安全隐患的物流仓储用地
W3	三类物流仓储用地	易燃、易爆和剧毒等危险品的专用物流仓储用地
	道路与交通设施用地（S）	城市道路、交通设施等用地，不包括居住用地、工业用地等内部的道路、停车场等用地
S1	城市道路用地	快速路、主干路、次干路和支路等用地，包括其交叉口用地
S2	城市轨道交通用地	独立地段的城市轨道交通地面以上部分的线路、站点用地
S3	交通枢纽用地	铁路客货运站、公路长途客运站、港口客运码头、公交枢纽及其附属设施用地
S4	交通场站用地	交通服务设施用地，不包括交通指挥中心、交通队用地
S9	其他交通设施用地	除以上之外的交通设施用地，包括教练场等用地
	公用设施用地（U）	供应、环境、安全等设施用地
U1	供应设施用地	供水、供电、供燃气和供热等设施用地
U2	环境设施用地	雨水、污水、固体废物处理等环境保护设施及其附属用地
U3	安全设施用地	消防、防洪等保卫城市安全的公用设施及其附属用地
U9	其他公用设施用地	除以上之外的公用设施用地，包括施工、养护、维修等设施用地
	绿地与广场用地（G）	公园绿地、防护绿地、广场等公共开放空间用地
G1	公园绿地	向公众开放，以游憩为主要功能，兼具生态、美化、防灾等作用的绿地
G2	防护绿地	具有卫生、隔离和安全防护功能的绿地
G3	广场用地	以游憩、纪念、集会和避险等功能为主的城市公共活动场地

用地要素的图面表示分彩色、单色两种,一般以前者居多。彩色图例应用于彩色图;单色图例应用于双色图,如黑白图以及复印或晒蓝的底图等。规划总图各类用地彩色图例的选用可参考 5-3 的规定。在制作规划总图彩图时,各类用地图例在大类主色调内选色。

表 5-3　用地彩色图例

	颜色图示	CAD 颜色索引号	用地性质说明
R		50	居住用地
A		231	公共管理与公共服务设施用地
B		240	商业服务业设施用地
M		35	工业用地
W		193	仓储用地
S		8	交通设施用地
U		154	公用设施用地
G		90	绿地
H1		40	城乡居民点建设用地
H2		9	区域交通设施用地
H3		156	区域公用设施用地
H4		87	特殊用地
H5		34	采矿用地
E1		140	水域
E2		82	农林用地
E3		53	其他非建设用地

2. 道路交通设施要素

在规划总图中需要表述的道路交通设施要素包括:铁路及站场、公路、公路客运站、广场、公共停车场、公交车站与换乘枢纽,如表 5-4 所示。对于小城镇,还可以标示占地较少的加油站等设施。

表 5-4　道路交通设施要素

图　　示	名　　称	说　　明
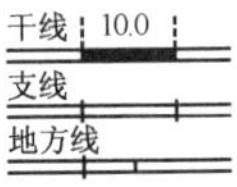 干线：10.0 支线 地方线	铁路	站场部分加宽 
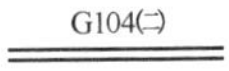 G104(二)	公路	G：国道(省、县道写省、县) 104：公路编号 (二)：公路等级(高速、一、二、三、四)
(图示)	公路客运站	
 (图示)	广场	应标明广场名称
 P	停车场	应标明停车场名称
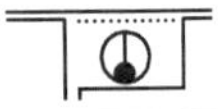 (图示)	加油站	
 (交)	公交车站	应标明公交车站名称
 (图示)	换乘枢纽	应标明乘枢名称

3. 公用设施要素

公用设施要素主要包括电源厂、变电站、高压走廊、水厂、给水泵站、污水处理厂等。各设施的图例或符号如表 5-5 所示。

表 5-5　市政设施要素

图　　示	名　　称	说　　明
 100kW	电源厂	kW 之前应写上电源厂的规模容量值
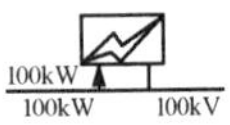 100kW 100kW　　100kV	变电站	kW 之前应写上变电总容量 kV 之前应写上前后电压值
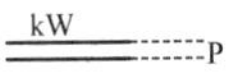 kW ————P	高压走廊	P 宽度按高压走廊宽度填写 kW 之前应写上线路电压值
 (图示)	水厂	应标明水厂名称、制水能力
 (图示)	给水泵站(加压站)	应标明泵站名称
 (图示)	雨、污泵站	应标明泵站名称
 10 6 污水处理厂	污水处理厂	应标明污水处理厂名称

5.1.2 一般要素

在城市总体规划系列图则中,各图件所共有的元素称为一般要素。一般要素包括以下几个方面:基础地理要素如地形要素,河流水体要素,以及标题(包含规划起止年限)、指北针、风玫瑰、比例尺、图例、图签、编制日期等。其中,风玫瑰、图签等要素是规划图所具有的区别于一般地图的独特要素。

1. 风玫瑰

风玫瑰表示风向和风向频率。风向频率是在一定时间内各种风向出现的次数占所有观察次数的百分比。根据各方向风的出现频率,以相应的比例长度,按风向从外向中心吹,描在用 8 个或 16 个方位所表示的图上,然后将各相邻方向的端点用直线连接起来,绘成一个形式宛如玫瑰的闭合折线,就是风玫瑰图。

风玫瑰所表示的风的吹向(即风的来向),是指从外部吹向地区中心的方向。图中风玫瑰边界上各点到中心的线段最长者,其所对应的风向为当地主导风向;反之,则为当地最小风频。

2. 比例尺

(1)数字比例尺。数字比例尺表现图纸上单位长度与实际单位长度的比例关系,并用阿拉伯数字表示。通常称 1∶1000000、1∶500000、1∶200000 为小比例尺地形图;1∶100000、1∶50000 和 1∶25000 为中比例尺地形图;1∶10000、1∶5000、1∶2000、1∶1000 和 1∶500 为大比例尺地形图。城市规划学科通常使用大比例尺地形图。按照地形图图式规定,比例尺书写在图幅下方正中处。

(2)形象比例尺。由于存在规定的数字比例无法满足图面效果的情况,需要加绘形象比例尺,即比例尺以图形形式表现,如图 5-1 所示,通常绘制在风玫瑰图的下方或图例下方。

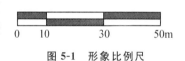

图 5-1 形象比例尺

3. 相关界线要素

相关界线包括各类行政边界、规划用地界线、城市中心区范围等,一般参考表 5-6 绘制各类界线。

表 5-6 各类界线符号及适用情形

图 示	名 称	说 明
	省界	也适用于直辖市、自治区界
	地区界	也适用于地级市、盟、州界
	县界	也适用于县及市、旗、自治县界
	镇界	也使用于乡界、工矿区界
	通用界线(1)	适用于城市规划区界、规划用地界、地块界、开发区界、文物古迹用地界、历史地段界、城市中心区范围等
	通用界线(2)	适用于风景名胜区、风景旅游地等,地名要写全称

5.1.3 图幅与文字注记

1. 图幅

城市规划图的图幅规格可分规格幅面的规划图和特型幅面的规划图两类。直接使用0号、1号、2号、3号、4号规格幅面绘制的图纸为规格幅面图纸；不直接使用0号、1号、2号、3号、4号规格幅面绘制的规划图为特型幅面图纸。

如果需要制作规格幅面的蓝图，请参见城市规划制图标准中对图幅的相关要求，并在打印输出的时候做好比例调整。

2. 文字注记

城市规划图上的文字、数字、代码，均应笔画清晰、字体易认、编排整齐、书写端正。文字高度以字迹容易辨认为标准来设定。中文注记应使用宋体、仿宋体、楷体、黑体、隶书体等，不得使用篆体和美术体。外文注记应使用印刷体、书写体等，不得使用美术体等字体。数字注记应使用标准体、书写体。

5.1.4 总图绘制流程

1. 新建总图文件

新建一CAD文件，将其保存并命名为"规划总图.DWG"。

2. 图层设置

在新建的CAD文件添加一些新图层，以便于绘图时对图形按特征进行统一管理。应添加的新图层一般包括地形层、道路层、各类用地边界层、各类用地填充层、文字标注层、标题标签层等。

3. 底图引入

在规划总图绘制前，应引入规划地形图，矢量图可"用外部参照"（**Xref**）命令或插入块文件（**Insert**）方式引入，而光栅图用插入光栅图像的方式（使用**Imageattach**命令）引入。若采用后一种方式引入底图，插入时应设置合适的比例，比例设置以规划图一个绘图单位的实际距离是1m为宜。对于矢量地形图，一个绘图单位一般为1m，比例无需调整。

4. 规划范围界限划定

在地形图或规划底图上确定规划范围，并绘制规划区范围界线。

5. 基础地理要素的绘制

主要有山体等高线以及河流边界的提取或勾绘。对于矢量地形图，一般山体等高线以及河流边界在现状图中已有绘制，可以通过块插入或外部引用的方式将其导入后再按规划要求进行适当修改即可。

6. 风玫瑰、指北针、比例尺绘制

如果采用的是矢量地形图，一般情况下此三项均已经存在。如果是光栅地形图，那么就需要进行相应要素的绘制。风玫瑰的绘制应按照当地的风向频率。指北针的绘制可参考一般地图的指北针样式。比例尺绘制可采用数字比例尺和形象比例尺两种方式，在绘制规划总图时，为保证图面效果往往采用绘制形象比例尺的方法。

7. 道路网绘制

根据规划设计方案在地形图上确定道路中心线,绘制城市道路骨架,并对道路交叉口进行修剪。

8. 地块分界线

在规划区域内完成道路网后,根据规划方案绘制区分不同用地类型地块的分割界线。

9. 创建各类用地

根据规划方案,分别在不同的用地边界层上,创建相应的公共设施用地、居住用地、工业用地、仓储用地、绿地、道路广场用地等规划建设用地的面域对象(Region)。

10. 计算各类用地面积并检查用地平衡情况

在不同的用地层上计算、统计各类用地面积,并计算人均用地指标。规划建设用地结构和人均单项建设用地应符合《城市用地分类与规划建设用地标准(GB50137—2011)》。

根据《城市用地分类与规划建设用地标准(GB50137—2011)》中的 4.4.1,居住用地、公共管理与公共服务设施用地、工业用地、道路与交通设施用地和绿地与广场用地五大类主要用地占城市建设用地的比例宜符合表 5-7 的规定。

表 5-7　规划城市建设用地结构规划

类别名称	占城市建设用地的比例(%)
居住用地	25.0~40.0
公共管理与公共服务设施用地	5.0~8.0
工业用地	15.0~30.0
道路与交通设施用地	10.0~25.0
绿地与广场用地	10.0~15.0

除满足上述城市建设用地比例要求外,规划人均单项城市建设用地面积指标也应符合下列规定:

- 规划人均居住用地面积指标应符合表 5-8 的规定。

表 5-8　人均居住用地面积指标(m^2/人)

建筑气候区划	Ⅰ、Ⅱ、Ⅵ、Ⅶ气候区	Ⅲ、Ⅳ、Ⅴ气候区
人均居住用地面积	28.0~38.0	23.0~36.0

(其中建筑气候区划请参见《城市用地分类与规划建设用地标准(GB50137-2011)》的相关内容)

- 规划人均公共管理与公共服务设施用地面积不应小于 $5.5m^2$/人。
- 规划人均道路与交通设施用地面积不应小于 $12.0m^2$/人。
- 规划人均绿地与广场用地面积不应小于 $10.0m^2$/人,其中人均公园绿地面积不应小于 $8.0m^2$/人。

11. 用地色块填充

规划内容确定后,应在相对应的用地填充层上进行色块填充,在设置填充层的时候,各层的颜色应参照各地相关的制图标准。

12．地块文字标注

添加新的汉字字体,设置适宜的字体高度,选择合适的汉字输入方式,在地块文字标注层上进行地块文字标注。

13．图例、图框、图签制作

图例是对规划总图所包含的图形符号的含义的说明,以便读图者能正确理解规划总图所包含的信息。规划总图内应添加与主要图形符号相对应的图例,主要的图形符号包括建设用地符号、重要的基础设施符号、规划区范围界线符号等。

一般地,各规划设计院均有自己的图签模板,规划总图绘制时可以直接引用图签模板。在图签中应当反映审核、审定、项目负责人、制图人员等信息。

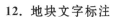 5.1.5　注意事项

1．地形图

地形图应有良好的现势性,能真实反映城市(城镇)建设用地现状,并且其比例尺与规划范围相适应。地形图可分为二类,一类是矢量地形图,通常由规划建设部门委托测绘部门测量成图;另一类是将纸质地形图通过扫描得到光栅图,这类地形图文件格式通常是.tif、.pcx 或.jpg等。矢量地形图所表达的内容较详尽、准确,地形要素能分类分层提取,因而以此来提取基础地理要素、城市道路、建设用地现状等信息较为方便。但是,矢量图形文件往往由多幅大比例尺地形图拼接而成,对于规划区范围较大的城市,拼接而成的规划总图的矢量地形图数据量较大,数据处理的效率相对较低一些,对计算机的性能要求也更高一些。光栅地形图由于无法分层提取各类地形要素,一般仅作为背景,各类现状要素需要在该背景底图上重新勾勒,因而工作量明显增加。另外,由于增加了人工操作的环节,各类要素空间定位的准确性会有一定程度的影响。随着城市化进程的不断推进,城市规划区范围不断扩张,由于经济和技术等方面的原因,部分城市(镇)未能及时组织或安排相关的测绘工作,现势性高的地形图无法及时获取,因而仍有沿用老版本的纸质地图并通过扫描来获取规划底图的情形出现。

当规划区范围较大时,通常需要拼接多张地形图。由于所涉区域的不同,这些地形图可能有不同的比例尺。例如,城市现状建成区范围内有 1∶500 地形图,而城郊结合部往往只有 1∶2000 的地形图。对于矢量格式的测绘地形图,不同比例尺地形图的拼接较为容易,以坐标原点作为插入基点依次进行块插入(或以外部引用的方式引入)即可。而不同比例尺在光栅图拼接时应事先根据比例尺对图像进行缩放。

需要注意的是,当拼接而成的矢量地形图由于分幅过多而影响操作时,一般将矢量地形图转换为一张或几张光栅地形图后,再将插入光栅图作为规划底图,以提高工作效率。转换方法一般采用光栅打印的方式,将矢量地形图打印成.pcx 格式(或其他图像格式)的光栅文件。采用.pcx 格式的好处在于其在 CAD 中可以进行透明设置。

2．绘图单位

规划总图的一个绘图单位一般是 1m,因此在插入光栅地形图时需计算插入的比例,使得在 CAD 环境下量算地形图上目标物的长度为其真实尺寸(以米为单位),以便于规划设计时量算面积和测量长度。

3. 图层设置

规划总图所包含的要素较多,因而规范地设置图层非常重要,宜分门别类按需设置图层。在具体的操作过程中应遵循:具有相同特征的要素对象放置在同一图层,不同特征的要素对象放置在不同的图层上。通过对图层的操作实现对其所包含的所有图元的编辑和特性修改,将大大提高操作的便捷性。

图层的名字应与所包含的图元具有对应的逻辑关系,如以 BO-R 作为图层名来存储居住用地地块的边界,R 为 Residential(居住的)的首字母,BO 为 Boundary(边界)的简写。

4. 创建封闭地块

提取地块边界和进行色块填充均要求地块为封闭地块。因此,在绘制各类地块边界的分割线时,分割线之间或分割线与道路边界线必须相交,以便构成封闭地块。如果有些复杂地块无法创建面域或填充时,需要检查其是否封闭或重新勾绘边界。

5. 总图的修改

在总图绘制过程中,当规划用地无法平衡,即各类建设用地的比例和人均用地指标不符合国家标准时,应当调整用地,重复总图绘制流程中的步骤 7 至步骤 9,并重新汇总统计,保证规划用地方案符合国家标准。规划方案完成后若需进一步调整、修改,则需按要求重复总图绘制流程中的步骤 7 至步骤 12。

6. 注意及时保存

在绘图过程中,为避免某些不可控因素的出现而导致工作进程的丢失,需要养成良好的习惯,及时保存文件。用户可合理利用 AutoCAD 的自动保存功能,但需要注意:自动保存时间过长很容易错过了工作的关键点;自动保存时间过短,当图形文件比较大时,频繁进行磁盘写操作而带来的时间开销相对较大,不利于工作效率的提高。

5.2　相关命令、工具和设置

5.2.1　线型设置

绘制图形时用户经常需要根据不同的绘图标准使用不同的线型,如实线、虚线、点划线、中心线等。AutoCAD 的默认绘图线型是实线,当然它还提供其他的线型,这些线型存放在线型库 ACAD.lin 文件中,用户可按需加载。此外,用户还可以自定义线型,以满足特殊需要。

受线型影响的图形对象有线段、构造线、射线、多线、圆、圆弧、样条曲线以及多段线等对象。如果一条线太短,以至于不能够画出实际线型的话,AutoCAD 就在两个端点之间画一条实线。

用户可在"图层特性管理器"对话框中装载线型,具体参考第 4 章的相关内容。用户还可以用"线型管理器"加载线型。使用下拉菜单【格式】→【线型】,或在命令提示符":"下键入"*linetype*",系统将打开"线型管理器"对话框(见图 5-2),用户可利用它进行线型设置。

"线型管理器"对话框中主要选项的功能如下。

(1)线型过滤器。此组合框用于设置过滤条件。用户通过其下拉列表设置要显示的线

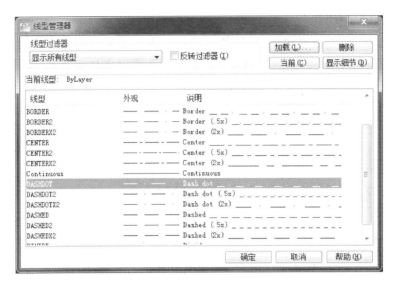

图 5-2　"线型管理器"对话框

型,列表中包含"显示所有线型"、"显示所有使用的线型"及"显示所有依赖于外部参照的线型"等选项。选择设置后,AutoCAD 在线型列表框中只显示满足条件的线型。"反向过滤器"复选框用于确定是否在线型列表框中显示与过滤条件相反的线型。

(2)当前线型。此标签显示了当前所使用的线型。

(3)加载。用于加载线型。单击此按钮,AutoCAD 将弹出"加载或重载线型"对话框,用户可通过该对话框选择线型文件,加载所选定的线型。

(4)当前。用于设置当前线型。操作方法是:在线型列表框中选择某一线型,然后单击此按钮,所选的线型便设置为当前线型。设置当前线型后,在各图层上新绘制的对象均使用该线型。当前线型可以是"随层"、"随块"或某一具体的线型。其中,"随层"和"随块"的含义如下:

● 随层。绘图线型始终与所在图层的线型一致,这是最常用到的情况。

● 随块。如果当前线型设置为"随块",则使用"连续"线型创建对象,直到将对象编组到块中。将块插入到图形中时,块对象将采用当前线型设置,其前提是在插入块时当前绘图线型为"随层"(BYLAYER)方式。

(5)显示细节。单击该按钮,AutoCAD 将在"线型管理器"对话框中显示"详细信息"组合框(见图 5-3),同时该按钮变成"隐藏细节",即可以再通过此按键隐藏"详细信息"组合框。

(6)详细信息。此组合框用于说明或设置线型的细节,各选项意义如下:

● "名称"和"说明"。这两个文本框用于显示或修改指定线型的名称和说明。当在"线型"列表框中选择某一线型后,"名称"和"说明"两个文本框中将显示相关的信息,用户在需要时可对其进行修改。

● 全局比例因子。在此输入框中设置线型的全局比例因子。

● 当前对象缩放比例。在此输入框中设置当前对象相对于全局比例因子的缩放比例。因此,当前对象的线型比例因子为全局比例因子与当前缩放比例的乘积。

● 缩放时使用图纸空间单位。用于确定是否在模型空间和图纸空间中按相同的比例缩

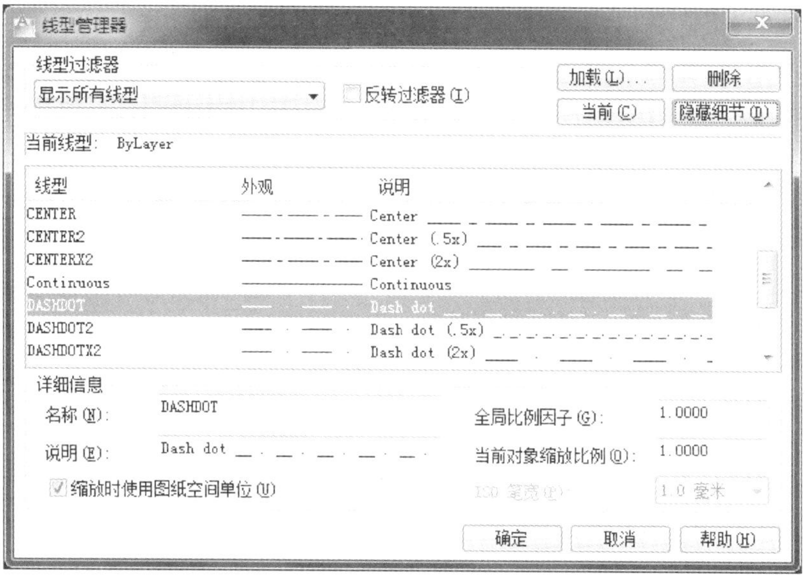

图 5-3　"线型管理器"对话框

放线型。选中该复选框按相同的比例缩放,否则按不同比例缩放。

● "ISO 笔宽"下拉列表框。用于确定线型的笔宽。

5.2.2　光栅图像引入

利用 AutoCAD 进行辅助设计时,通常需要将光栅图像加载到当前图形文件中,这些光栅图可能是扫描的地形图、卫星影像、数码照片或计算机渲染图等。在城市规划设计图中,光栅文件通常作为背景引入到文件中。需要指出的是,虽然 AutoCAD 可以引用(参照)光栅图像并将它们放在图形文件中,但它们不是图形文件的实际组成部分。

1. 参照(引用或插入)光栅图像

光栅图像由一些称为像素的小方块或点的矩形栅格组成。所参照(或引用)的光栅图像通过路径名链接到图形文件,用户可以随时更改或删除链接的图像路径。一旦附着图像,就可以像块一样将其多次重新附着。每个插入的图像都可以单独设置剪裁边界、亮度、对比度、褪色度和透明度等特征。与其他许多图形对象类似,它们也可以被复制或移动。

AutoCAD 2012 支持的图像文件格式包括 BMP(bmp、rle、dib)、GIF (gif)、IG4 (ig4)、IGS (igs)、JEIF (jpg)、PCX (pcx)、PICT (pct)、PNG (png)、RLC (rlc)、TGA(tga)、TIFF (tif、tiff)、GEOSPOT (bil)、FLIC (flc、fli)、CALS1(rst、gp4、mil、cal、cg4)。图像文件可以是双色、8 位灰度、8 位颜色或 24 位颜色的图像,16 位颜色的图像除外。

某些图像文件格式支持带透明像素的图像。图像透明度(**Transparency**)设置为"打开"状态时,程序将识别那些透明像素并允许绘图区域中的图形可以"透过"这些透明像素进行"显示"。透明图像可以是灰度图或彩色图。

(1) 附着光栅图像。可以用"外部参照"命令(**Externalreferences** 或 **Image**)和"图像附着"命令(**Imageattach**)将光栅图像附着于当前图形文件中。其中,"外部参照"命令有以下几种激活方式:

● 下拉菜单:【插入】→【外部参照】。

● 工具栏按钮："参照"工具栏之 按钮。

● 命令行：*xr* 或 *image*。

● 快捷菜单：选择图像,然后在绘图区域中右击鼠标,单击弹出菜单的"图像"菜单项的子项"外部参照"。

使用以上任意一种方式激活外部参照命令,将弹出"外部参照"对话框(见图 5-4),点击左上角"附着"按钮 右边的三角形,在弹出的下拉列表中选择"附着图像",即弹出"选择图像文件"对话框(见图 5-5),附着光栅图像的操作步骤与下面"图像附着"(**Imageattach**)相同。

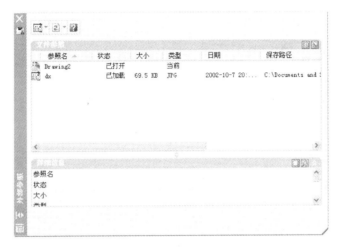

图 5-4 "外部参照"对话框

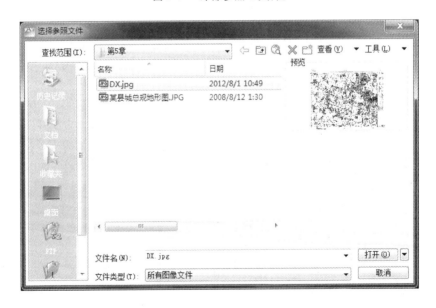

图 5-5 "选择图像文件"对话框

用户可采用以下任意一种方式激活"图像附着"（Imageattach）命令：

- 下拉菜单：【插入】→【光栅图像参照】。
- 工具栏按钮："参照"工具栏 按钮。
- 命令行：*imageattach*。

系统将弹出"选择图像文件"对话框，点击"打开"按钮，将出现如图 5-6 所示对话框，用户可对其进行如下设置：

图 5-6　"附着图像"对话框

- 选择要附着的文件，单击"打开"按钮。
- 在弹出的"附着图像"对话框中，输入指定插入点、缩放比例或旋转角度；或者勾选"在屏幕上指定"复选框，以便使用鼠标在图形窗口中设置上述参数。
- 要查看图像测量单位，请单击"详细信息"。
- 单击"确定"按钮，完成光栅图像附着，如图 5-7 所示。

（2）更改光栅图像的文件路径。使用"外部参照"对话框，用户可以更改参照光栅图像文件的文件路径，或在未找到参照图像时通过"浏览"按钮搜索该图像，如图 5-8 所示。

当打开带有附着图像的图形时，选定图像的路径显示在"外部参照"对话框底部"详细信息"的"保存路径"文本输入框中，显示的路径是查找到该图像文件的实际路径。当实际路径与原先的图像附着路径不一致时，可通过"找到位置"输入框后面的"浏览"按钮更新附着路径。

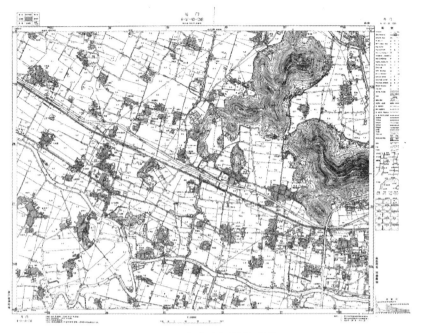

图 5-7　完成光栅图像附着

图 5-8　附着图像后的外部参照对话框

（3）卸载和重载图像。在 AutoCAD 中可以"卸载"图形中暂时不用的图像，在需要使用时再"重载"该图像。"卸载"和"重载"图像时并没有清除图像定义和删除图像链接，这与"拆离"图像操作有明显的不同。"卸载"和"重载"图像的操作如下：在"外部参照"对话框中，在"文件参照"列表中选择暂时不用的图像右击，在弹出菜单中选择"卸载"，完成光栅图像的卸载，如图 5-10 所示；选择已卸载的图像右击，在弹出菜单中选择"重载"，可完成光栅图像重载，如图 5-11 所示。

图 5-9　附着图像后的外部参照对话框

图 5-10　卸载图像

图 5-11　重载图像

（4）拆离图像。可以拆离图形中不再需要的图像。拆离图像时，将从图形中删除图像的所有实例，同时清除图像定义并删除图像链接，但是图像文件本身不受影响。删除图像的单个实例与拆离图像并不一样。只有拆离图像时，才能真正删除图形到图像文件的链接。

拆离图形的操作步骤在"外部参照"对话框中，选择要拆离的图像名右击，选择"拆离"命令即可完成图像拆离。

（5）查看光栅图像的文件信息。为显示图像信息、附着或拆离图像、卸载或重载图像以及浏览和保存新的搜索路径，可使用以下两种视图，即使用列表图和树状图。

列表图显示当前图形中附着的图像，但不指定实例的数目。列表图是默认的视图。单击列标题可以按类别排序图像，如图5-12所示。

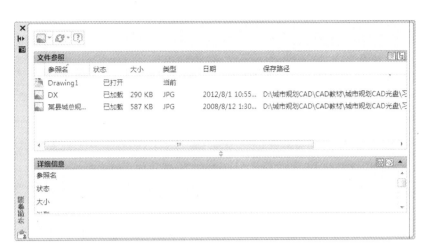

图 5-12　以列表图方式显示已附着图像的清单

列表图显示以下图像信息：图像文件名称、状态（加载、卸载或未找到）、文件大小、文件类型、上次保存文件的日期和时间以及保存路径的名称。

如果程序没有找到图像，其状态将显示为"未找到"，并将在图形窗口中显示一行文本，文本的内容为此图像文件原先的完整路径。如果图像没有被参照，则不会附着图像实例。在 AutoCAD 图形窗口中将不显示状态为"已卸载"或"未找到"的图像。

树状图的顶层按字母顺序列出图形文件。在大多数情况下，图像文件直接与图形相链接，并且列于顶层（见图 5-13）。但是，外部参照或块包含链接的图像时，将显示附加层。

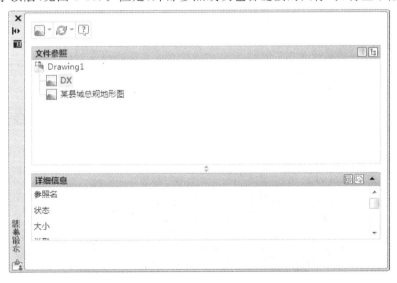

图 5-13　以树状图方式显示已附着图像的清单

在"外部参照"对话框中，选中要预览的图像，将显示选定的图像文件的详细信息（见图5-14），包括：参照名、状态、文件大小、文件类型、文件创建日期、保存路径、活动路径（找到图像的位置）、颜色深度（每一个图元的比特数）、像素宽度和高度、分辨率和默认大小。

（6）为光栅图像指定描述性名称。如果光栅图像文件的名称不足以识别图像，可以使

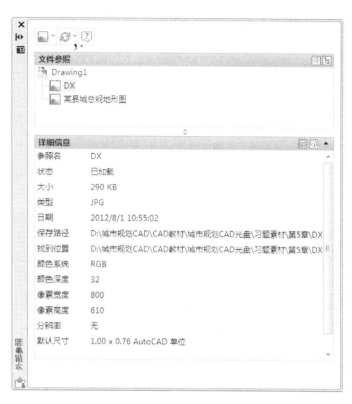

图 5-14　显示图像文件详细信息

用图像管理器添加描述性的名称。图像名不一定与图像文件名相同。在将图像附着到图形时,程序将使用不带扩展名的文件名作为图像名,图像名存储在符号表中。若附着和放置了来自两个不同目录但名称相同的图像时,图像名中将添加数字以示区别。在"详细信息"的"参照名"输入框中,可实现对图像名称的修改。

2. 光栅图像编辑

常用的光栅图像编辑操作包括：调节光栅图显示质量,显示或关闭图像边框。为拼接光栅图像,用户还需要使用包括光栅图像剪裁、光栅图像的亮度、对比度调节、显示或隐藏被剪裁图像区域等操作。

(1) 光栅图像显示质量调节。要提高图像的显示速度,可以将图像的显示质量从默认高质量更改为草稿质量。草稿质量的图像显得更加粒状化(与图像文件的类型有关),但显示速度比高质量的图像快。

可采用以下任意一种方式激活更改图像显示质量的命令：

● 下拉菜单：【修改】→【对象】→【图像】→【质量】。

● 工具栏按钮："参照"工具栏之 按钮。

● 命令行：*imagequality*。

AutoCAD 的命令行将提示："输入图像质量设置 [高(H)/草稿(D)] <高>：",键入"*d*"(草稿)或"*h*"(高质量),图像将以指定的质量进行显示。

(2) 显示或关闭图像边框。缺省情况下,图像引入到图形文件时总是显示图像的边界。

在某些情形下,用户需要关闭图像边框或隐藏图像边界。隐藏图像边界后,可确保不会因误操作而移动或修改图像,但剪裁图像仍然显示在指定的边界界限内,只有边界会受到影响。在 AutoCAD 2012 环境下,显示和隐藏图像边界的操作将影响图形中附着的所有图像,而不能针对单个图像设置其边框的显示或隐藏。另外,需要注意的是,当图像边框关闭时,不能使用 **Select** 命令的"拾取"或"窗口"选项选择图像。

图像边框是否显示决定于 **Imageframe** 变量的值,可通过以下方式来激活此变量的设置:

- 下拉菜单:【修改】→【对象】→【图像】→【线框】。
- 工具栏按钮:"参照"工具栏之 ▨ 按钮。
- 命令行:*imageframe*。

采用最后一种方式激活该命令后,当提示"输入图像边框设置 [0/1/2] <2>:"时,键入**"0"**,敲回车键确认。

上述提示信息中,"0"表示不显示和打印图像边框,"1"表示显示并打印图像边框,"2"表示显示图像边框但不打印,用户可根据需要选择相应的选项。

需要注意的是,只有当 Frameselection 变量值设置为 0 时,以上关于图像边框是否显示的操作才有效。

(3)剪裁光栅图像。与图像处理软件中的剪裁不一样,在 AutoCAD 中剪裁图像仅仅是重新定义图像的显示范围。剪裁图像使图形文件仅显示所需的那部分图像,这样可以提高绘图速度。剪裁边界可以是矩形,也可以是顶点限制在图像边界内的二维多边形。图像的每个实例只能有一个剪裁边界。同一图像的多个实例可以具有不同的边界。用户可以根据需要修改剪裁图像的边界,也可隐藏或删除剪裁边界而用原始边界显示图像。未剪裁的光栅图像与剪裁后的光栅图像分别如图 5-14 和图 5-15 所示。

图 5-14　未剪裁的光栅图像

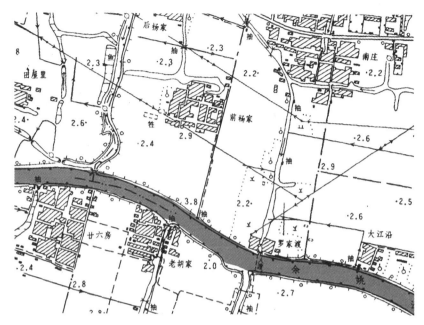

图 5-15　剪裁后的光栅图像

剪裁图像操作可采用以下任一方式激活：

● 下拉菜单：【修改】→【剪裁】→【图像】。

● 工具栏按钮："参照"工具栏之 按钮。

● 命令行：*imageclip*。

● 快捷菜单：选择图像，然后在绘图区域中右击鼠标，在弹出菜单中单击"图像"菜单项，进而单击"剪裁"子菜单项。

使用下拉菜单激活此操作，AutoCAD 将提示：

命令：*imageclip*

选择要剪裁的图像：

输入图像剪裁选项［开(ON)/关(OFF)/删除(D)/新建边界(N)］＜新建边界＞：*n*

是否删除旧边界？［否(N)/是(Y)］＜是＞：*y*（若之前未设置剪裁边界，则没有该行提示）

输入剪裁类型［多边形(P)/矩形(R)］＜矩形＞：指定对角点：（用鼠标拾取一个矩形窗口）

命令：

其中，提示信息"输入图像剪裁选项［开(ON)/关(OFF)/删除(D)/新建边界(N)］＜新建边界＞："中各选项的含义如下：

● "ON"表示打开图像新边界，图像按新边界显示。

● "OFF"表示关闭图像新边界，原始图像边界将得到恢复。

● "D"表示删除剪裁图像的边界，同时原始图像边界将得到恢复。

● "N"表示新建图像边界，图像按新边界显示。

（4）用"特性"选项面板显示或隐藏图像剪裁部分。用户也可以使用特性选项板显示或

隐藏图像剪裁部分,操作过程如下:

● 选择要显示或隐藏的剪裁图像。

● 在绘图区域中单击鼠标右键,在弹出菜单中单击"特性"。

在"特性"选项面板的"显示图像"和"显示剪裁"列表框中选择"是"或"否",如图 5-16 所示。

(5)更改光栅图像亮度、对比度和褪色度。用户可以使用 **Imageadjust** 命令来调整图像显示和打印输出的亮度、对比度和褪色度,但不影响原始光栅图像文件和图形中该图像的其他实例。用户可调整亮度使图像变暗或变亮,也可调整对比度使低质量的图像更易于观看,而调整褪色度可使整个图像中的几何线条更加清晰,并在打印输出时创建水印效果。需要注意的是,两色图像不能调整亮度、对比度或褪色度。

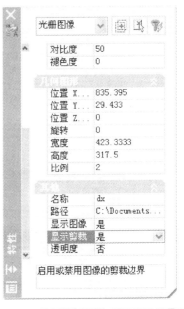

图 5-16 使用"特性"选项面板设置是否显示或隐藏图像剪裁

通过以下任一种方式激活 **Imageadjust** 命令:

● 下拉菜单:【修改】→【对象】→【图像】→【调整】。

● 工具栏按钮:"参照"工具栏之 按钮。

● 命令行:*imageadjust*。

● 快捷菜单:选择图像,在绘图区域中右击鼠标,在弹出菜单中选择"图像"菜单项,并进而选择"调整"子菜单项。

当系统提示"选择图像"时选择要修改的图像,系统将弹出如图 5-17 所示的"图像调整"对话框,在此对话框中适当调节滑动钮或输入合适的值以调整图像的亮度、对比度和褪色度,单击"确定"按钮,完成图像调整。其中,亮度和对比度的默认值都是 50,取值范围都是 0~100,而褪色度的默认值是 0,最大也可调整到 100。

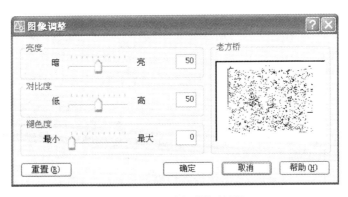

图 5-17 "图像调整"对话框

(6)修改两色光栅图像的颜色和透明度。两色光栅图像是只包括一个前景颜色和一个背景色的图像。当附着两色图像时,图像中的前景像素继承当前颜色设置。除了可执行以上所述的图像操作外,用户还可以通过修改前景颜色和打开或关闭背景透明度来修改两色图像。

修改两色图像的颜色和透明度的步骤如下:

● 选择要修改的图像。

● 在图形窗口任意位置右击鼠标,在弹出菜单中单击"特性",系统将弹出"特性"选项面板。

● 若要更改图像颜色,在"特性"选项面板中单击"颜色"下拉列表,选择一种颜色;或单击"选择颜色"打开"选择颜色"对话框,在"选择颜色"对话框中指定颜色,单击"确定"。

● 要将选定图像的背景变为透明,请将"特性"选项板的"其他"列表中的"背景透明度"选项设置"是"。

关于两色图像透明度的修改也可以采用以下任意一种方式:

● 下拉菜单:【修改】→【对象】→【图像】→【透明】。

● 工具栏按钮:"参照"工具栏之 ![icon] 按钮。

● 快捷菜单:选择一个图像,然后在图像所在区域右击鼠标,在弹出菜单上先后单击"图像"及其"透明"子项。

● 命令行:*transparency*。

当提示"选择图像:"时选择透明图像,AutoCAD 进而提示"输入透明模式[开(ON)/关(OFF)]＜OFF＞:",键入"*on*",打开透明模式,使图像下的对象可见。如图 5-18 所示,当打开光栅图像的透明模式时,图像下的图形如河流就显示出来了。

图 5-18　打开透明模式

3. 光栅图像参照和编辑实例

当一个光栅图像引入到 CAD 文件中,应如何调节光栅图的大小,使其满足一个绘图单位的实际距离为 1m? 一张标准的地形图通常包含标题、图框、标尺等要素,在规划设计和打印成图阶段,用户通常不希望显示这些要素所对应的图像区域,那么如何才能实现用户的这一要求? 下面将通过一个实例来说明。

（1）选取任一比例插入光栅地形图，如图 5-19 所示。检查地形图是否倾斜，若是，需执行必要的旋转操作。

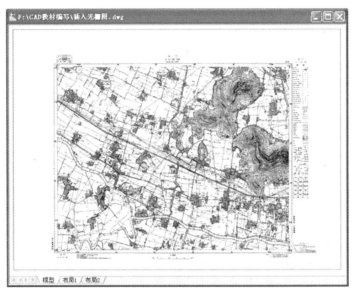

图 5-19　插入光栅地形图

（2）获取待引入地形图图幅比例。标准的地形图上设有比例尺，本例中所用的地形图比例尺为 1∶10000。

（3）获取地形图图幅宽度信息。可以通过量测对应的纸质地图，或通过图像处理软件（如 PhotoShop）来获取地形图的图幅宽度（假定扫描后的图像未调整大小）。本例中，地形图的图幅宽度为 852.1mm。

（4）假定当前图形的每一个单位为 1m，则在"图像"对话框的"缩放比例"输入框中键入8521（852.1mm×10000），如图 5-20 所示；单击"确定"，将该图引入。

图 5-20　在插入"图像"对话框的输入缩放比例

（5）光栅图比例微调。由于光栅地形图通常是由纸质图扫描得到的，而纸质图本身的形变以及扫描所引起的误差导致 CAD 环境下量测得到的距离与实际距离有一些差异。在

CAD 中,量测图上的整个比例尺(见图 5-21),其长度为 996.3656 个单位,相当于 996.3656m,而实际的距离应为 1000m。相应地,使用 **Scale** 命令,以 1.0036476(1000/996.3656)为缩放因子,对光栅图进行缩放。缩放后光栅图上的整个比例尺长度将被调整为 1000m。

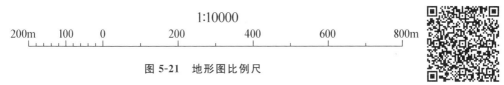

图 5-21　地形图比例尺

(6)图像裁剪边界。使用扫描后的地形图,往往需要将图上不需要的信息剪裁掉。用户可用 **Imageclip** 命令,定义图像裁剪边界,进而裁剪掉不需要或无需显示的图像区域,结果如图 5-22 所示。

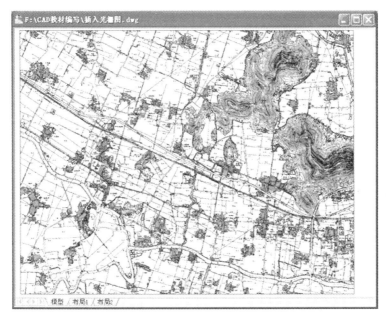

图 5-22　剪裁边界后的地形图

4. 光栅图像参照拼接实例

在很多情形下,用户需要将多张光栅地形图拼接成规划设计底图。可以使用 Photo-Shop 等图像处理软件或 CAD 二次开发软件拼接光栅图像,也可以在引入多张光栅图像后剪裁并将其移动至合适位置拼接而成。下面将通过实例,说明如何在 AutoCAD 2012 中将多张光栅图拼接成规划设计底图。

(1)按照相邻地形图的位置关系,重复光栅图像参照和编辑实例中所采用的 5 个步骤,分别引入 4 张光栅图像,并进行光栅图比例微调。

(2)绘制裁剪边界。在"边框"层分别绘制光栅地形图裁剪边界,如图 5-23 所示。

(3)依次对 4 张光栅地形图进行边界裁剪。

(4)移动裁剪边界后的光栅图,拼接地形图,并关闭图像的边框显示,结果如图 5-24 所示。

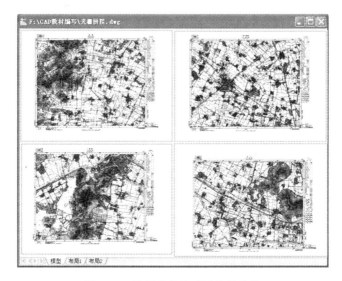

图 5-23　绘制光栅地形图裁剪边界

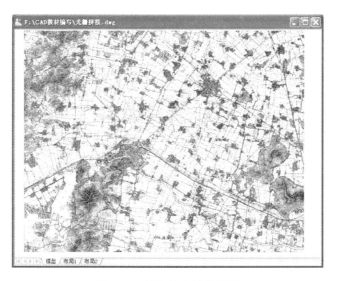

图 5-24　最终的光栅拼接图

5.2.3　图案填充

无论是绘制规划总图彩图还是黑白图，"图案填充"命令（**Bhatch** 或 **Hatch**）均是用户需经常使用的一个命令。用户可使用 AutoCAD 预定义的填充图案，也可以使用自己定义的图案（如果已经定义的话）。在 AutoCAD 2012 中，有以下两种填充方式：

（1）图案填充。此填充方式下，用户可采用预定义的、由当前线型所定义的简单线图案，也可以使用实体颜色作为填充图案。根据需要，用户可定义自己的线图案和实体颜色。

（2）渐变填充。渐变填充是实体图案填充的一种特例，能够体现出光照在平面上而产生的过渡颜色效果，可以使用渐变填充在二维图形中表示实体。渐变填充在一种颜色的不同灰度之间或两种颜色之间使用过渡色进行填充,渐变色可以从浅色到深色再到浅色,或者从深色到浅色再到深色。

1. 图案填充操作

采用以下任意一种方式激活"图案填充"命令:

● 下拉菜单:【绘图】→【图案填充】。

● 工具栏按钮:"绘图"工具栏之 □ 按钮。

● 命令行:*hatch*。

系统将弹出"图案填充和渐变色"对话框(见图5-25),它包含"图案填充"和"渐变色"两个选项卡,以下分别介绍这两个选项卡所对应的填充方式。

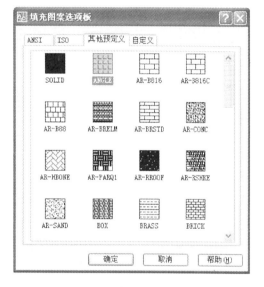

图 5-25　"图案填充和渐变色"对话框　　　　图 5-26　填充图案选项板

(1)图案填充。采用线图案或实体填充图案进行填充的过程如下:

● 单击"边界"组合框内的"添加:拾取点"按钮,在图形窗口中用鼠标在每一个需要填充的区域内拾取一个点,按回车键结束拾取点操作;或者单击"边界"组合框内的"添加:选择对象"按钮,在图形窗口中选取待填充对象,按回车键结束选取。

● 在"图案填充"选项卡的样例框中,验证该样例图案是否是要使用的图案。若要更改图案,可以从"图案"列表中选择另一个图案。若要查看填充图案的外观,可以单击"图案"旁边的 □ 按钮,并在弹出的"填充图案选项板"(见图5-26)中选择合适的图案。

● 当所选择的边界集需要调整时,可通过"边界"组合框内的"添加边界"或"删除边界"按钮来增加或移除待填充的(区域)边界。

● 通过切换"选项"组合框中"绘图次序"下拉列表中的选项,用户可以更改填充绘制顺序,即可将填充图案绘制在填充边界的后面或前面,也可以绘制在其他所有对象的后面或前面。

● 若需要查看图案填充后的效果,请单击"图案填充和渐变色"对话框中的"预览"按钮。当填充效果满意时,单击"确定"结束命令;否则,按"Esc"键返回对话框并重新调整填充选项。

(2) 渐变色填充的操作。单击"图案填充和渐变色"对话框中的"渐变色"选项卡,将弹出如图 5-27 所示的对话框。与图案填充相比,渐变色填充增加了"颜色"、"渐变图案"和"方向"等方面的设置选项。各选项的功能及用法如下:

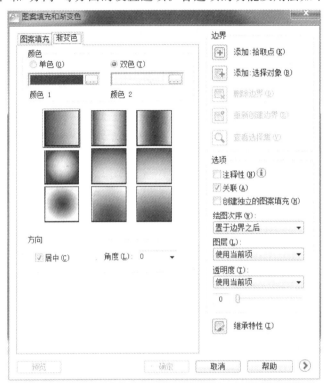

图 5-27 "图案填充和渐变色"对话框的"渐变色"选项卡

● 颜色:

① 单色:指定使用从较深色调到较浅色调平滑过渡的单色填充。选择"单色"时,对话框将显示带有浏览按钮和"着色"与"渐浅"滑块的颜色样本。而"着色"和"渐浅"滑块,用于指定选定颜色与何种灰度色进行混合,两种极端的情形是:选定颜色与白色的混合(滑块移动到最右侧),选定颜色与黑色的混合(滑块移动到最左侧)。

② 双色:指定在两种颜色之间平滑过渡的双色渐变填充。选择"双色"时,对话框将分别为颜色 1 和颜色 2 显示带有浏览按钮的颜色样本,单击浏览按钮"···"以显示"选择颜色"对话框,从中可以选择 AutoCAD 颜色索引(ACI)颜色、真彩色或配色系统颜色,显示的默认颜色为图形的当前颜色。

● 渐变图案:显示用于渐变填充的 9 种固定图案。这些图案包括线性扫掠状、球状和抛物面状图案。

● 居中:指定对称的渐变配置。如果没有选定此选项,渐变填充将朝左上方变化。

● 角度:指定渐变填充的角度(相对当前 UCS 指定角度)。

2. 图案填充扩展选项

点击"图案填充和渐变色"对话框右下角的 按钮，"图案填充和渐变色"对话框将扩展为如图 5-28 所示。

图 5-28　扩展后的"图案填充和渐变色"对话框　　**图 5-29　孤岛显示样式**

（1）孤岛。图案填充区域内的封闭区域被称作孤岛。用户可以填充它们也可以不填充，这取决于"图案填充和渐变色"对话框中的"孤岛"设置。用户可在"孤岛"组合框内设置"孤岛"填充方式，此组合框内的各选项的含义如下：

● 孤岛检测：控制是否检测内部闭合边界（孤岛）。

● 孤岛显示样式：包括"普通"、"外部"、"忽略"三种样式，如图 5-29 所示。用户可在对话框中单击所需的显示样式，也可在指定点或选择对象定义填充边界时，在绘图区域右击鼠标所弹出的快捷菜单中选择样式。这三种样式的含义如下：

① 普通：从外部边界向内填充，若遇到一个内部孤岛，它将停止进行图案填充，直到遇到该孤岛内的另一个孤岛。

② 外部：从外部边界向内填充，若遇到内部孤岛，它将停止进行图案填充。此选项只对结构的最外层进行图案填充或填充，而结构内部不填充。

③ 忽略：忽略所有内部的对象，填充图案时将通过这些对象。

（2）边界保留。该组合框用来指定是否将边界保留为对象，当边界保留时进一步确定边界对象的类型。

● 保留边界：勾选此复选框时，在创建填充图案的同时，创建边界对象。

● 对象类型：此下拉框用以控制新边界对象的类型。当下拉框中显示"多段线"时，边界为多段线；否则为面域。仅当勾选"保留边界"时，此选项才可用。

（3）边界集。该组合框定义当从指定点定义边界时待分析的对象集。当使用"选择对象"定义边界时，选定的边界集无效。默认情况下，使用"添加：拾取点"选项定义边界时，"图案填充"命令将分析当前视窗范围内的所有对象。通过重定义边界集，可以忽略某些在定义边界时没有隐藏或删除的对象。对于大图形，重定义边界集还可以加快生成边界的速度，因为执行填充操作时需要检查的对象数明显减少。

该组合框中的"新建"按钮提示用户选择用来定义边界集的对象,而按钮左侧的下拉列表中的两个选项的含义如下:

● 当前视窗:根据当前视窗范围内的所有对象定义边界集。选择此选项将放弃当前的任何边界集。

● 现有集合:从使用"新建"选定的对象定义边界集。如果还没有用"新建"创建边界集,则"现有集合"选项不可用。

(4)允许的间隙。设置将对象用作图案填充边界时可以忽略的最大间隙。此参数的默认值为 0,此时待填充的对象必须是没有间隙的封闭区域。若此参数为某一特定值时,任何小于等于该该值的间隙都将被忽略,并将边界视为封闭。用户也可通过 **Hpgaptol** 系统变量来设置此间隙值。

(5)继承选项。使用"继承特性"创建图案填充时,此组合框内的设置将控制图案填充原点的位置:

● 使用当前原点:单击此单选钮,将使用当前的图案填充的原点设置。

● 使用源图案填充原点:单击此单选钮,将使用源图案填充的图案填充原点。

3. 填充图案编辑

可以使用以下任意一种方式激活填充图案编辑操作。

● 下拉菜单:【修改】→【对象】→【图案填充】。

● 工具栏按钮:"修改Ⅱ"工具栏之 按钮。

● 命令行:*hatchedit*。

● 鼠标双击:当鼠标在图形窗口双击被填充图案时便可弹出"图案填充编辑"对话框。此方法最快捷,但需注意的是:此方法只适用于对单个填充进行编辑,而选择多个填充双击后弹出的是"特性"对话框。

激活填充图案编辑命令后,弹出如图 5-30 所示的"图案填充编辑"对话框。此对话框与图 5-28 所示的对话框一致,除了图中灰色的按钮或选项不起作用外,其余选项都可以用来更改图案属性。

在"图案填充编辑"对话框中更改图案属性可以轻松实现对单个图案的编辑。如果需要编辑多个填充图案,可采用"图案填充编辑"对话框中的"继承特性"格式刷,或者使用"特性匹配"命令(**Matchprop**)来完成相应的操作。

● 特性继承:通过点击"图案填充编辑"对话框中的 按钮激活"特性继承"操作,利用对象属性匹配来编辑填充图案。注意:继承特性不更改填充的图层属性,只继承图案本身的属性。另外,由于"图案填充编辑"对话框无法针对多个图案同时进行编辑,所以该方法存在一定程度的不便捷性。

● 特性匹配:可更改图案的所有属性,使其与源图案保持一致,包括其图层属性。所以,如果在编辑图案的同时需要更改图层属性,可通过特性匹配来达到目的。并且,特性匹配可以同时选择多个目标进行更改,操作更便捷。使用下拉菜单【修改】→【特性匹配】,单击"标准"工具栏上的 按钮,或在命令行键入"*ma*"均可激活"特性匹配"操作。

图 5-30 "图案填充编辑"对话框

5.2.4 建立边界或面域

在规划总图的绘制过程中,用户在填充用地色块前需事先创建边界层,并提取各建设用地地块的边界。为便于各类建设用地面积的汇总统计,边界类型宜选择面域。

面域是使用形成闭合环的对象创建的二维闭合区域。环可以是直线、多段线、圆、圆弧、椭圆、椭圆弧和样条曲线的组合。组成环的对象必须闭合或通过与其他对象共享端点而形成闭合的区域。

面域是具有物理特性(如形心或质量中心)的二维封闭区域,可以利用布尔操作将现有面域组合成单个、复杂的面域来计算面积。在 AutoCAD 2012 中,用户可通过点击下拉菜单【工具】→【查询】→【面域/质量特性】来查询所选择的面域集合的面积。

边界或面域可通过如下方式创建:

● 下拉菜单:【绘图】→【边界】。

● 命令行:*boundary* 或 *bo*。

采用以上任意一种方式激活此命令,将显示如图 5-31 所示的"边界创建"对话框。其中,在"对象类型"下拉列表中可以选择将边界创建为"面域"或"多段线"对象。有关此对话框中其他选项的详细信息,请参见"图案填充"命令中的相关内容。

除此之外,还有另一种创建面域的方法,即通过 **Region** 命令,将已有的对象(如圆或闭合多段线)转变为面域。可采用以下几种方式之一。

● 下拉菜单:【绘图】→【面域】。

● 工具栏按钮:"绘图"工具栏之 按钮。

图 5-31 "边界创建"对话框

● 命令行：*region*。

采用以上任意一种方式激活 **Region** 命令，选择欲转换为面域的对象，当其为封闭对象时，对象将被成功地转换为面域。

5.2.5 实用命令

1. 实用查询命令

（1）查询坐标值。可通过以下几种方式查询坐标值：

● 下拉菜单：【工具】→【查询】→【点坐标】。

● 工具栏按钮："查询"工具栏的 。

● 命令行：*id*。

（2）查询距离。通过以下几种方式可以查询两点间的距离：

● 下拉菜单：【工具】→【查询】→【距离】。

● 工具栏按钮："查询"工具栏的 。

● 命令行：*dist* 或 *di*。

以下是量测两个指定点的距离后显示的结果：

命令：*di*

DIST 指定第一点：   指定第二点：   （分别拾取两个待量测点）

距离 ＝ 300.0000，XY 平面中的倾角 ＝ 37，   与 XY 平面的夹角 ＝ 0

X 增量 ＝ 240.3529， Y 增量 ＝ 179.5285， Z 增量 ＝ 0.0000

其中，X 增量和 Y 增量分别表示第二点相对于第一点在 X 方向与 Y 方向的位移量。

（3）查询区域。在规划地块划分过程中需要频繁使用该命令以确保所划分的地块大小合适。可通过以下几种方式查询或计算面积和周长：

● 下拉菜单：【工具】→【查询】→【面积】。

● 工具栏按钮：单击并按住"查询"工具栏之 图标，在弹出的下拉列表中选择 图标。

● 命令行：*area*。

利用 **Area** 命令，可以获取由选定对象或点序列所定义的面积和周长。可以计算和显示点序列或任意几种类型对象的面积和周长。激活 **Area** 命令时，采用"加（A）"选项，可以计算多个对象的组合面积；采用"减（S）"则表明将从系统变量 area[①] 当前值中减去即将选取的对象或点序列所围合的面积。在操作过程中，若提示用户选择对象时，只能用鼠标拾取而不是窗口选择或窗交选择的方式来选择对象。

3. 图形对象图层、线型等特征修改

可通过以下方式在图形中修改任何对象的当前特性：

（1）工具栏方式。通过操作"图层"工具栏的图层下拉列表和"特性"工具栏的"颜色控

---

① 命令提示符下键入 *setvar*↙，键入 *area*↙，系统将列出变量 area 的值。

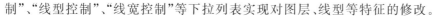

制"、"线型控制"、"线宽控制"等下拉列表实现对图层、线型等特征的修改。

（2）使用"特性"选项面板。此面板将列出选定对象或对象集的特性，用户可以修改任何可通过指定新值进行修改的特性。

"特性"选项面板在 AutoCAD 应用广泛，它可由以下任意一种方式激活：

● 下拉菜单：【修改】→【特性】。

● 工具栏按钮："标准"工具栏之  按钮。

● 右键菜单：选择要查看或修改其特性的对象，在绘图区域中单击鼠标右键，然后单击"特性"。

● 鼠标双击：用鼠标双击对象。

● 命令行：*properties* 或 *pr*。

激活后将显示"特性"选项面板如图 5-32 所示。"特性"选项面板可列出某个选定对象或一组对象的特性。选择多个对象时，"特性"选项面板只显示选择集中所有对象的公共特性；如果未选择对象，"特性"选项板只显示当前图层的基本特性、图层附着的打印样式表的名称、查看特性以及关于坐标系（UCS）的信息。

所有对象共有的基本特性有 8 个（颜色、图层、线型、线型比例、打印样式、线宽、超链接、透明度），而其他对象特性都专属于其对象类型。

图 5-32　"特性"选项面板

另外，用户也可以用 **Change** 命令修改多个图形对象特征。以下是使用 **Change** 命令将对象的颜色改为红色（在颜色索引表中红色的代码为 1）的操作过程。

命令：*change*
选择对象：找到 3 个
选择对象：↙
指定修改点或 [特性(P)]：*p*
输入要修改的特性
[颜色(C)/标高(E)/图层(LA)/线型(LT)/线型比例(S)/线宽(LW)/厚度(T)]：*c*
新颜色 [真彩色(T)/配色系统(CO)] <BYLAYER>：*1*
输入要修改的特性
[颜色(C)/标高(E)/图层(LA)/线型(LT)/线型比例(S)/线宽(LW)/厚度(T)]：↙
命令：

4．特性匹配

使用"特性匹配"命令（**Matchprop**），可以将一个对象的某些或所有特性复制到其他对象，可复制的特性包括：颜色、图层、线型、线型比例、线宽、填充图案、打印样式和三维厚度等。

默认情况下，所有可应用的特性都自动地从选定的第一个对象复制到其他对象。如果不希望复制特定的特性，请使用"设置"选项禁止复制该特性。可以在执行该命令的过程中随时选择"设置"选项。

可采用以下任意一种方式激活"特性匹配"命令：

● 下拉菜单：【修改】→【特性匹配】。

● 工具栏按钮："标准"工具栏之 ✐ 按钮。

● 命令行：*matchprop* 或 *ma* 或 *painter*。

"特性匹配"命令操作过程如下：

● 激活"特性匹配"命令。

● 当提示"选择要复制其特性的对象："时，选择此操作的源对象。

● 当提示"选择目标对象或［设置(S)］："时，键入 S，在弹出的"特性设置"对话框（见图 5-33）中选择那些需要复制到目标对象上的特性。默认情况下，将选择"特性设置"对话框中的所有对象特性进行复制。

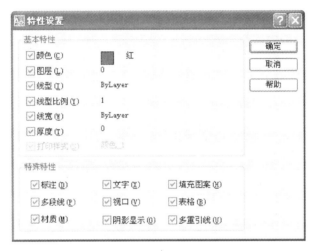

图 5-33　对象属性匹配命令的"特性设置"对话框

● 当提示"选择目标对象或［设置(S)］："时，选择要将源对象的特性复制到其上的目标对象，可以继续选择目标对象或按回车键结束该命令。

5．对象显示次序控制

通常情况下，各图层和重叠对象（如文字、宽多段线和实体填充多边形）按其创建的次序显示，新创建的对象在现有对象的前面。规划图绘制和打印对图层显示次序有一定要求，例如文字标注层在最上面，地块边界和道路边界在地形图上面，而地形图在用地色块层的上面。可以使用"绘图次序"命令（**Draworder**）来改变任何对象的绘图次序（显示和打印次序），而使用 **Texttofront** 命令可以修改图形中所有文字和标注的绘图次序。不能在模型空间和图纸空间之间控制重叠的对象，而只能在同一空间内控制它们。

如图 5-34 所示，依次创建对象 1、对象 2、对象 3 和对象 4，显示次序的优先度按从高到低，依次为对象 4、对象 3、对象 2 和对象 1，如图 5-34(1)所示。通过对象显示次序命令，可以将显示次序调整为对象 3、对象 4、对象 2 和对象 1，如图 5-34(2)所示。

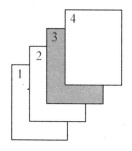

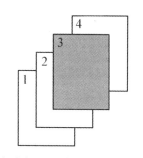

(1)以创建的顺序显示矩形　　　(2)第3个矩形已被指定绘制顺序

图 5-34　对象显示次序控制

可以使用以下方式修改绘图(显示)次序：

● 下拉菜单：【工具】→【绘图次序】→【前置】或【后置】或【置于对象之上】或【置于对象之下】。

● 工具栏按钮："绘图次序"工具栏 ![] ![] ![] ![] 上的一个合适选项。

● 右键菜单：选择对象，然后右击鼠标，在弹出菜单中单击"绘图次序"菜单项，并单击相应的子菜单项。

● 命令行：*draworder* 或 *dr*。当提示"选择对象："时，选择欲调整绘图次序的对象，当提示"输入对象排序选项［对象上(A)/对象下(U)/最前(F)/最后(B)］＜最后＞："时，输入相应的选项或按回车键将所选择的对象置于最后。

6. 列表

利用列表(**List**)命令可以查询地块的周长与面积、规划范围线的宽度和线型、道路中心线的长度以及多段线所创建的区域的周长与面积。可选用以下任一方法激活列表命令：

● 下拉菜单：【工具】→【查询】→【列表】。

● 工具栏按钮："查询"工具栏之 ![] 按钮。

● 命令行：*list* 或 *li*。

若所选择对象的颜色、线型和线宽没有设置为"**BYLAYER**"，**List** 命令将列出这些项目的相关信息。若对象厚度为非零，则列出其厚度。如果输入的拉伸方向与当前 UCS 的 Z 轴(0,0,1)不同，**List** 命令也会以 UCS 坐标报告拉伸方向。

List 命令还显示与特定的选定对象相关的特定附加信息。若选定对象为多段线，将显示"线型比例，起点宽度和坐标，端点宽度和坐标"等特定信息。若选定对象为"面域"，则将显示"边界框"等特定信息。

7. 系统状态显示

"系统状态"命令(**Status**)将报告当前图形中对象的数目、图形界限、当前图层、当前颜色、当前线型、捕捉和栅格设置及磁盘空间等信息。特别地，在 DIM 提示符下使用时，将报告当前标注样式及所有与尺寸标注相关的系统变量的值。

可使用以下方式激活 **Status** 命令：

● 下拉菜单：【工具】→【查询】→【状态】。

● 命令行：　*status*。

图 5-35 显示了激活 **Status** 命令后列出的系统状态。

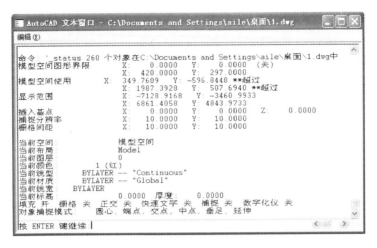

图 5-35　系统状态信息列表

8. 清理

"清理"命令（**Purge**）的目的是：清理当前图形文件中一些未被使用的项目，包括样式、图层和块等，以减小图形文件尺寸，提高操作效率。

可采用以下方式激活"清理"命令：

- 下拉菜单：【文件】→【绘图使用程序】→【清理】。

- 命令行：*purge* 或 *pu*。

采用以上任意一种激活 **Purge** 命令后，出现如图 5-36 所示的"清理"对话框。

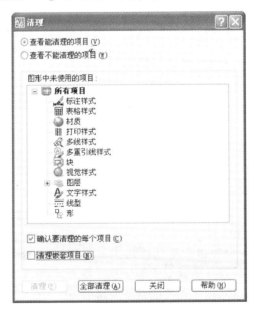

图 5-36　"清理"对话框

选择"查看能清理的项目（V）"，就能以树状图的方式显示当前图形中可以清理对象的概要。

5.3　城市规划总图实例绘制

→ 5.3.1　前期准备阶段

1. 文件的新建

首先，新建 AutoCAD 2012 文件，使用下拉菜单【文件】→【新建】，或者使用快捷键"Ctrl+N"，弹出"选择样板"对话框后选择合适的样板（或模板），也可以单击"打开"右侧的按钮，在弹出的下拉列表中选择"无样板打开—公制（M）"。如图 5-37 和图 5-38 所示。

图 5-37　"选择样板"对话框

2. 图层配置

（1）图层命名规则。图层命名是图层操作的重要环节，图层名应能直观反映其所包含或即将包含的对象的类别。"图层特性管理器"中的图层列表是按照图层名称的升序或降序进行排列（缺省情况下按升序进行排列），在图层命名时应充分利用这一排列规则，将特性或用途相似的图形要素层分布在相近的命名区域，以便能迅速定位图层。例如，所有用地的地块边界层均以"Bo-××"的形式命令，所有用地填充图层均以"H-××"的形式命名。

表 5-8 列出了一种可供参考的规划总图图层命名方案。

表 5-8 规划总图图层名称列表

工作阶段	图层名称	图层名称解释
前期准备阶段	0-DX	地形
	0-HILL	山体
	0-RIVER	河流
	0-RANGE	范围
路网绘制阶段	ROAD-ZXX	道路中心线
	ROAD	道路红线
	DK-FGX	地块分割线
用地面域创建阶段	Bo-R	居住用地
	Bo-A	公共管理与公共服务设施用地
	Bo-B	商业服务业设施用地
	Bo-M	工业用地
	Bo-W	物流仓储用地
	Bo-S	道路交通设施用地
	Bo-U	公用设施用地
	Bo-G	绿地与广场用地
	Bo-备用	发展备用地
用地色块填充阶段	H-R	居住用地填充
	H-A	公共管理与公共服务设施用地填充
	H-B	商业服务业设施用地填充
	H-M	工业用地填充
	H-W	物流仓储用地填充
	H-S	道路交通设施用地填充
	H-U	公用设施用地填充
	H-G	绿地与广场用地填充
	H-备用	发展备用地填充
后期完善阶段	TB	图表
	TL	图例
	TXT	文字标注
	TK	图框

（2）具体图层配置。单击"图层"工具栏上的"图层特性管理器"按钮 ✦ ，或者在命令行键入"*la*"激活 **Layer** 命令。在弹出的"图层特性管理器"对话框中，单击"新建图层"按钮 ✦ ，并对图层作相关配置，包括图层的命名以及相关图层属性的配置，具体配置如图 5-38 所示。

需要注意的是，在绘制规划总图的初期，仅设置需要用到的基本图层，无需一并设置色块填充等图层，主要是因为此类图层使用不频繁，并且总是在总图基本要素绘制完成之后才被使用。为避免图层过多导致图层操作效率低下的问题，建议仅在需要的时候才添加相应的图层。

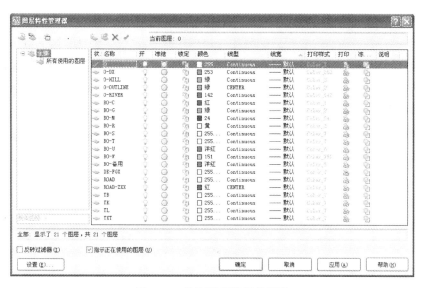

图 5-38　前期图层的相关配置

最后,保存新建的文件为"城市总体规划总图.dwg",以后可直接用"Ctrl＋S"组合键或者"标准"工具栏上的　按钮进行保存;也可将这个文件保存为后缀为"dwt"的模版文件,便于日后绘制相同类型的规划总图时利用。

2. 地形图导入

相对而言,矢量地形图的导入较为简单。可以直接使用 **Insert** 命令,以坐标(0,0,0)为插入点,X、Y、Z 三个维度上的缩放比例均采用缺省值 1,勾选"分解"复选框,将地形图文件插入到当前文件"城市总体规划总图.dwg"中。

本实例采用扫描光栅图作为地形图,操作过程如下:

(1) 选择"0-DX"层作为当前层,使用下拉菜单【插入】→【光栅图像参照】,在弹出的"选择图像文件"对话框中,选择需要导入的地形图文件,点击"打开"按钮后,系统弹出"图像"对话框,按如图 5-39 所示设置对话框参数,设置完毕后单击"确定"按钮,完成光栅图的导入。

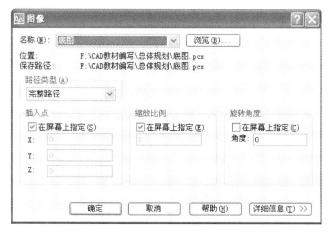

图 5-39　"图像"对话框

在本例中,插入光栅图后的图形窗口如图 5-40 所示。

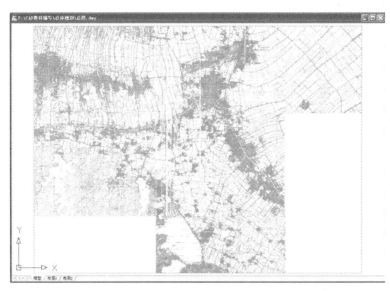

图 5-40 光栅地形图的插入

（2）根据 5.2.2"光栅图像参照和编辑实例"所介绍的方法调整所插入的光栅地形图,确保在插入的光栅图上所量测的地物大小与其实际尺寸(以米为单位)一致。

（3）使用 **Imageclip** 命令对光栅图进行必要的剪裁操作。

（4）使用 **Transparency** 命令,将"透明模式"设置为"打开"状态。

（5）使用 **Imageframe** 命令,键入"*0*",关闭图像边框的显示。

完成以上操作后的地形图如图 5-41 所示。

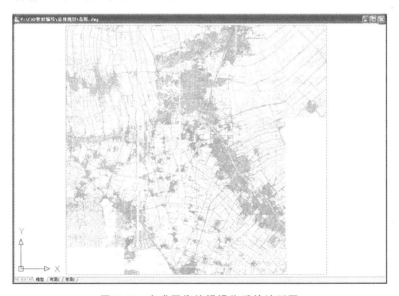

图 5-41 完成图像编辑操作后的地形图

3. 其他要素绘制或导入

打开图例层（TL 层），制作或导入风玫瑰、指北针及比例尺，相关要求可以参见 5.1.2 的内容。另外，在图层"0-HILL"、"0-RIVER"和"0-RANGE"中分别对山体等高线、河流线及规划范围线进行导入或者勾绘操作。

（1）要素导入。一般现状图中的河流、等高线等现状要素在绘制城市规划总图之前已经绘制完成。通过使用下拉菜单【文件】→【另存为】，将现状图另存为"规划总图.dwg"，保留河流、等高线等现状要素，并删除无关的图形要素，即完成要素导入。用户也可通过"写块"（**Wblock**）命令将现状要素从现状图中导出，再通过插入块的方式将这些要素导入到"规划总图.dwg"中。关于"写块"命令，请参考第 6 章中的相关内容。

（2）要素绘制。若无现成可导入的等高线、河流等矢量要素，则需要人工勾绘上述要素。等高线的勾绘，需要根据等高线密集程度及图面效果，选择适当的高差进行绘制；河流勾绘时，可在满足相关规范和当地水利主管部门要求的情况下，结合规划设计方案构思，对河道岸线进行适当的调整；范围线显示规划区范围，线型宜采用虚线线型如"ACAD_IS002W100"，一般在设置相应图层时就进行线型配置。

为确保能正确显示线状要素的线型，还需要对这些要素的线型比例进行设置。默认情况下，全局线型因子与当前线性比例均设置为 1.0，该比例越小，每个绘图单位中生成的重复图案就越多。线型比例过大或过小都不能达到正确显示线型的目的。

● 全局的线型比例修改。键入"*lt*"激活"线型"命令（**Linetype**），在弹出的"线型管理器"对话框中（见图 5-42），单击"显示细节"，然后，通过对"全局比例因子"值的修改，以达到全局改变线型比例的目的。修改此值将影响图形文件中所有使用该线型的图元。

图 5-42　线型管理器对话框　　　　图 5-43　"特性"窗口

● 局部对象线型比例修改。当用户需要修改图层上部分对象的线型比例时,可使用"Ctrl+1"组合键或者使用下拉菜单【修改】→【特性】以打开"特性"窗口(或选项面板),并在该窗口的"线型比例"选项中设置合适的值,如图5-43所示。

对于通常是多段线的范围线而言,线型能否正确显示还取决于"线型生成"选项是否设置为"启用"状态。图5-43示例了"线型生成"选项设置为"禁用"和"启用"状态下的多段线图形。其中,图5-44(1)在多段线的相邻顶点间生成线型,5-44(2)在整条多段线上生成线型。

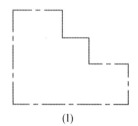 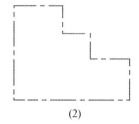

(1)   (2)

图5-44 "线型生成"禁用(1)和启用(2)时的图形

多段线"线型生成"特性的设置,需要用到"编辑多段线"(**Pedit**)命令,可选用以下任一方法激活。

● 下拉菜单:【修改】→【对象】→【多段线】。

● 工具栏按钮:"修改Ⅱ"工具栏之 按钮。

● 命令行:*pedit* 或 *pe*。

激活命令后,键入"*l*"以选择"线型生成"选项,再键入"*on*"以打开"线型生成",确定后退出即可,具体过程如下:

命令:*pe*

PEDIT 选择多段线或[多条(M)]:↙

输入选项[闭合(C)/合并(J)/宽度(W)/编辑顶点(E)/拟合(F)/样条曲线(S)/非曲线化(D)/线型生成(L)/放弃(U)]:*l*↙

输入多段线线型生成选项[开(ON)/关(OFF)]<关>:*on*

输入选项[闭合(C)/合并(J)/宽度(W)/编辑顶点(E)/拟合(F)/样条曲线(S)/非曲线化(D)/线型生成(L)/放弃(U)]:↙

---

4. 其他说明

一般在总图绘制之前,现状图已经绘制完毕,地形图、山体等高线、河流等要素均已存在。除了以上所述的要素导入方法,也可以通过"另存"命令(**Saveas**),将现状图直接转化为总图,删除总图中不需要的图形要素,并进行"清理"(**Purge**)操作,然后再根据要求对图层和图形要素进行相应的修改。以上操作的好处是:免去了地形图及其他要素导出和导入操作。

5.3.2 方案绘制阶段

1. 路网的绘制

路网的绘制主要有偏移绘制和多线绘制两种方法。

（1）偏移绘制法。偏移绘制包括绘制道路中心线、绘制道路边界和绘制交叉口。

● 绘制道路中心线。将"ROAD-ZXX"层置为作为当前层，锁定除当前层和"ROAD"（道路边界）层以外的其他图层，键入"*pl*"激活"多段线"（**Pline**）命令，在当前图层上绘制道路中心线。

在使用 **Pline** 命令绘制道路中心线的过程中，若遇到曲线路段，可以使用"圆弧"选项。当道路宽度有变化时，应结束当前中心线的绘制，并重复"多段线"命令绘制后续的道路中心线，此举的目的是便于后续的偏移操作。另外，可能还需要使用"倒圆角"（**Fillet**）命令来绘制某些曲线道路。绘制完成的道路中心线如图 5-45 所示。

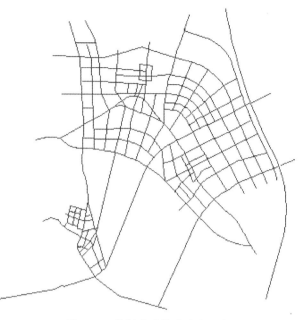

图 5-45 绘制完成的道路中心线

● 绘制道路边界。将"ROAD"（道路边界）层置为当前层，键入"*o*"以激活"偏移"（**Offset**）命令，将偏移对象的图层选项设置为"当前"，设置偏移距离为道路宽度的一半，选择需要偏移的中心线，分别单击道路中心线的两侧，得到分布在中心线两侧的两条偏移线。以某条道路红线宽度为 40m 的道路为例，生成道路边界的操作过程大致为：对其余道路中心线重复上述步骤，完成整个道路网络的道路边界线的绘制，如图 5-46 所示，具体命令行过程如下：

命令：*o*
OFFSET
当前设置：删除源＝否　图层＝源　OFFSETGAPTYPE＝0
指定偏移距离或［通过(T)/删除(E)/图层(L)］<15.0000>：*l*
输入偏移对象的图层选项［当前(C)/源(S)］<源>：*c*　　　　　（在当前层创建偏移对象）
指定偏移距离或［通过(T)/删除(E)/图层(L)］<15.0000>：*20*
选择要偏移的对象，或［退出(E)/放弃(U)］<退出>：　　　　　　（拾取中心线）
指定要偏移的那一侧上的点，或［退出(E)/多个(M)/放弃(U)］<退出>：

（在中心线一侧拾取点）
选择要偏移的对象，或［退出(E)/放弃(U)］<退出>：　　　　　　（拾取中心线）
指定要偏移的那一侧上的点，或［退出(E)/多个(M)/放弃(U)］<退出>：

（在中心线另一侧拾取点）

● 绘制交叉口。修剪或打断交叉口的道路边界线是为下一步在交叉口倒圆角做准备，可任选一种，或将两者结合起来使用。

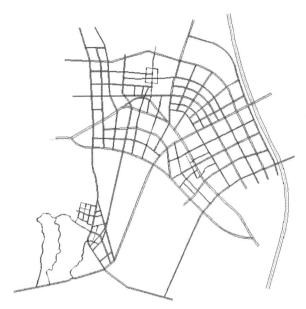

图 5-46　初步完成道路边界线绘制

① 修剪操作：冻结除"ROAD"（道路边界）层以外的其他图层。键入"*tr*"以激活"修剪"（**Trim**）命令，选择交叉的道路边线，按回车键结束道路边界线的选择，点击内部的交叉线，从而将其修剪掉。在选择需要修剪掉的线段时，可以"栏选"选项，以提高修剪效率。

以下示例了如何使用"栏选"选项对图 5-47(1)中的图形进行修剪，其结果如图 5-47(2)所示。

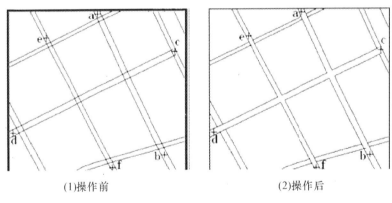

(1)操作前　　　　　　　　　　　　　　(2)操作后

图 5-47　使用"栏选"项修剪道路交叉口

命令：**trim**

当前设置：投影＝UCS,边＝无

选择剪切边…

选择对象或＜全部选择＞：　找到 14 个

选择对象：↙

选择要修剪的对象，或按住 Shift 键选择要延伸的对象，或

［栏选(F)/窗交(C)/投影(P)/边(E)/删除(R)/放弃(U)］：　*f*

指定第一个栏选点：　　　　　　**(拾取点 a)**

指定下一个栏选点或［放弃(U)］：　　　　**(拾取点 b)**

指定下一个栏选点或［放弃(U)］：✓

选择要修剪的对象，或按住 Shift 键选择要延伸的对象，或

［栏选(F)/窗交(C)/投影(P)/边(E)/删除(R)/放弃(U)］：　*f*

指定第一个栏选点：　　　　　　　　**(拾取点 c)**

指定下一个栏选点或［放弃(U)］：　　　　**(拾取点 d)**

指定下一个栏选点或［放弃(U)］：✓

选择要修剪的对象，或按住 Shift 键选择要延伸的对象，或

［栏选(F)/窗交(C)/投影(P)/边(E)/删除(R)/放弃(U)］：　*f*

指定第一个栏选点：　　　　　　　　**(拾取点 e)**

指定下一个栏选点或［放弃(U)］：　　　　**(拾取点 f)**

指定下一个栏选点或［放弃(U)］：✓

② 打断操作：键入"*br*"激活"打断"（Break）命令，在需要打断的部位单击两下，或者使用"修改"工具栏上的□按钮，用鼠标在交叉口处单击，将道路边界在单击处一分为二。

③ 倒圆角操作：键入"*f*"激活"倒圆角"命令（Fillet），根据道路的等级和功能设置相应的圆角半径，使用"多个"选项以连续多次倒圆角，依次点击需要倒圆角的相邻道路边界线，直至相同半径的转角全部操作完成。继续使用 **Fillet** 命令，依次完成具有不同半径的所有倒圆角的绘制，结果如图 5-48 所示。

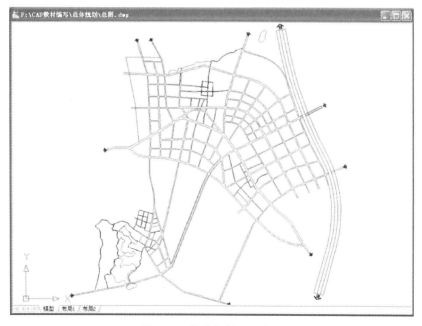

图 5-48　最终规划总图路网

161

（2）多线绘制法。采用多线绘制道路网是设计人员可以采用的另一种方法。利用多线绘制道路网时，首先需要对多线样式进行设置，然后采用新设置的多线样式绘制多线，进而利用多线编辑工具修剪多线，将多线炸开后进行道路边界线倒圆角，便可完成规划路网的绘制。

① 多线设置。根据 4.2.4 所介绍的多线样式设置方法，创建名为"道路线"的多线样式，道路线的外观如图 5-49 所示。

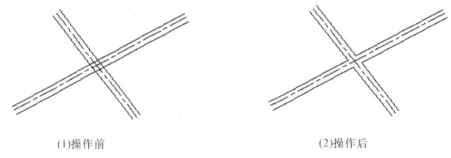

图 5-49　"道路线"外观

② 多线绘制。将"ROAD"层设置为当前层，键入"*ml*"以激活"多线"（**Mline**）命令，将"对正方式"设置为"无"，根据道路的宽度设置多线的比例，绘制具有相同宽度的多条城市道路。继续使用 **Mline** 命令，为具有不同宽度的道路设置不同的多线比例，完成所有道路的绘制。

③ 多线修剪。当所有道路线绘制完毕后，需要首先对交叉口进行修剪，进而才能进行倒圆角操作。使用下拉菜单【修改】→【对象】→【多线】，在弹出的"多线编辑工具"对话框中根据多线相交的不同情况选择"十字合并"或"Ｔ形合并"，并选择待处理的多线。图 5-50（1）为两条呈十字交叉的多线，使用"多线编辑工具"对话框中的"十字合并"选项，依次点击两条多线，结果如图 5-50（2）所示。关于多线编辑的更多信息，请读者参考 4.2.4 中的相关内容。

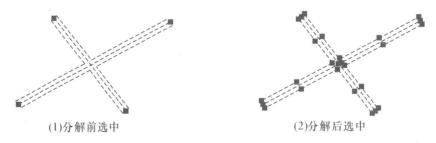

(1)操作前　　　　　　　　　　　　　　(2)操作后

图 5-50　使用"十字合并"选项编辑道路多线

④ 多线炸开或分解。通过键入"*x*"以激活"分解"（**Explode**）命令，或者点击"修改"工具栏上的 按钮，选择所有多线后键入回车以分解多线，并将中线选中后置于"ROAD-ZXX"层。分解图 5-51（1）中的多线，结果如图 5-51（2）所示。

(1)分解前选中　　　　　　　　　　　　(2)分解后选中

图 5-51　多线分解

⑤ 倒圆角。当道路中心线和道路边界线绘制完成,并且道路交叉口已经打断后,可直接利用"倒圆角"(**Fillet**)命令进行道路倒圆角的操作,具体步骤参见本节"偏移绘制法"中相关倒圆角操作。

(3) 曲线道路绘制。如图 5-52 所示为两条道路的中心线,道路的宽度为 40m,假定转弯处曲线道路的半径为 300m,采用偏移绘制法,具体的绘制步骤如下。

图 5-52　圆曲线两端的道路中心线

① 选择"ROAD-ZXX"层,键入"*pl*"激活"多段线"(**Pline**)命令,按要求绘制好圆曲线两端的道路中心线。

② 键入"*f*"以激活"倒圆角"(**Fillet**)命令,设置圆角半径为 300,依次点击两条道路中心线,之后得到一条连续的完整的道路中心线,其图元类型为 Pline。

③ 利用偏移命令,通过在中心线两侧各偏移 20 个单位完成曲线道路边界的绘制,可得如图 5-53 所示的结果。

若采用多线绘制法,对分解后的多线分别进行倒圆角,其结果如图 5-54 所示。图中的曲线路段的宽度大于直线路段的宽度,并且曲线路段的宽度也不尽一致。

图5-53　利用"偏移绘制法"绘制的曲线道路

图 5-54　利用"多线绘制法"绘制的曲线道路

总体来说,当路网比较规整、交叉口较多时,路网的绘制宜采用多线绘制法;当路网中曲线道路较多时,建议采用偏移绘制法。对于能够熟练使用 AutoCAD 2012 的用户来说,可结合两者灵活使用,即规整的路网部分及交叉口用多线绘制并进行相应的"十字合并"或"T 形合并",然后再用偏移方法绘制曲线道路,最后进行倒圆角操作。

2. 各类用地的绘制

(1) 地块分割线。虽然受道路网分割的影响,城市建设用地的地块明显变小,但是很多时候这些地块需要进一步细分以区分不同的用地类型。因此,需要在"DK-FGX"(地块分割线)层中绘制地块分割线。

首先,将"DK-FGX"层设为当前层。接着,根据不同地块的分割要求结合目前的用地情况,用直线或多段线等绘制地块分隔线,也可以利用偏移命令借助于既有要素(如道路边界等)进行绘制,并进行相应的修剪。图 5-55 中,围合地块内部的线条代表地块的分割线。注意:绘制分割线时需要打开对象捕捉以保证能形成封闭区域,以便在后续阶段能顺利创建面域。

(2) 用地面域生成[①]。利用路网与地块分割线及河流等边界所围合的范围,进行各类用

---

① 用户也可以利用"图案填充"(**Hatch**)命令来创建面域,只需在使用此命令时勾选"保留边界"选项,并将边界保留的对象类型设置为"面域",这样填充用地色块的同时便可创建用地边界,之后可使用 **Filter** 或 **Qselect** 命令来选取用地色块图层上的面域。用户可自行比较两种操作方式的优缺点。

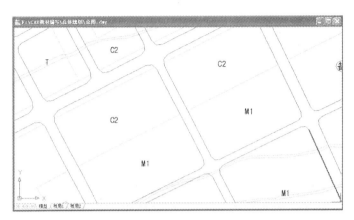

图 5-55　局部地块内的地块分隔线

地面域的创建,注意将不同类型用地的面域创建在相应的用地边界图层上。

以居住用地为例,创建用地面域的过程如下。

① 仅打开"ROAD"(道路)层、"DK-FGX"(地块分割线)层、"0-RIVER"(河流)层以及"BO-R"(居住边界)层等 4 个图层,并将"BO-R"层置为当前层,键入***bo***以激活"创建边界"(**Boundary**)命令,在弹出的"边界创建"对话框中,将"边界保留"组合框中的"对象类型"设置为"面域"(见图 5-56)。

② 点击 拾取点 (P) 按钮,AutoCAD 提示用户"拾取内部点:",在道路边界线和地块分割线所围合的居住地块内部的任意位置拾取一个点,当围合用地的边界或分隔线变成虚线并且没有出现错误提示时,如图 5-57 所示,表示该地块已经被选中且可以创建为相应的面域,继续拾取其他居住地块的内部点以选中多个区域,或者按回车键结束命令,所选中的区域被创建为面域。

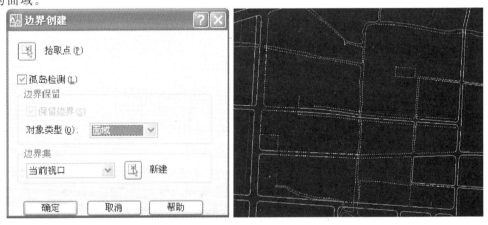

图 5-56　"边界创建"对话框的配置　　　　图 5-57　创建面域时选中局部居住地块

③ 使用 **Boundary** 命令依次在各居住地块内部拾取点,完成所有居住地块面域的创建,结果如图 5-58 所示。

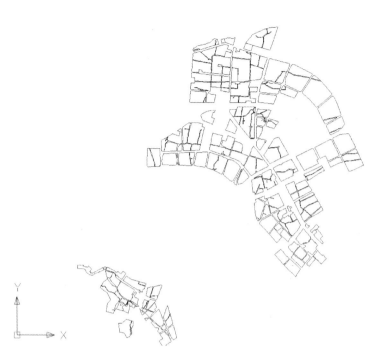

图 5-58　居住地块面域生成

按照上述方法,分别完成其他各类用地面域的创建,结果如图 5-59 所示。

图 5-59　各类用地的面域

5.3.3 用地汇总统计阶段

应按规划用地的类别进行用地的分类统计。以计算居住用地为例,单项建设用地汇总过程如下:首先,关闭除"BO-R"层以外的其他图层,使用下拉菜单【工具】→【查询】→【面域/质量特性】以激活 **Massprop** 命令,选择当前图层中的所有面域,按回车键确认后出现如图 5-60 所示的窗口。

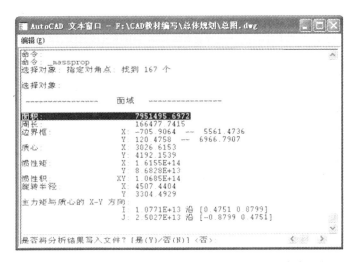

图 5-60 由"面域/质量特性"激活的"AutoCAD 文本窗口"

图 5-60 中所显示的面域特性列表中,面积一栏所显示的是所选择面域的总面积。利用此方法,可得各类用地的面积,据此可生成用地平衡表。平衡表中各类建设用地的比例和人均建设用地指标应当满足表 5-6 和表 5-7 的规定。若未能满足用地平衡的要求,应做必要的用地调整并重新分类汇总用地。

5.3.4 后期完善阶段

1. 用地色块填充阶段

若前期未创建色块填充图层,那么现在首先需增设相关图层,图名和图层颜色的设置宜参考 4.3.1 的相关内容,继而依次对每类用地进行色块填充。对于道路图层,暂不考虑色块填充。

(1) 建设用地色块填充。下面以居住用地为例,说明用地色块的填充过程。

① 将"H-R"(居住填充)层设为当前层,并关闭除"H-R"和"BO-R"以外的所有层。

② 键入"*h*"以激活"图案填充"(**Hatch**)命令,弹出"图案填充和渐变色"对话框,单击该对话框的"样例"编辑框中的图案,在弹出的"填充图案选项板"中,选择"其他预定义"选项卡下的 Solid 图案,单击"确定"按钮后,出现"图案填充和渐变色"对话框,如图 5-61 所示。

③ 单击"边界组合框"中的"添加:选择对象"按钮,选择"BO-R"(居住用地边界)层上的所有面域对象,按回车键结束选择并返回到"图案填充和渐变色"对话框。

④ 在当前对话框的"选项"组合框中的"绘图次序"下拉列表中选择"后置"选项,单击

"确定"按钮,完成居住用地色块的填充。

图 5-61　居住色块填充相关设置

（2）山体河流填充。山体和河流填充的主要目的之一是美化规划总图的图面。其中山体宜分层（高层）设色,具体的步骤如下:

新建图层"H-HILL"并将其设置为当前层,冻结除当前层和"0-HILL"层外的其他图层,键入"*h*"激活"图案填充"（**Hatch**）命令,在弹出"图案填充和渐变色"的对话框中做如图5-62所示的设置。

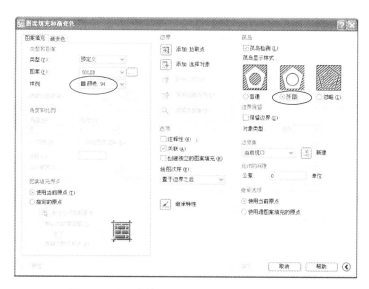

图 5-62　"图案填充和渐变色"对话框中的设置

● 在"图案填充"选项卡中,将填充图案设置为 SOLID 图案。
● 山体的主色为绿色,为体现山体的层次感,宜分层设色。按照由浅到深的原则分别设置色块的颜色,高程最低处采用90号索引颜色,随着高度的增加依次选择92、94、96、98号索引颜色作为填充色。当然,颜色的选择不仅仅局限于这5种颜色,用户可根据需要灵活配置,可在"选择颜色"对话框中的"真彩色"选项卡中选择合适的颜色作为填充色,如图5-63所示。

● 在"图案填充和渐变色"对话框的"孤岛"组合框中,将"孤岛显示样式"设置为"外部",以确保色块仅填充两条等高线之间的区域。

● 单击"拾取点"的操作,回到图形窗口,在两条等高线之间的空白处单击,按回车键后返回至"图案填充和渐变色"对话框,按"确定"按钮完成两条等高线之间的色块的填充,如图5-64所示。

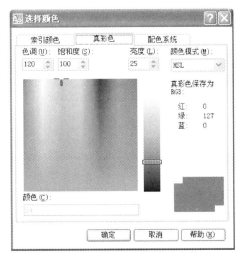

图5-63 "选择颜色"对话框

图5-64 两条等高线间的色块填充

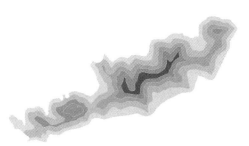

图5-65 山体填充完成

● 重复上述操作,得到如图5-65所示的山体填充结果。

对建设用地、山体等进行色块填充以后,可得到如图5-66所示的效果。

图5-66 各类用地色块填充

2. 地块文字标注

地块文字标注采用大写英文字母加数字的方式进行标注,大写英文字母表示用地大类,第一个数字表示中类,第二个数字表示小类。通常,地块文字仅标注到大类,部分用地可按需标注到中类。地块文字标注的操作过程如下:

(1) 设置文字格式。使用下拉菜单【格式】→【文字格式】,或键入"*st*"激活"文字格式"(**Style**)命令,弹出"文字格式"对话框,并进行如下设置:

● 单击 新建(N)... 按钮,在弹出的"新建文字样式"对话框中输入样式名,单击"确定"按钮返回"文字样式"对话框。

● 单击"使用大字体"复选框使其失效,单击"字体"组合框中的下拉列表并选择合适的字体如黑体作为新建文字样式的字体。

● 在"大小"组合框的"高度"输入框中键入高度如 **15**。字体的高度可先大致估计一下,但在打印输出时文字的高度通常需要重新计算,文字不宜太小,否则图件使用者不能正确阅读文字注记;文字不宜太大,否则感觉画面凌乱,喧宾夺主。通常情况下,用户需要调整文字的高度以适应打印尺寸的变化。

为保证后期文字高度的修改不影响文字块中心位置的变化,在文字标注时必须明确设定字体的"对正"格式,即要求当字体高度发生变化时必须以原文字中心为基点变化,不同的字体标注方法有不同的设置方法。

(2) 多行文字输入。完成字体格式设置后键入"*t*"激活"多行文字"(**Mtext**)命令,框选适当的范围,弹出如图 5-67 所示的对话框,点击打开"居中"和"中央对齐"开关按钮,键入用地代码如 C5 完成医疗卫生用地的地块标注。重复上述命令,为每一个地块键入地块类型代码,完成地块文字标注。

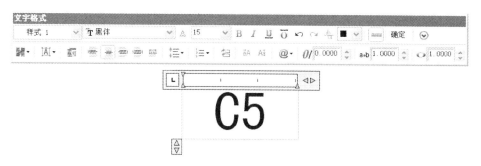

图 5-67 多行文字的输入

当文字标注需要修改时,只需双击多行文字,将弹出上述工具栏,用户可方便地对文字的风格进行修改。

(3) 单行文字输入。用户还可以利用 **Dtext** 命令输入标注文本,使用该命令的好处在于:键盘输入与屏幕显示同步。键入"*dt*"激活"单行文字"(**Dtext**)命令。首先,设置"对正"方式,选择"正中"作为"对正"方式;文本的样式则采用新设置的文本样式;然后,确定文字起点,键入高度,并以回车键响应"指定文字的旋转角度<0>:";输入地块类型代号如"C5",按回车键结束当前行文字的输入,再次输入文本则形成第二行文字,连续两个回车后结束文本输入命令。

文字内容的修改只需双击即可。如果需要进行文字格式的更改,则需要通过"Ctrl+1"组合键打开"特性"窗口,对"文字"一栏中"样式(Style)"选项进行修改,如图5-68所示。

文字	
内容	居住用地
样式	TXT
注释性	否
对正	正中
高度	60
旋转	0
宽度因子	1
倾斜	0
文字对齐 X 坐标	-13883.5602
文字对齐 Y 坐标	3996.9701
文字对齐 Z 坐标	0

图 5-68　利用"特性"修改单行文字　　　　　　　图 5-69　图例的制作

另外,无论是通过多行文字输入还是单行文字输入方式创建的文本,均可以通过"复制"(Copy)命令进行带基点的多项复制。具体方法:键入"*co*"以激活"复制"(Copy)命令,选择相应的文本,确定复制基点,移动文本进行带基点的多个复制,然后再通过双击文本来修改文本内容。这样的好处是文本格式统一,只需要更改文本内容即可,也避免重复多次键入文字命令。

在图例、图名以及图签的制作中都要用到文字,可能字体高度会有变化,此时就需要单独进行编辑。

3. 图例、图表制作

总规图例包括各类用地、需要明确的各类设施以及基础要素图例(河流、范围线)等,制作比较简单,基本可以包括四个步骤:制作矩形框—填充矩形框—标注文字—调整显示次序。规划总图的部分图例如图 5-69 所示。

有时可将用地平衡表绘制在规划总图上,用地平衡表中包括用地大小、比例、人均用地等数据,使得规划内容更加明晰。

4. 图框等的制作

与其他规划图一样,规划总图需要有图名、图框和图签。其中,图签一般采用规划设计院所提供的模板,图名与图框等制作相对较为简单,此处不再赘述。一个典型的图框、图签如图 5-70 所示。有时为了美观起见,图框等要素在最后成图环节如 PhotoShop 或 Corel-Draw 软件中制作。

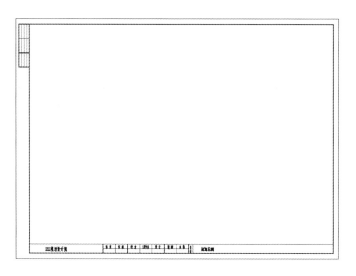

图 5-70　图框

5．绘图次序调整

色块填充完毕后，需对图层的绘图次序作适当的调整。在图层次序安排上，从上到下宜按文字—线条—底图—色块的顺序安排，先前在"图案填充"时，已将色块后置，这里就省去一道工序。

键入"*dr*"激活"绘图次序"（**Draworder**）命令，出现 4 个选项（对象上、对象下、最前、最后），按照图层顺序的要求，选择合适的方式进行调整。就色块而言，只要选中需要调整的色块并选择"最后"选项，就能将其置于底层。

此外，直接从"绘图次序"工具栏中选择图标按钮进行操作，是更快捷的方式，如图 5-71 所示，4 个选项从左到右依次是：置于前置、置于后置、置于对象之上、置于对象之下。

图 5-71　"绘图次序"工具栏

6．总图完成

打开除辅助图层之外的所有图层，结果如图 5-72 所示。

图 5-72　在 AutoCAD 中绘制完成的规划总图

171

5.4 图形光栅输出与后处理

为改善总体规划图的视觉效果，需要将 CAD 矢量图转换成光栅图，并进一步利用 PhotoShop 或 CorelDraw 进行后处理。其中，格式的转换可采用光栅打印的方式实现。

5.4.1 添加光栅打印机

要使用 CAD 的光栅打印，首先需要添加合适的光栅打印机。光栅打印有多种输出格式，本节以常用的 TIFF 格式为例进行介绍。安装一个 TIFF 格式的光栅打印机的步骤如下：

（1）使用下拉菜单【工具】→【选项】，在弹出的"选项"对话框中选择"打印和发布"选项卡，对话框如图 5-73 所示。

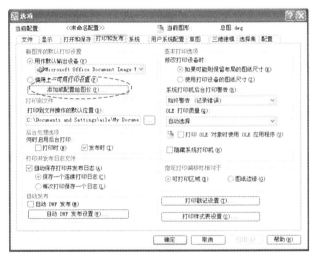

图 5-73 "选项"对话框中的"打印和发布"选项卡设置

（2）点选"新图形的默认打印设置"组合框中的"添加或配置绘图仪"按钮，出现如图5-74所示的窗口。

图 5-74 "绘图仪添加向导"界面

（3）双击"添加绘图仪向导"快捷方式，出现如图 5-75 所示的"添加绘图仪—简介"窗口。

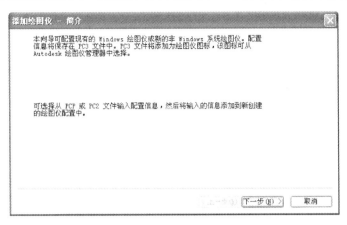

图 5-75　"添加绘图仪—简介"窗口

（4）单击"下一步"按钮，出现"添加绘图仪—开始"窗口，如图 5-76 所示。

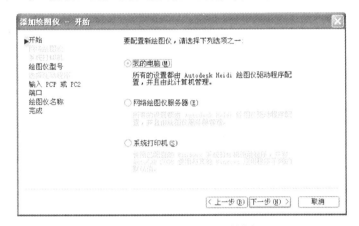

图 5-76　"添加绘图仪—开始"窗口

（5）单击"下一步"按钮，出现"添加绘图仪—绘图仪型号"窗口，如图 5-77 所示。

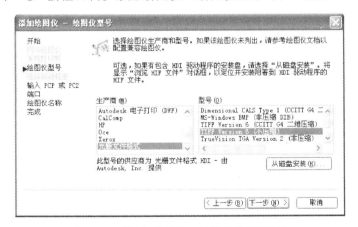

图 5-77　"添加绘图仪—绘图仪型号"窗口

（6）首先在"生产商"列表中选择"光栅文件格式"，继而在"型号"列表框中选择"TIFF Version 6（不压缩）"选项，连续单击"下一步"按钮直至出现"添加绘图仪—完成"窗口，单击"完成"按钮完成光栅打印机的添加。

完成上述步骤后，在"Plotters"窗口将会出现一个新文件"TIFF Version 6（不压缩）.pc3"，如图 5-78 所示。

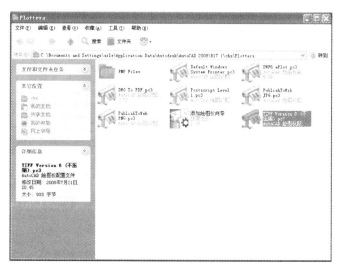

图 5-78　完成打印机添加后的"打印机列表"窗口

5.4.2　要素分层打印输出

设置好光栅打印机后便可分层打印输出，具体的过程如下：

（1）使用下拉菜单【文件】→【打印】，或者使用"Ctrl＋P"组合键，进入"打印—模型"对话框，如图 5-79 所示。

图 5-79　"打印—模型"对话框

（2）在"打印机/绘图仪"组合框中的"名称"下拉列表中选择"TIFF Version 6(不压缩).pc3"光栅打印机,此时系统默认是打印到文件。

（3）根据出图的要求选择合适的图纸尺寸。若无合适的图纸尺寸时,可自定义图纸尺寸。一般设计单位需向委托设计单位提供彩图,由于出彩图像素要求相对较高,一般需要自定义图纸。单击"打印机/绘图仪"组合框中的"特性"按钮,出现"绘图仪配置编辑器 — TIFF Version 6(不压缩).pc3"对话框,如图 5-80 所示;在"设备和文档设置"选项卡下,选择"自定义图纸尺寸"选项,点击"添加"按钮;在弹出的窗口中,选择"创建新图纸"选项,单击"下一步"按钮;在弹出的"自定义图纸尺寸—介质边界"对话框中键入合适的尺寸大小。为方便起见,本方案锁定 A3 大小的长宽比,定尺寸大小为 4200×2970,如图 5-81 所示;单击"下一步"按钮,在"自定义图纸尺寸—图纸尺寸名"对话框的输入框中键入新名称,或单击"下一步"按钮以采用系统自动创建的图纸尺寸名;连续单击"下一步"两次,出现"自定义图纸尺寸—完成"对话框时单击"完成"按钮,便完成了图纸尺寸的自定义任务。

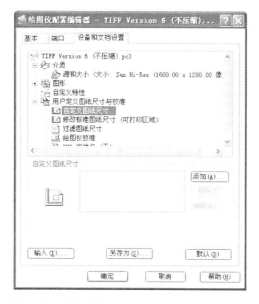

图 5-80　"绘图仪配置编辑器–TIFF Version 6(非压缩).pc3"对话框

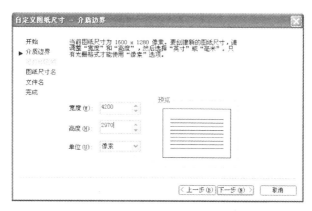

图 5-81　自定义图纸尺寸设置

（4）单击"绘图仪配置编辑器—TIFF Version 6（不压缩）. pc3"对话框中的"确定"按钮，返回到"打印—模型"对话框。在该对话框的图纸尺寸下拉列表中选择刚刚创建的图纸"用户 1（4200.00 × 2970.00 像素）"，如图 5-82 所示。

（5）在"打印区域"组合框的"打印范围（W）"下拉列表中选择合适的选项，一般可选择"窗口"选项。在之前未定义打印窗口时，将激活 CAD 图形窗口，通过鼠标框选定义一个矩形窗口后，返回到"打印—模型"对话框。

（6）在"打印比例"组合框中设定合适的比例。由于目前的总规彩图往往采用形象比例尺来标注，所以在打印时可不考虑打印比例问题，只要勾选"布满图纸"选项即可。

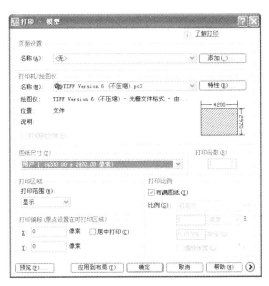

图 5-82　选择创建的图纸

（7）如无特殊要求，可以点选居中打印，以有效地利用页面。

（8）单击"预览"按钮，以预览方式查看打印的效果，来判断打印设置是否合理。若有诸如打印方向、样式等方面的设置问题，则重新设置后再执行预览功能，直至满意为止。

（9）完成上述设置以后，打印页面设置基本完成。单击"页面设置"组合框中的"添加"按钮，在弹出的"添加页面设置"对话框中的"新页面设置名"输入框中输入"总图要素光栅导出"，单击"确定"按钮；单击"应用到布局"按钮，以便后续的光栅打印任务能使用当前的打印设置。

配置完成后最终如图 5-83 所示。

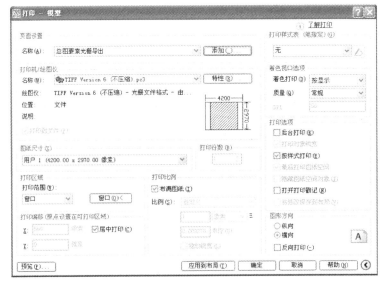

图 5-83　"打印—模型"的最终配置

（10）单击"确定"按钮，并对导出的 TIFF 文件进行文件名和导出路径的设置，单击"确定"按钮后，CAD 便启动光栅打印进程并将光栅文件保存到指定的路径下。图 5-84 是"H-R"图层打印为光栅图（TIFF 格式）后的效果。

图 5-84　居住色块 TIFF 格式光栅图

（11）采用"总图要素光栅导出"页面设置，逐层打印，直至导出所有需要用到的总图要素。

5.4.3　导入 PhotoShop 并后处理

输出的光栅图将在 PhotoShop 中进行后处理。以下列出几种常用的后处理操作。

1. 颜色调整

为美化图面效果，AutoCAD 中导出的某些用地色块的颜色还需要进一步在 PhotoShop 中进行调整。图 5-85 为光栅打印后的用地色块图。以居住用地色块为例，一种简单的颜色调整过程如下。

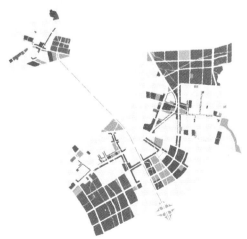

图 5-85　规划用地分层导入到 PhotoShop 中

177

（1）点击【图像】→【调整】→【替换颜色】，如图 5-86 所示，在"替换颜色"对话框的"选区"组合框中设定合适的"颜色容差"，容差值可设为 0。

图 5-86 "替换颜色"对话框设置

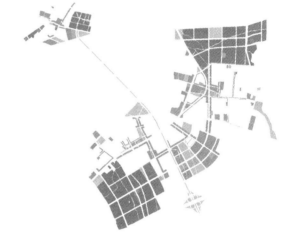

图 5-87 颜色调整后的居住用地及其他规划用地

（2）将鼠标移动至绘图窗口中，鼠标形状转换为，拾取欲替换的颜色（目标颜色）。

（3）在"替换"组合框中适当调节"色相"、"饱和度"、"明度"等滑动钮，替换颜色将显示在"色相"滑动钮的右侧。将居住色块颜色的明度值调整至 69，色相和饱和度不变。

（4）单击"确定"按钮以完成颜色的替换，结果如图 5-87 所示。

2. 背景去除

对于光栅图来说，有很大部分是背景区域，一般建议删除这些区域以减小 PSD 文件的大小，提高运行速度。可通过使用下拉菜单【选择】→【色彩范围】，选择背景色并设定"颜色容差"为 0，单击"确定"按钮便可选择所有具有背景色的区域，再按"Delete"键即可删除背景区域。

3. 图层效果添加

用户可通过图层混合选项的设置进一步改善图面效果，使画面更显层次感。例如，道路层往往被添加一定的"内阴影"效果，从而突出路网结构。具体操作如下：

按"F7"键弹出"图层"窗口，右击"道路层"，在右键弹出菜单中选择"混合"选项，在弹出的"图层样式"对话框的"样式"列表中钩选"内阴影"选项（见图 5-88），单击"确定"按钮完成图层效果的设置。

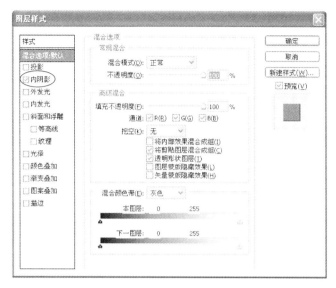

图 5-88　图层混合选项设置

进行 PhotoShop 后处理，最终得到如图 5-89 所示的规划总图。

图 5-89　经 PhotoShop 处理后得到的××市城市总体规划总图

5.4.4　打印注意事项

1. 打印图纸尺寸

若输出图纸的打印精度或图纸尺寸有特别要求时，应采用自定义图纸，以保证合适的图纸大小和长宽比例。在 PhotoShop 中进行后处理时，相关图像文件的像素宜在 2000～5000 内。像素过多时，图像处理速度明显变慢；像素过少则可能产生图片精度不够，打印时出现马赛克现象。

2. 分层打印

一般采用分层打印的方式输出各总图要素,得到相应的光栅图。分层是为了在 Photo-Shop 中的操作更加便捷,包括颜色的配置、用地性质的调整与修改。对图层的管理宜用 Express Tools 图层工具来实现。Express 相关图层工具对于图层设置较多的图纸来说,可以大大提高工作效率,用选择图形的方式快速地提取所要导出的一个或几个层,省去了在众多图层名称中寻找和选择的麻烦。

3. 打印区域

规划总图要素分层导出时应保证打印输出范围相同,以便于在 PhotoShop 中处理时各要素能准确叠加而不错位。要保证打印范围不更改,只要保证打印配置不更改就可以实现。但有时用户需要打印局部图形而更改打印配置,又或者由于定位坐标的更改而引起图形移动,使得打印范围出现变动,从而导致打印输出错误。建议保留好打印的范围框以避免上述错误的产生。

习 题 与 思 考

1. 规划总图中的图形要素有哪些?规划总图彩图对各类用地的用色有什么要求?

2. 在 CAD 规划总图中如何快速有效地汇总各类建设用地?

3. 如何将 CAD 图形的某个图层或若干图层上的图元输出为光栅图?

4. 绘制如图 5-90 所示的某县城总体规划图。

图 5-90　某县城总体规划图

(1) 可能使用的命令有:"直线"(**Line**)、"多段线"(**Pline**)、"偏移"(**Offset**)、"修剪"(**Trim**)、"移动"(**Move**)、"复制"(**Copy**)、"缩放"(**Scale**)、"阵列"(**Array**)、"编辑多段线"(**Pedit**)、"插入光栅图像"(**Imageattach**)、"插入块"(**Insert**)、"创建边界"(**Boundary**)、"填充"(**Bhatch**)。

(2) 绘制步骤提示:

① 打开:习题素材\第 5 章\某县城总规训练.dwg。为简化绘制,该文件已经提供了道

路中心线、风玫瑰和比例尺。

② 参考图 5-38 添加所需的图层。

③ 导入光栅地形图、河流以及规划范围线。该地形图位于：习题素材\第 5 章\某县城总规地形图.jpg；河流和规范范围线位于：素材库\某县城总规范围线及河道.dwg。地形图导入后按照图形文件中预先绘制在 0 层上的矩形线框缩放定位,而河道、范围线按坐标(0,0,0)点插入块。

④ 在"ROAD"图层上使用"偏移"命令绘制道路边界。道路的宽度可根据提供的道路中心线的颜色分为 4 个等级：紫色——36m,蓝色——24m,红色——20m,草绿色——16m。绘制结果如图 5-91 所示。

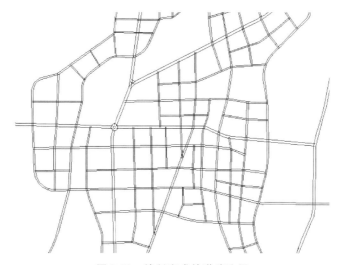

图 5-91　绘制完成的道路边界

⑤ 使用"修剪"、"打断"、"倒圆角"等命令,绘制道路交叉口,如图 5-92 所示。为简化绘制,暂取所有道路圆角半径为 20m,也可自行决定各种交叉口的倒圆半径。

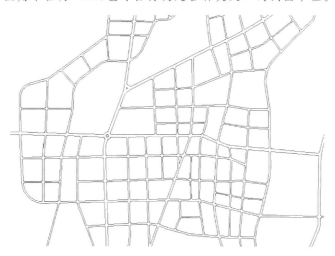

图 5-92　道路交叉口倒圆角

⑥ 绘制用地分割线,然后为各类用地生成面域,并计算用地平衡表,结果如图 5-93 所示。

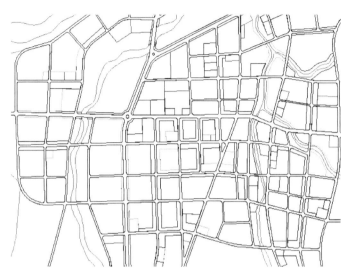

图 5-93 绘制完成的各地块面域

⑦ 给建设用地填充色块、标注文字,并绘制图例,最后调整图层顺序。至此基本完成绘制,图框等要素可在最后成图环节如 PhotoShop 或 CorelDraw 软件中制作。

第6章　城市控制性详细规划图绘制

根据城市规划的深化和管理的需要,一般应当编制控制性详细规划,以控制建设用地性质、使用强度和空间环境,作为城市规划管理的依据,并指导修建性详细规划的编制。在控制性详细规划图纸成果中,地块控制图则是其核心部分,是体现控制指标及要求的重要载体。本章将重点阐述如何利用 AutoCAD 2012 来高效地绘制地块控制图则,包括绘制的基本要点、所涉及的相关工具和命令,并将结合具体实例着重介绍该类图则的绘制方法和技巧。限于篇幅,关于“城市控制性详细规划”其他图件的绘制方法和技巧未作探讨。

6.1　概　　述

“城市控制性详细规划”,以下简称“控规”,是指市、区、县及镇人民政府根据城市(镇)各层次总体规划和地区经济、社会发展以及环境建设的目标,对土地使用性质和土地使用强度、空间环境、公共设施、公共管理与公共服务设施、商业服务业以及历史文化遗产保护等作出具体控制性规定的规划。一般地,“控规”应当包括下列内容:

(1)详细规定所规划范围内各类不同使用性质用地的界线,规定各类用地内适建、不适建或者有条件地允许建设的建筑类型。

(2)规定各地块建筑高度、建筑密度、容积率、绿地率等控制指标;规定交通出入口方位、停车泊位、建筑后退线距离、建筑间距等要求。

(3)提出各地块的建筑位置、体型、色彩等要求。

(4)确定各级支路的红线位置、控制点坐标和标高。

(5)根据规划容量,确定工程管线的走向、管径和工程设施的用地界线。

(6)制定相应的土地使用与建筑管理规定。

控规的成果包括文件和图纸,其中:

(1)控规文件包括规划文本和附件、规划说明及基础资料收入附件。规划文本中应当包括规划范围内土地使用及建筑管理规定。

(2)控规图纸包括规划地区现状图、控制性详细规划图纸。图纸比例为 1 : 1000～1 : 2000。

在控规图纸成果中,地块控制图则是其中的关键内容。一般地,地块控制图则分为总图图则和分图图则[①]。以下主要介绍地块控制图则的绘制流程、方法和技巧。

---

① 夏南凯,田宝江,控制性详细规划.上海:同济大学出版社,2005.

6.2 地块控制图则绘制的基本要点

➡ 6.2.1 地块控制图则的内容

对于地块控制图则中的总图图则,需要在现状地形图上绘制,便于规划内容与现状内容的对比。一般地,总图图则应表达以下内容:

(1) 地块的区位。

(2) 各地块的用地界线、编号。

(3) 规划用地性质、用地兼容性及主要控制指标。

(4) 公共配套设施、绿化区位置及范围,文物保护单位、历史街区的位置及保护范围。

(5) 道路红线、建筑后退线、建筑贴线率,道路的交叉点控制坐标、标高、转弯半径、公交站、停车场、禁止开口路段、人行过街地道和天桥等。

(6) 大型市政通道的地下及地上空间的控制要求,如高压线走廊、微波通道、地铁、飞行净空限制等。

(7) 其他对环境有特殊影响设施的卫生与安全防护距离和范围。

(8) 城市设计要点、注释。

分图图则是总图图则的细化,是控制性详细规划成果的具体体现。一般地,分图图则包括以下内容:

● 图形区:分图的图形显示区,系总图图则的一部分。

● 表格区:表明地块的各类用地指标。

● 导则区:显示控制导则。

● 区位示意区:表示分图地块的具体位置。

● 风玫瑰、指北针、比例尺。

● 图例区:各类控制线、基础设施等图面上有表达的并需要说明的对象。

● 图题图号区。

● 项目编制说明。

需要指出的是,在具体的规划设计实践中,总图图则不一定作为最终成果图件的一部分,并且通常被简化为地块指标图。考虑到上述情况,我们也将地块指标图纳入到地块控制图则中。利用地块指标图,设计人员可以明确图示地块内的各项控制指标。为保证图面清晰、重点突出,通常在地块指标图中仅标注关键的控制指标和地块信息,如地块编号、地块大小、地块容积率、用地性质等。另外,若事先绘制好总图图则并在总图图则上绘制分图图则,将起到事半功倍的效果。

➡ 6.2.2 地块控制指标类型

无论是地块指标图或分图图则均需明确表示地块的控制性指标。这些控制性指标一般可分为规定性指标和指导性指标两大类。其中,规定性指标(指令性)是指必须遵照执行不能随意改变的指标,包括:

（1）用地性质。地块土地利用的类别，应划分至中类，必要时须划分至小类。

（2）用地面积。指地块的净面积。

（3）容积率。建筑容积率指总建筑面积与建设用地面积的比值。图则中所提容积率一般为上限值，即须小于或等于。特殊情况，可定控制区间。

（4）绿地率。地块内各类绿地面积的总和与地块用地面积的比率（％）。图则中所提绿地率均为下限，即须大于或等于。

（5）建筑密度。建筑密度指一定地块内所有建筑物的投影面积总面积占建设用地面积的比率。图则中所提建筑密度均为上限值，即须小于或等于。

（6）建筑限高。地块内所有建筑物室外地坪起到其计算最高点不得超过的最大高度限值或最低点不得低于的最小高度比值。

（7）配套设施。指在地块内须配套建设的公共服务设施。

（8）禁止开口路段。地块周边禁止接向城市道路开设机动车出入口的路段。

（9）配建车位。地块内必须建设的与建设项目相配套的机动车停车位数。图则所提配建停车位数量为下限，即须大于或等于。

（10）机动车出入口方位。地块内允许出入口的方向和位置，一般一个地块设1～2个出入口，应尽量避免在城市主要道路上设置车辆出入口。

指导性指标（引导性）是指在一定条件下可以进行适度调整的指标，可视地块具体情况予以增减，必要时也可作为规定性控制指标提出，包括：

（1）建筑形式、体量、风格、色彩要求。指在必要时针对特定区域所作出的在建筑形式、体量、风格和色彩等方面的要求。

（2）居住人口。指在地块内的住宅和宿舍中居住的人口，不包括在旅馆等其他建筑中居住的人口。宿舍是提供学生或单身职工集体居住而不配置独立厨房的建筑物。图则中所提居住人口数量为允许居住的最大人口数量，即须小于或等于。

（3）其他环境要求。除上述两类指标之外，其他环境要求指必要时对地块所提出的特定环境要求，包括拆建比、绿化覆盖率、用地兼容控制等。

6.2.3 规划控制线

在地块控制图则中应当绘制规划控制线，这些控制线包括道路红线、河湖水面蓝线、城市绿化绿线、高压走廊黑线、文物古迹保护紫线、微波通道橙线等，具体参考表6-1。控制线应采用不同颜色或线型的线进行绘制以保证其能够被正确地辨识。

表6-1 各类规划控制线

线 形 名 称	线 形 作 用
红 线	道路用地和地块用地边界线
绿 线	生态、环境保护区域边界线
蓝 线	河流、水域用地边界线
紫 线	历史保护区域边界线

续表

线 形 名 称	线 形 作 用
黑　线	公共设施用地边界线
禁止机动车开口线	保证城市主要道路上的交通安全和畅通
机动车出入口方位线	建议地块出入口方位,利于疏导交通
建筑基底线	控制建筑体量、街景、立面
裙房控制线	控制裙房体量、用地环境、沿街面长度、街道公共空间
主体建筑控制线	延续景观道路界面、控制建筑体量、空间环境、沿街面长度、街道公共空间
建筑架空控制线	控制沿街界面连续性
广场控制线	提升地块环境的质量、完善城市空间体系
公共空间控制线	控制公共空间用地范围

6.2.4　地块控制图则的编制流程

由于总图图则通常简化为地块指标图,因而地块控制图则事实上包含地块指标图、总图图则①和分图图则。从绘制流程看,这三部分内容之间存在着明显的依赖关系。通常我们先绘制地块指标图;接着,以此为基础提取相应的规划要素如道路边界线、地块分割线等,进而通过添加必要的规划控制要素和相关标注得到总图图则;最后,将总图图则以外部引用的方式附着(插入)于分图中,根据分图的有效范围剪裁外部参照,并添加地块指标一览表、控制导则、图例等内容来完善分图,从而完成分图的绘制。当所有分图绘制完成后,地块控制图则也就编制完成。

1. 地块指标图的绘制

地块指标图的绘制包括以下几个步骤。

(1) 新建地块指标图文件。建议直接将地形图通过另存的方式保存为地块指标图文件,也可以在新建 DWG 文件后以缺省方式②插入地形图来实现。注意,地形图存在多个图层,需要将其合并到同一个图层,并进行适当的整理。

(2) 图层设置。添加必要的图层,包括现状要素、上层次规划要素、各类用地、图例图框等图层。图层配置规则请参考 5.2.5,也可以参阅绘制实例中的相关内容。

(3) 上层次相关规划信息导入。控规的上层次规划主要是指城市总体规划和城市分区规划,需要导入的信息主要有路网、地块边界及用地类型等。可用"写块"方式在相关图形文件中导出上层次规划信息,然后在地块控制图则中通过插入块的方式来导入上述信息。

(4) 用地细化和支路布置。在城市总体规划中,道路系统不可能细化到城市支路的深度,规划用地类型基本为大类,部分用地分到中类,因而在绘制地块控制图则时需要增加支

---

① 最后成图时,总图图则可不提供。因此,总图图则将作为绘制分图图则的中间环节。

② 插入点为(0,0,0),X、Y、Z 三个方向上的缩放比例均为 1。

路并将用地细分到小类。

支路的增加应按照合理划分地块的大小以及道路系统的相关要求进行。

（5）各类用地色块填充和面积量算。对各类用地进行色块填充，提取用地边界，并量算或查询各地块的面积。

（6）地块信息标注。在地块指标图中一般通过插入地块信息表实现地块信息的标注。表 6-2 为由地块编号、用地性质等 8 项控制指标所组成的样例表。其中，用地性质、用地面积为确定值；容积率、建筑密度、建筑限高为上限值；绿地率为下限值；配套设施为设计要求值。

表 6-2　地块信息样例表

某地块编号	
用地性质	用地面积
建筑密度	容积率
建筑限高	绿地率
配套设施控制	

（7）地块指标图后期的完善。需要制作图框、图例、指北针、比例尺，按照一般要求进行绘制即可。

2. 总图图则绘制

此阶段是地块指标图的深化，是进行分图图则制作的过渡阶段。

（1）导入地块指标图要素。用户可将地块指标图另存为"总图图则. dwg"，并删除图框、图例等装饰性或注释性内容及相应的图层；或者，通过写块命令将地块指标图中相关图层上的图形要素直接写入命名为"总图图则. dwg"的文件中。

（2）各类控制线绘制。绘制各类控制线，包括一般控制线和特定控制线。其中，一般控制线包括路缘石线、道路红线、地块分界线、机动车禁止开口线、建筑后退线，特定控制线包括河流、市政设施、历史保护区域。由于各个地块的性质不同，不同地块所需绘制的控制线的数量和类型会有较大的差异。另外，在绘制各类控制线时应注意选用合适的颜色线型、线型比例及线宽。

（3）各类指标标注。地块控制图则中常用的标注如下。

● 坐标标注：可采用插件以提高标注的效率，主要包括道路中心线交点坐标标注、地块分界线与道路红线交点坐标标注以及地块分界线之间的交点或者转折。

● 后退距离标注：包括绿化后退、建筑后退、河湖蓝线后退等。

● 其他标注：包括车行出入口、人行出入口、地块编号以及配套设施图标等。

3. 分图图则的绘制

分图图则和总图图则是局部和全局的关系。完成总图图则后，分图图则的绘制将变得相对简单。通过将总图图则作为外部参照引入分图图则，并通过适当裁剪外部参照便可完成分图图形区的绘制。此举不但能提高操作效率，减少重复操作，避免出现遗漏或差错，并使相邻分图图则保持图形要素的一致性。以下是分图图则的绘制流程。

（1）插入外部参照。首先，将总图图则中的地形、道路以及平面定位坐标等图层以写块的方式导出为"外部参照1.dwg"，用同样的方法将总图图则中的其余图层导出为"外部参照2.dwg"（包含规划控制线及标注等要素）。然后，新建一图形文件，以外部参照的方式导入上述两个dwg文件，并以"分图＋地块编号"的命名规则保存该文件。例如，对于地块A-01，图形文件命名为"分图A-01.dwg"。

（2）分图图形区和地块范围确定。一般情况下，各分图所覆盖的区域范围大小宜保持相对一致，并且主干路和次干路所围合的区域在分图中应保持完整性。道路围合区域的边界确定了地块范围，而分图图形区的范围则为包含此围合区域的矩形区域，其空间范围在该围合区域的外包矩形的基础上适度拓展。

（3）外部参照的剪裁。由于分图图则仅需显示总图图则的局部区域，因而所导入的外部参照需要剪裁才能满足图形显示的要求。剪裁方式如下：对于包含道路和地形要素的外部参照（外部参照1.dwg）以分图图形区范围进行剪裁，而包含规划控制要素的外部参照（外部参照2.dwg）则以地块范围界线进行剪裁。上述操作的主要目的是：突出当前分图图则所要表达的地块信息，剔除或不显示相邻分图的地块信息，同时又能保证道路网和地形的延续性。

（4）图框及相关内容的绘制与添加。在完成图形区的绘制后，继续添加地块控制指标一览表、区位示意图、控制导则、相关图例、比例尺、图题图号等要素。保存文件，完成第一个分图的绘制。

（5）其他分图图则的绘制。重复上述过程，完成其他图的绘制。

6.2.5 注意事项

1. 图层配置要求

在地块控制图则中，由于要素繁多，应特别注意合理设置和命名图层，具体可以考虑以下几个方面。

（1）需优先看到的图形要素层宜在图层名前冠以"0"，以保证这些层始终处于图层列表的顶部，如地形图所在的图层命名为"0-dx"。

（2）图层应具有明确的分层体系，宜将特性或用途相似的图形要素层分布在相近的命名区域。例如，居住用地所在的图层的名称均以"R"为首字母，在"图层"工具栏的下拉列表或在"图层特性管理器"的图层列表中键入"R"，就可以迅速地找到各居住用地所在的图层。

（3）图层名应简洁明了，方便不同专业背景的人士理解图层的含义。通常各类用地以"英文首字母＋阿拉伯数字"命名，为方便非规划专业的人员正确阅读图层，可在图层名称后面加中文名称，如将一类居住用地命名为"R1一类居住"。

（4）控规图纸通常具有多种线要素，为明晰地辨识各类线状要素，应当注意准确配置图层的色彩、线型等属性。

2. 地块编号标准

地块编号或地块标识符主要根据道路等级及内部地块分割的要求来确定，一个区块内的编号宜连续，尽量不要产生序号穿插的情况，但同时也需要兼顾地块的连续性、开发潜力及基层行政管辖界限。通常，地块标识符由两个或三个要素组成，要素间以"-"符进行连接，如编号为"A-01-01"的地块,其中:第一个要素为城市主干路围合用地区块的标识号,以英文字母进行标识;第二个要素为次干路与主干路或者次干路围合地块的标识号,以数字进行标识;第三个要素为支路及地块分割线划分后的地块标识符,以数字进行标识,当地块较少时可以只用前两个要素。

3. 地块信息表

由于总图图则所表达的信息过多,打印成图后使用者通常难以正确阅读。因而,通常需要抽取主要的控制指标制作地块信息表,进而编制地块指标图,以便使用者能在整个规划地区范围的层面上了解各地块的主要控制指标。地块信息表中需要反映的主要控制指标可包括地块编号、用地类型(小类)、用地面积、容积率等。

4. 统一图幅规格

分图范围宜按照主干路和次干路所围合的地块来确定,分图范围不宜过大,也不宜过小。若分图范围过小,易造成图纸过多而浪费资源,也不利于图纸的快速查找;若分图范围过大,则可能无法按 1∶1000 或者 1∶2000 打印输出。当个别分图范围较大时,若要保持同样的打印比例,可采用形象比例尺,并缩放图形范围以适应统一的图框大小。

5. 图面要求

除了一般的城市规划图图面要求外,控规图件绘制时还应满足以下要求。

(1)图面清晰。避免各类控制线和标注的杂乱或叠加,保证打印效果。

(2)指标完整。地块控制图则所含要素较多,需要反复核查,避免出现指标缺失的情况。

(3)线型明确。地块控制图则涉及较多的控制线,不同的控制线在图面表达上应有明确的区分。

6.3　相关绘图工具和命令

6.3.1　外部参照

在系列规划设计图中,某些图形作为公共要素将用于大多数设计图中,如地形、等高线、道路等。为确保在系列图纸中这些公共要素能保持一致,将其作为外部参照引入系列设计图中不失为一个很好的解决方案。将包含公共要素的图形文件作为外部参照附着时,会将公共要素链接到当前图形中并显示出来。

作为一种块定义类型,外部参照与块类似,但是又不同于块。将图形作为块参照插入时,它存储在图形中,但并不随原始图形的改变而更新。将图形作为外部参照附着后,对参照图形所做的任何修改都会显示在当前图形中。

用户既可以附着外部参照,也可以绑定外部参照,绑定后的外部参照事实上就是一般意义上的块,它成为当前图形文件的一部分,并且其与源文件——参照图形的链接被断开,参照图形所做的任何修改将不再显示在当前图形中。因而,一般情况下我们并不推荐绑定外部参照。除此之外,外部参照还可以嵌套在其他外部参照中,既可以附着包含其他外部参照的外部参照,也可以覆盖图形中的外部参照,但这两类参照方式并不常用。因而,仅着重介绍附着外部参照的使用。

1. 附着外部参照

(1) 操作步骤。附着外部参照需要首先插入外部参照,可使用以下任一方式插入外部参照:

- 下拉菜单:【插入】→【DWG 参照】。
- 工具栏按钮:"参照"工具栏之 按钮。
- 命令行:*xattach*。

激活该命令后,进行如下操作:

- 在弹出的"选择参照文件"对话框(见图 6-1)中选择要附着的文件,单击"打开"。

图 6-1 "选择参照文件"对话框

- 在弹出的"外部参照"对话框(见图 6-2)的"参照类型"组合框中,单击"附着型"单选钮。

图 6-2 插入"外部参照"对话框

● 在同一对话框中通过直接在输入框中输入值来指定插入点、缩放比例和旋转角度,或勾选"在屏幕上指定"以使用鼠标来指定上述值。

● 单击"确定"完成附着外部参照。

外部参照附着到图形时,AutoCAD 应用程序窗口的右下角(状态栏托盘)将显示一个外部参照图标 。

(2)插入"外部参照"对话框。图 6-2 中对话框的各选项的含义或用法如下。

● 名称。附着一个外部参照后,此外部参照的名称将作为当前选择项置于此下拉框列表中。

● 浏览。点按此钮将显示"选择参照文件"对话框,通过选择不同的图形文件,用户可以为当前图形添加不同的外部参照。

● 参照类型。此组合框用于指定外部参照是"附加型"还是"覆盖型"。单击"附加型"单选框时外部参照为附加型,否则为"覆盖型"。

● 路径类型。在此下拉框中指定外部参照的保存路径是完整路径、相对路径,还是无路径。将路径类型设置为"相对路径"之前,必须保存当前图形。若参照的图形位于另一个本地磁盘驱动器或网络服务器上,"相对路径"选项不可用。

● 位置。此文本标签显示找到的外部参照的路径。若没有为外部参照保存路径或在指定路径下未能找到外部参照,AutoCAD 将按照以下顺序搜索外部参照:① 当前编辑图形的文件夹 ;② 在"选项"对话框的"文件"选项卡以及 **Projectname** 系统变量中定义的工程搜索路径;③ 在"选项"对话框的"文件"选项卡上定义的支持搜索路径;④ AutoCAD 应用程序快捷方式中所指定的"起始位置"所指定的文件夹。

● 保存路径。显示用于定位外部参照的保存路径,可能是绝对路径,也可能是相对路径或无路径,这取决于"路径类型"下拉框中的设置。

"插入点"、"比例"、"旋转"和"块单位"的设置同"块",可参考"块"的相关内容。

(3)注意事项。为正确使用外部参照,附着外部参照的图形文件(宿主文件)和外部参照源文件(源文件)之间需要统一。

● 插入单位。分别打开宿主文件与源文件,使用下拉菜单【格式】→【单位】,打开"图形单位"对话框,查看"用于缩放插入内容的单位"列表中的当前选项(见图 6-3),当宿主文件与源文件的当前选项不一致时,在宿主文件中附着外部参照后会导致参照图形的缩放。

● 全局比例因子。使用下拉菜单【格式】→【线型】,弹出"线型管理器",单击"显示细节",将显示全局比例因子选项(见图6-4)。当宿主文件与源文件的此选项不一

图 6-3 "图形单位"对话框

致时,会出现所附着的外部参照无法正常显示线型的问题。

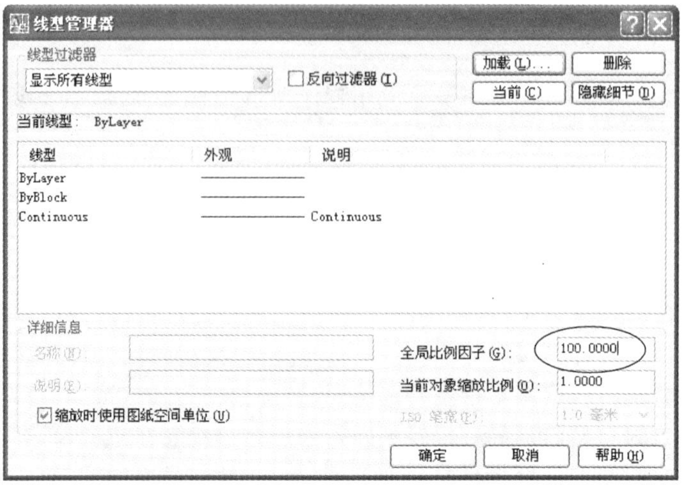

图 6-4　线型全局比例因子修改

2. 外部参照管理器

利用外部参照管理器,用户可以附着、覆盖、列出、绑定、拆离、重载、卸载和重命名当前(或宿主)图形中的外部参照以及修改其路径。

用户可使用以下任意一种方式激活外部参照管理器:

(1) 下拉菜单:【插入】→【DWG 参照】。

(2) 工具栏按钮:"参照"工具栏之 按钮。

(3) 快捷菜单:选择外部参照,在绘图区域右击鼠标,然后选择"外部参照"菜单项。

(4) 命令行:*xref*。

如图 6-5 所示为附加了名为"1-DX"的外部参照后的外部参照管理器,该管理器各个选项的含义或用法如下。

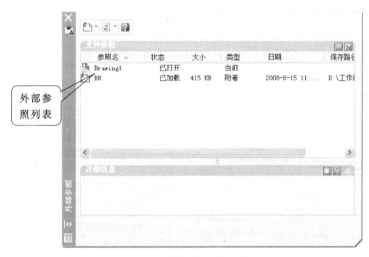

图 6-5　外部参照管理器

● 外部参照列表。AutoCAD 采用列表图🔲或🖼️树状图显示图形中的外部参照,缺省情况下采用前者。当采用列表图方式时,AutoCAD 以无层次列表的形式显示附着的外部参照及其属性,列表中各字段的含义及属性值如下:

① 参照名:列出存储在图形定义表中外部参照的名称。

② 状态:显示外部参照的状态,可能的状态有已加载、已卸载、未找到、未融入、已孤立、卸载或重载。各状态的含义如下:

a. 已加载:参照图形附着到当前图形中。

b. 已卸载:参照图形卸载于当前图形。

c. 未找到:在有效搜索路径中不再存在。

d. 未融入:无法由程序读取。

e. 已孤立:已附着到其他未融入或未找到的外部参照。

③ 大小:显示相应参照图形的文件大小。如果外部参照被卸载、未找到或未融入,则不显示其大小。

④ 类型:指示该外部参照是附着型还是覆盖型。

⑤ 日期:显示关联的图形的最后修改日期。如果外部参照被卸载、未找到或未融入,则不显示此日期。

⑥ 保存路径:显示相关联外部参照的保存路径(不一定是找到此外部参照的路径)。

当点击🖼️图标时,AutoCAD 将采用树状图以层次结构图的方式显示当前图形中的外部参照,在该图中将显示附着外部参照的嵌套关系层次、外部参照的类型(附着型还是覆盖型)以及它们的状态(已加载、已卸载、标记为重载或卸载、未找到或未融入)等信息。

当外部参照列表中的外部参照处于被选中状态时右击,将显示如图 6-6 所示的快捷菜单。

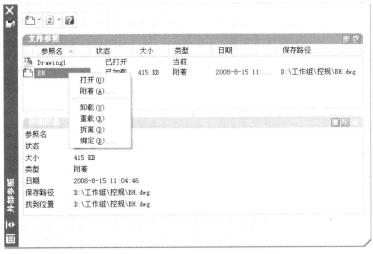

图 6-6 外部参照快捷菜单

● 打开。选中该命令将在新建窗口中打开选定的外部参照并进行编辑,"外部参照管理器"关闭后即显示上述编辑窗口。

● 附着。选中该命令将显示"外部参照"对话框;若无任何外部参照被选中,将显示"选择参照文件"对话框。

● 卸载。选中该命令将卸载一个或多个外部参照。已卸载的外部参照可以很方便地重新加载。与拆离不同,卸载不是永久地删除外部参照,它仅仅是不显示和重新生成外部参照定义,这有助于提高当前应用程序的工作效率。

● 重载。选中该命令将一个或多个外部参照标记为"重载",AutoCAD 重新读取外部参照并显示最新保存的图形版本。

● 拆离。选中该命令将拆离列表中被选中的一个或多个外部参照,这些外部参照的所有实例将从当前图形定义表中清除,继而外部参照定义被删除。需要指出的是,只能拆离直接附着或覆盖到当前图形中的外部参照,而不能拆离嵌套的外部参照,也无法拆离由另一外部参照引用的外部参照。

● 绑定。选中该命令将显示"绑定外部参照"对话框,绑定后的外部参照成为当前图形的一部分。

外部参照列表下面是详细信息组合框。其中大部分内容与外部参照列表中的信息相同,但多了一个"找到位置"。此组合框显示当前选定外部参照的完整路径。这个路径是实际能够找到外部参照的路径,它不必和保存路径相同。单击该路径,在输入框右边会出现图标,单击该图标,将显示"选择新路径"对话框(标准文件选择对话框),从中可以选择其他路径或文件名。

3. 外部参照的剪裁

正如前面所提及的那样,当我们在控规分图中仅需显示总图图则的局部图形,而又希望每一个分图总是能显示总图图则的最新版本时,可将总图图则作为外部参照引入分图,并剪裁总图图则以显示所需显示的局部图形。上述操作将明显提高绘图效率并减少差错。

定义外部参照的剪裁边界后,所附着的外部参照仅显示边界内部的图形,而边界外部的图形则不可见。需要指出的是,外部参照的图形本身并没有改变,只是改变了其在当前图形中的显示区域。

经过剪裁的外部参照可以像未剪裁过的外部参照一样进行编辑、移动或复制。边界将与外部参照一起移动。如果外部参照包含嵌套的剪裁外部参照,它们将在图形中显示剪裁效果。另外,若用户希望看到剪裁边界,可以将 **Xclipframe** 系统变量设置为 1,此时剪裁边框将被显示,否则将该变量设置为缺省值 0。

(1)操作步骤。使用以下任意一种方式激活外部参照剪裁命令:

● 下拉菜单:【修改】→【剪裁】→【外部参照】。

● 命令行:*xclip*。

为一个外部参照定义一个新的矩形边界的操作步骤如下:

命令:*xclip*

选择对象:找到 1 个

选择对象:↙　　　　　　　　　　　　　　　　　　　　　　　(选取外部参照)

输入剪裁选项

［开(ON)/关(OFF)/剪裁深度(C)/删除(D)/生成多段线(P)/新建边界(N)］＜新建边界＞：↙

指定剪裁边界或选择反向选项：

［选择多段线(S)/多边形(P)/矩形(R)/反向剪裁(I)］＜矩形＞：↙

指定第一个角点：指定对角点：　　　　　　　　　　　　　　　　**(指定矩形的两个角点)**

(2) 命令选项。外部参照剪裁涉及两大类选项,即"剪裁"选项与边界选项。

● 剪裁选项,包括：

① 开(ON)：剪裁外部参照若剪裁边界已定义。

② 关(OFF)：不剪裁外部参照即使已定义剪裁边界。

③ 剪裁深度(C)：在定义外部参照的剪裁边界后此选项才有效,剪裁深度总是按剪裁边界的法向计算。通过此选项,用户可设置外部参照的前后剪裁平面。此选项主要应用于三维图形的剪裁。

④ 删除(D)：删除剪裁边界。

⑤ 生成多段线(P)：根据所定义的边界的顶点生成多段线。

⑥ 新建边界(N)：定义新的剪裁边界。

● 边界选项,包括：

① 多段线(S)：指定剪裁边界为多段线,AutoCAD 将进一步提示用户选择二维多段线对象,它们可以是直线段、圆弧或样条曲线构成的二维多段线。在创建剪裁边界时多段线中的圆弧将被转换为建直线段,而开放的多段线将被当作封闭多段线来处理。

② 多边形(P)：指定剪裁边界为多边形,AutoCAD 将进一步提示输入定义多边形的各个顶点。特别地,在将多边形剪裁用于外部参照图形中的图像时,剪裁边界应用于多边形边界的矩形范围内,而不是用在多边形自身范围内。

③ 矩形(R)：指定剪裁边界为矩形,AutoCAD 将进而提示输入窗口角点的坐标以确定用于剪裁的矩形边界。

④ 反向剪裁(I)：指定剪裁的模式,若是内部模式,边界内的对象将被隐藏,若是外部模式,则边界外的对象将被隐藏。

6.3.2　加载应用程序

随着 AutoCAD 的日益普及,在该平台上进行二次开发的工具也相继由 Autodesk 公司推出。迄今为止,Autodesk 公司提供了四种主要的二次开发工具：AutoLISP (VisualLISP)、ADS、ObjectARX 及 VBA(VB)。其中,AutoLISP 基于简单易学而又功能强大的 LISP 编程语言。由于 AutoCAD 具有内置 LISP 解释器,因此用户可以在命令行中输入 AutoLISP 代码,或从外部文件加载 AutoLISP 代码,以执行某些定制的功能。通过创建 AutoLISP 例程或应用程序,用户可以向 AutoCAD 添加专用命令。实际上,某些标准 AutoCAD 命令就是 AutoLISP 应用程序。

在控规图件编制过程中,直接使用 AutoCAD 的坐标标注功能来实现平面定位坐标的标注,将是一个十分繁琐的过程。通过加载经定制的坐标标注应用程序,平面定位坐标的标注就变得异常的轻松和简单。以下将以加载 AutoLISP 应用程序"坐标标注.lsp"为例介绍

如何在 AutoCAD 平台中加载应用程序,大致过程如下:

(1) 使用菜单方式【工具】→【加载应用程序】,或直接在命令行键入"*appload*"。

(2) 在弹出的"加载/卸载应用程序"对话框(见图 6-7)中将应用程序"坐标标注.lsp"所在的文件夹置为当前文件夹,选择应用程序文件。

图 6-7　加载/卸载应用程序

(3) 点击"加载(L)"按钮,并点按"关闭"按钮。

加载应用程序后,通常会在命令行中提示如何使用该应用程序。用户也可以用写字板程序直接打开"坐标标注.lsp",在程序起始处有类似于"defun c:function ()"之类的语句,其中"defun c:"后的函数名 function 即为可以直接在命令行中直接运行的 CAD 命令,前提是此程序已经加载到 AutoCAD 中。

6.3.3　设置与创建表格

表格是在行和列中包含数据的对象。在控制性详细规划中,不论地块指标图还是分图图则都涉及表格,如地块指标图中的"地块信息表"、分图图则中的"控制指标一览表"等。不同的规划图对表格有不同的要求,AutoCAD 2012 自带的表格系统很好地解决了表格创建和修改的问题,为用户绘制表格带来很大的便利。

创建表格对象时,首先创建一个空表格,然后在表格的单元中添加内容。表格创建完成后,用户可以单击该表格上的任意网格线以选中该表格,然后通过使用"特性"选项板或夹点(表格控制点)来修改表格的外观,或双击单元格来修改其中的内容。

1. 创建表格

创建一个空表格的步骤如下:

(1) 采用以下任意一种方式激活"插入表格"命令。

● 下拉菜单:【绘图】→【表格】。

● 工具按钮：单击"绘图"工具栏之 按钮。

● 命令行：*table*。

（2）弹出"插入表格"对话框（见图 6-8）后，在"表格样式"下拉框中选择一个表格样式。若需创建一个新的表格样式，单击下拉框右侧的 按钮，在弹出的"表格样式"对话框（见图 6-9）中单击"新建"按钮。

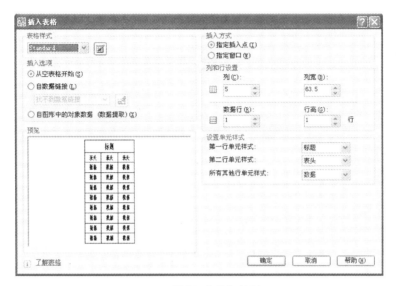

图 6-8 "插入表格"对话框

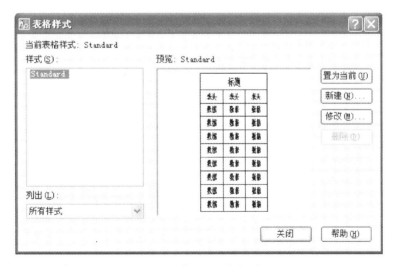

图 6-9 "表格样式"对话框

（3）在"插入方式"组合框中选择"指定插入点"或"指定窗口"以指定插入方式。

（4）设置列数和列宽。若使用"指定窗口"插入方式，用户不能同时设置列数和列宽，而只能设置其中的一项。

（5）设置行数和行高。若使用"指定窗口"插入方式，用户不能同时设置数据行和行高，而只能设置其中的一项。

（6）单击"确定"按钮完成空表的创建。

2. 创建或设置表格样式

表格的外观由表格样式控制。用户可以使用默认的"Standard"表格样式，或创建自己的表格样式。

在默认的"Standard"表格样式中，自上而下，表格第一行是标题行，由文字居中的合并单元行组成，第二行是列标题行，其他行都是数据行。用户可以设定仅使用标题行和数据行，或仅使用列标题行和数据行，甚至仅使用数据行。用户也可以为标题行、列标题行和数据行的文字和网格线指定不同的样式、对齐方式和外观。

新建表格样式的步骤如下：

（1）使用菜单命令【格式】→【表格样式】。

（2）弹出"表格样式"对话框（见图 6-9）后，单

击此对话框的"新建"按钮。

（3）在弹出的"创建新的表格样式"对话框（见

图 6-10）中输入新的表格样式的名称，在"基础样

式"中选择一个表格样式为新的表格样式提供默认

图 6-10 "创建新的表格样式"对话框

设置，单击"继续"。

（4）在弹出的对话框（见图 6-11）中为整个表格作如下设置：

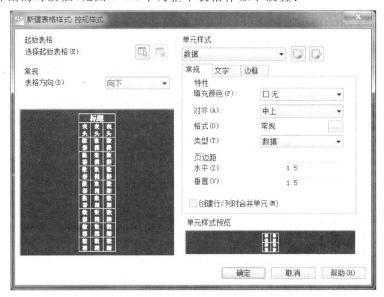

图 6-11 "新建表格样式：控规样式"对话框

● 在"起始表格"组合框中单击 ，可以在图形中指定一个表格用作样例设置此表格样式的格式。选择表格后，可以指定要从该表格复制到表格样式的结构和内容。使用"删除表格"图标 ，可以将表格从当前指定的表格样式中删除。

● 在"常规"组合框中的"表格方向"下拉框中选择"向上"或"向下"选项。其中，选择"向

上"选项将创建由下而上读取的表格,标题行和列标题行都在表格的底部;选择"向下"选项则反之。

（5）单元样式包括数据、标题、表头三类。表格样式的设置通过分别为这三类单元样式指定基本特性、文字特性和边框特性来完成。

（6）常规选项卡中,可以设置单元的填充颜色、对齐方式、格式、类型、页边距等特性。

（7）文字选项卡中,可以设置单元的文字样式、文字高度、文字颜色、文字角度等特性。注意:若选定的文字样式指定了固定的文字高度,则"文字高度"选项不可用。

（8）边框选项卡中,可以设置单元边框、外部边框、内部边框的外观以及网格线宽、颜色和线型等。

（9）单击"单元样式"下拉列表右侧的 按钮,可以创建新的单元样式。

（10）任何时候,都可以通过单击"'管理单元样式'对话框" 按钮,来对现有的单元样式进行管理,包括新建、重命名和删除操作。

（11）完成表格样式设置后,单击"确定"退出"新建表格样式"对话框。

使用下拉菜单【格式】→【表格样式】,在弹出的"表格样式"对话框左侧的"样式"列表中选择已有样式,单击"修改"按钮,在弹出的对话框中进行上述步骤（4）至（11）,便可实现对已有表格样式的修改。

3. 表格内容添加

表格单元中的数据可以是文字、块或者字段,添加这三类要素的操作如下:

（1）添加文字。创建表格后,会亮显第一个单元,当显示"文字格式"工具栏时便可以开始输入文字,如图 6-12 所示。当然,也可以通过单击或双击单元进行文字输入。文字输入时,单元格的行高会加大以适应输入文字的行数。某单元格文字输入完毕后,按"Tab"键或使用箭头键向左、向右、向上和向下移动,就可以转移到另一个单元格中,并继续进行文字输入,字体格式及设置为缺省的配置值。另外,用户还可通过右键弹出菜单,利用复制、粘贴等方式输入文字。

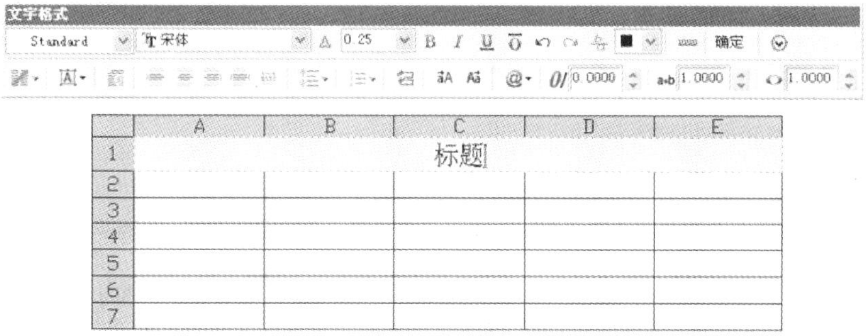

图 6-12　文字输入

（2）添加块。通过选中单元格的右键弹出菜单中单击"插入点"→"块…"选项,或在命令行键入"*tinsert*"并拾取需要插入块的单元,弹出"在表格单元中插入块"对话框（见图 6-13）后,对其进行相应的设置便可以实现在选中单元格中插入块的操作。具体过程如下：

● 在"名称"下拉框中选择需要插入的块名。当需要将外部文件作为块插入时，单击右侧的"浏览"按钮，并选择相应的图形文件。

● 在"比例"输入框中指定块的比例。为使块能适应选定单元的大小，勾选"自动调整"选项。

● 在"旋转角度"输入框中指定块的旋转角度。

● 在"全局单元对齐"下拉框中选择合适的对齐方式。

● 点击"确定"完成块的添加。

图 6-13 "在表格单元中插入块"的对话框

（3）添加字段。字段是包含说明的文字，这些说明用于显示可能会在图形生命周期中修改的数据。双击表格单元以编辑之，在右键弹出的快捷菜单中选择"插入字段"，在弹出的"字段"对话框中选择所需添加的字段，即可完成添加字段操作。

4. 表格的转换

对于经常使用 Excel 软件的用户，若能将 Excel 工作表数据直接转换为 AutoCAD 表格将会提高工作效率，AutoCAD 就提供了这样的数据交换功能。将 Excel 表格转换为 AutoCAD 表格的具体操作步骤如下：

（1）在 Excel 中选择并复制需要导入的表格。

（2）在 AutoCAD 2012 中使用菜单命令【编辑】→【选择性粘贴】或直接键入"*pastespec*"。

（3）在弹出的"选择型粘贴"对话框的"作为"下拉列表框中选择"AutoCAD 图元"选项。

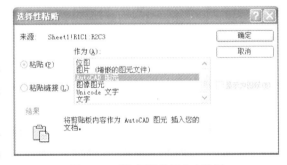

（5）单击确定后，Excel 的表格就转换为 AutoCAD 表格图元，并可根据需要对表格进行相应的调整和修改。

如果需要的话，也可通过 Tableexport 命令将 AutoCAD 的表格输出为 Excel可以打开的".csv"格式文件。

图 6-14 "选择性粘贴"对话框

6.4 地块控制图则绘制实例

下面以具体实例分别介绍"地块指标图"、"总图图则"和"分图图则"的绘制方法和技巧。

6.4.1 地块指标图绘制

1. 新建地块指标图文件

一般地，我们在原始地形图的基础上绘制地块指标图。直接获取地形要素的简便方法是打开地形图文件，将其另存为"地块指标图"。原始地形图通常由测绘部门测量成图，这些测绘地形图一般包含很多图层，为方便操作，需要将其合并到一个图层上。合并过程如下：

（1）新建名称"0-dx"图层，用来存放所有地形要素，设置图层颜色为 254。

（2）使用"Ctrl＋a"键全选图形后，单击"图层工具栏"，在弹出的"图层"下拉列表中点击"0-dx"，所有图形被转移到"0-dx"层。

（3）使用 **Purge** 命令清理无用的图层、块及样式等，以减小文件容量，加快文件操作速度。

上述合并过程中会遇到一些的问题，相应的解决办法如下：如遇到无法移动的图形，检查所在图层是否被锁定；如发现有颜色与图层颜色不一致的图形，应检查图形的颜色是否为随层颜色，如果是因为块的原因而导致部分地形要素无法具有随层特性，可重定义这些块或将其分解后再转移到地形图层。

为方便距离的查询或面积的量算，应确保地形图中各要素"Z"坐标或者标高为 0。用户可通过激活"特性"面板来修改图形的 Z 坐标。

2．图层设置

在绘制各类规划要素前，事先设置好相关图层。通过键入"*la*"激活"图层"（**Layer**）命令，按照前面所述的图层设置原则在弹出的"图层特性管理器"添加必要的图层并作相应的设置，完成设置后的图层列表如图 6-15 所示。

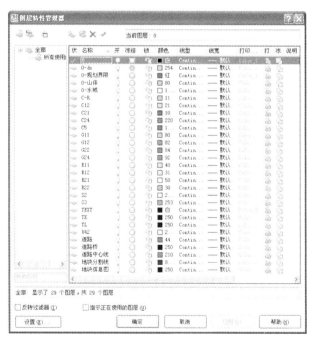

图 6-15　添加和设置图层

3．相关规划信息导入

打开上层次规划图，在打开道路边界、道路中心线、规划用地以及水面要素等图层的同时，冻结其他图层，在命令行键入"Ctrl＋a"选择所有未被冻结的图形，在命令行键入"*w*"激活"写块"（**Wblock**）命令，将所选的要素按缺省基点坐标（0,0,0）输出为"规划信息.dwg"。

接着,将焦点切换到"地块指标图.dwg"所在的视窗,在命令行键入"*i*"激活"插入块"(**Insert**)命令,令插入点为(0,0,0),勾选"分解"复选框,将"规划信息.dwg"插入到当前图形文件。

4. 地块细化

在规划范围内按需适当增加支路,并细化用地。在控规图纸中,用地分类应分到小类,有关城市用地分类的相关内容请参考《城市用地分类与规划建设用地标准(GB50137—2011)》。支路和地块分割线的绘制,请参考"城市总体规划图绘制"中的相关内容。如图6-16所示为细化后的地块图,其中虚线表示规划用地范围,而道路围合地块内部的直线段或多段线为地块分割线。

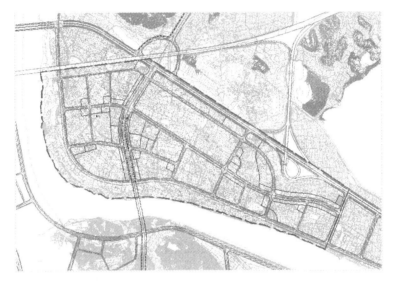

图 6-16 添加支路、用地边界和河流等要素

5. 各类用地色块填充

当地块边界确定后,便可以填充用地色块。以居住用地 R21 为例,使用下拉菜单【工具】→【图层工具】→【图层隔离】或在命令行键入"*layiso*",在快速打开道路、河流及地块分割线所在的三个图层的同时,冻结其他图层,单击"图层"工具栏的下拉按钮,在下拉列表中选择"R21"图层,令其为当前层。键入"*h*"激活"填充"(**Hatch**)命令,在弹出的"图案填充和渐变色"对话框中作如图 6-17 所示的配置,单击"添加:拾取点"按钮,依次点击用地类型为 R21 的各地块的内部,单击"确定"按钮以完成填充操作。用同样的方法,填充其他各类用地,获得如图 6-18 所示的结果。

在图案填充时,特别注意勾选"图案填充和渐变色"对话框中的"保留边界为多段线"与"关联"两个选项。前一个选项便于快速得到单个地块的用地面积,后一个选项使地块边界和填充图案之间形成关联,即当边界变化时填充图案的范围自动调整到新的边界。经过以上操作,面积查询就变得简便易行:使用 **List** 命令,并选择地块的多段线边界,便可查询地块的面积;若某一用地类型的色块填充一次完成,激活 **List** 命令将显示该类用地的总面积。

图 6-17　图案填充选项设置

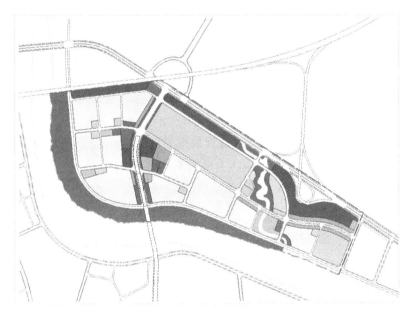

图 6-18　各类用地色块填充

6. 地块信息标注

　　为方便叙述,本例中的地块信息表包含地块编号、用地性质和用地面积三项内容。在实际的应用中,用户可根据需要增减项所含的项目。

　　以 A-03-01 地块为例,该地块的用地性质为 R21,用地面积为 $3.15hm^2$,相应的地块信息表制作过程如下:

（1）键入"**tb**"激活"插入表格"对话框。由于我们只需创建一个 3×1（三行一列）表格，且不需要标题行和列标题行，因而在"数据行"输入框中键入"**3**"，在"列"输入框中键入"**1**"，并设置合适的列宽；将"第一行单元样式"和"第二行单元样式"后面的下拉列表均设置为"数据"，如图 6-19 所示。

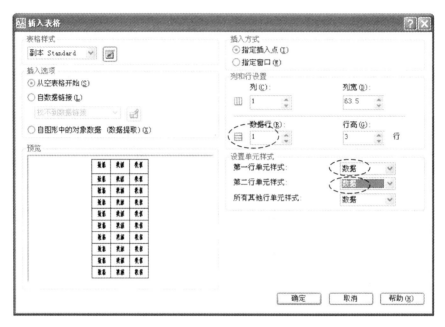

图 6-19　"插入表格"对话框

（2）单击 进入"表格样式"对话框。单击"修改"按钮对所选表格样式进行修改。在"单元样式"下拉列表中选择"数据"，按需对基本、文字和边框特性进行设置。

（3）表格创建完毕后，可以根据需要通过拖拽表格控制点来调整行、列乃至单元格的大小，按需利用上述表格样式或者特性面板来调整字体的大小。

（4）表格背景色填充。选择第一个单元，使用"Ctrl+1"组合键激活单元的"特性"面板，面板中各个选项如图 6-20 所示。单击"背景填充"栏，单击"选择颜色"，在"真彩色"选项卡的"颜色 C"组合框输入"204，204，204"，设为背景色。利用同样的方法将第二个单元的背景色设置为"232，232，232"。

（5）选择信息表，在命令行键入"**co**"激活"复制"命令，进行多个信息表的复制。

（6）表格信息录入。分别双击表格的第一个和第二个单元，分别键入"A-03-01"和"R21"以录入地块编号和用地类型。选择地块边界，激活 **List** 命令，AutoCAD 列表显示被选地块边界的信息，获取其中的面积值，并将其填入第三个单元中。如图 6-21 所示为查询地块 A-03-01 时的列表信息。为避免误操作，可暂时关闭除各类用地和地块信息层（表格所在的图层）之外的其他图层。

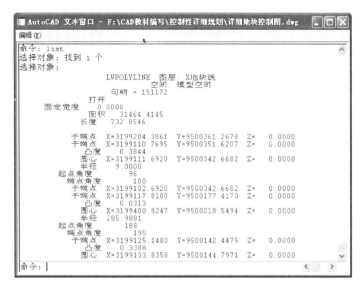

图 6-20　单元特性面板　　　　　图 6-21　使用 List 查询地块面积

用上述方法录入所有地块信息表。图 6-22 为局部地块指标图。

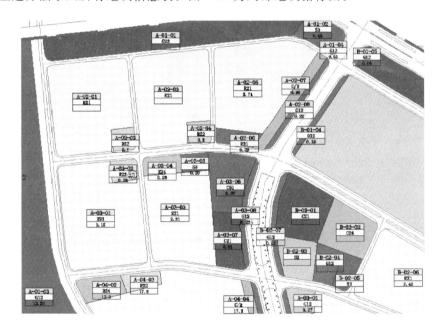

图 6-22　局部地块指标图

7. 后期完善

添加图框、图例、指北针、比例尺等要素，请参考"城市总体规划图绘制"这一章的相关内容。添加上述要素后的地块指标图如图 6-23 所示。

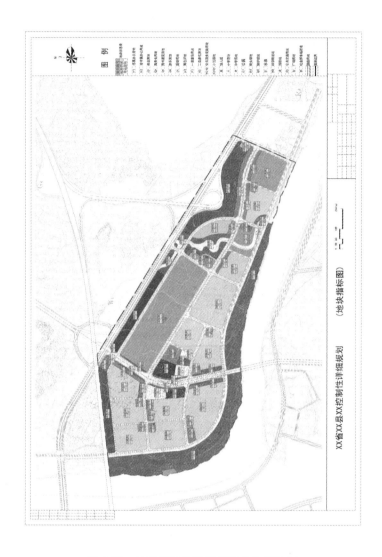

图 6-23　××控制性详细规划地块指标图

　　总体来说,控制性详细规划的地块指标图绘制相对简单。从绘制流程看,"图层设置"、"地块细化"、"各类用地色块填充"和"后期完善"等环节与总体规划图绘制的相关环节类似,两者在绘制方法和技巧上可相互借鉴。

6.4.2　总图图则绘制

1. 新建总图图则

　　首先,打开"地块指标图. dwg",键入"*la*"命令激活"图层"(**Layer**)命令,打开道路边界、道路中心线、地形、河流水系、地块分割线、规划用地要素等图层的同时,冻结其他图层。

　　接着,使用"Ctrl+a"全选所显示的所有图形,在命令行键入"*w*"激活"写块"(**Wblock**)命令,以坐标(0,0,0)为基点,将所选图形输出为"总图图则. dwg"。

2. 各类控制线绘制

（1）图层配置。打开"总图图则.dwg"，添加各类保存控制线的图层。所有的控制线图层名前冠以"×"，如×地块线、×建筑后退红线、×禁止开口线等，以便将控制线图层放置于图层列表同一区域中。按需添加其他需要添加的图层。

（2）地块线的绘制。在绘制用地指标图时所创建的地块边界可直接作为地块线使用。由于用地色块填充和地块边界在同一个图层上，需要事先删除所有的用地色块，然后将地块边界从用地层如"R21"移到"X地块线"。具体过程如下：

① 打开所有用地层，冻结其他非用地层。在命令行键入"*filter*"，在弹出的"对象选择过滤器"对话框中将"图案填充"作为"选择过滤器"的当前选项，并单击"添加到列表"按钮，列表中将显示"对象＝图案填充"，如图 6-24 所示。单击"应用"按钮，在提示"选择对象"时键入"*all*"将过滤器所定义的过滤条件应用于所有图形（冻结图层上的图形除外）。此时，所有的图案填充将被选中，键入"*e*"激活 **Erase** 命令即可删除所有的图案填充。

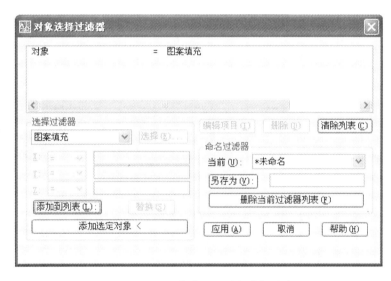

图 6-24　定义图案填充为对象选择过滤器

② 使用"Ctrl＋a"键，选择所显示的所有图形要素（其实均为多段线），然后单击"图层"工具栏的下拉列表，选择"×地块线"图层。这样，所有地块边界均置于"×地块线"层而成为地块线。

③ 在命令行键入"*pu*"激活"清理"（**Purge**）命令，在所激活的对话框中单击"全部清理"按钮以清理所有用地层。

为了使地块线能够清晰明确，还应赋予地块线一定的线宽以区别其他控制线。用户可通过"图层特性管理器"修改所涉图层的线宽，此操作影响所涉图层上的所有图形。用户也可以在选中需要更改的地块线后，通过"Ctrl＋1"组合键激活"特性"对话框，修改其中的全局宽度，此操作作用于当前选择集。

（3）建筑后退线绘制。地块的建筑后退线，表示的是建筑后退道路红线的距离。对建筑后退道路红线的确定应根据具体道路的等级和功能性质等进行后退距离的控制,特别是在道路交叉口四周的建筑物退让还必须保证道路交叉口正常的安全视距。对于具体建筑应后退多少距离的问题,各地都有不同的规定,一般来说道路等级越高、宽度越大,后退距离就越大,建筑的高度越高,其后退距离也越大,范围基本控制在 3～25m。

一般情况下,交叉口建筑后退线也可以直接通过对道路红线进行一定距离的后退偏移来得到,例如《上海市城市规划管理技术规定》第三十七条规定:道路交叉口四周的建筑物后退道路规划红线的距离,多层和低层不得小于 5m,高层不得小于 8m(均自道路规划红线直线段与曲线段切点的连线算起)。

以 B-02-01 地块为例,西向和北向建筑后退 5m,东向和南向后退 3m,交叉口后退 8m,其建筑后退线的绘制过程如图 6-25 所示。

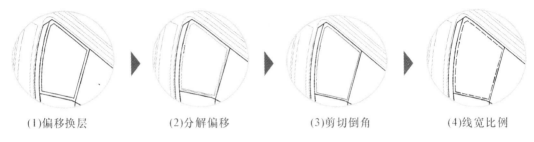

(1)偏移换层　　　　(2)分解偏移　　　　(3)剪切倒角　　　　(4)线宽比例

图 6-25　建筑后退线绘制流程

① 在图层下拉列表中选择"X 后退红线"作为当前层,设置图层颜色为"红色",线型为"dash",在命令行键入"*o*"激活"偏移"(**Offset**)命令,设定偏移距离为 5,选择地块 B-02-01 的地块线(地块线在创建地块指标图时已经生成,其对象类型为闭合多段线),点击地块内部生成向内偏移 5m 的多段线。选中刚刚创建的多段线,点击"图层工具栏",在下拉列表中选择"X 后退红线",将多段线移至该层。

② 在命令行键入"*x*"激活"分解"(**Explode**)命令,将红线炸开。使用"偏移"命令,将炸开后的后退红线的东侧及南侧直线段分别向东、向南偏移 2 米,道路交叉口则向地块中心在偏移 3 米,并删除原始的后退红线东侧和南侧的直线段。

③ 在命令行键入"*f*"激活"倒圆角"(**Fillet**)命令,在确认当前设置为"模式＝修剪,半径＝0.0000"时,对不连续的线进行倒圆角操作以确保相邻线段能首尾相连。这一步也可以采用修剪和延长的命令来完成。

④ 将相关线段连接成闭合后退红线,并为其设置宽度,操作步骤如下:

命令：*pe*
PEDIT 选择多段线或 [多条(M)]:　　　　　　　　　　　　　　(拾取后退红线的任意一直线段)
选定的对象不是多段线
是否将其转换为多段线? ＜Y＞↙
输入选项
[闭合(C)/合并(J)/宽度(W)/编辑顶点(E)/拟合(F)/样条曲线(S)/非曲线化(D)/线型生成(L)

/放弃(U)]：*j*

选择对象：指定对角点：找到 3 个

选择对象：↙

3 条线段已添加到多段线

输入选项

[打开(O)/合并(J)/宽度(W)/编辑顶点(E)/拟合(F)/样条曲线(S)/非曲线化(D)/线型生成(L)

/放弃(U)]：*w*

指定所有线段的新宽度：*0.8*

输入选项

[打开(O)/合并(J)/宽度(W)/编辑顶点(E)/拟合(F)/样条曲线(S)/非曲线化(D)/线型生成(L)

/放弃(U)]：*l*

输入多段线线型生成选项 [开(ON)/关(OFF)] ＜关＞：*on*

输入选项

[打开(O)/合并(J)/宽度(W)/编辑顶点(E)/拟合(F)/样条曲线(S)/非曲线化(D)/线型生成(L)

/放弃(U)]：↙

（4）机动车禁止开口线绘制。机动车禁止开口线绘制于地块线和建筑后退红线之间，代表地块中禁止开口的区域。

① 将"X 禁止开口线"置为当前层，键入"*pl*"激活多段线命令，在地块后退红线上按禁止开口的距离进行相应的勾绘。

② 键入"*o*"激活"偏移"命令，输入适当的值，选择刚勾绘的多段线，单击需要偏移的方向，完成偏移，其中偏移的距离以保证偏移线能够明确地出现于地块线和建筑后退线之间为准。

③ 使用"**Pedit**"命令为偏移线设置合适的宽度，确保禁止开口线能被明确识别，并删除在地块后退红线上勾绘的多段线。

以 B-02 中所有地块为例，绘制禁止开口线后，本地块各类控制线全部绘制完成，最终得如图 6-26 所示的结果。本例中并未涉及高压控制走廊、历史文化保护、河流绿化等特定控制区域，因而没有绘制相应的控制线。否则，应按照要求加绘特定的"控制线"。

3. 各类指标标注

（1）图层配置。添加相关标注图层，命名方式按"标注＋连接符＋标注内容"，如"标注_道路坐标"、"标注_距离"、"标注_公共设施"等。

（2）坐标标注。坐标标注主要包括道路中心线的交点和地块内的坐标标注，所涉及的相关图层包括"标注_道路坐标"和"标注_地块坐标"。

单击"图层"工具栏下拉列表，选择"标注_地块坐标"层。使用下拉菜单【工具】→【加载

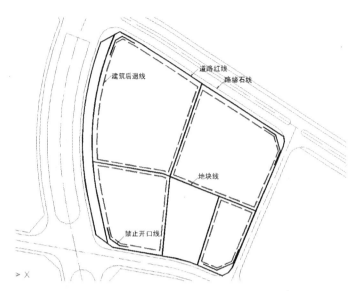

图 6-26 绘制完成的 B-02 地块控制线

应用程序】,在弹出的"加载/卸载应用程序"对话框中,选中"坐标标注.lsp"[①],单击"加载"完成应用程序的加载。

坐标标注.lsp 应用程序的代码如下:

```
(defun c;zb()
  (while t
  (setq loop t)
  (initget "High Weishu")
  (while loop
  (setq 1p(getpoint "\n 修改字高<H> / 保留小数点后位数<W> / 标注点:"))
  (cond
    (( = 1p "High") (setvar "textsize" (getint "\n 字高:")))
    (( = 1p "Weishu") (setq dws (getint "\n 小数点后位数:")))
    (t (setq loop nil))
  )
  ); end while
  (if ( = dws nil)
    (setq dws 2)
  )
  (setq txth (getvar "textsize"))
  (setq 2p(getpoint 1p "放置点:"))
  (setq 1px(nth 1 1p)
    1py(car 1p)
```

---

① 第三方共享软件,用来实现平面坐标的快速标注。

```
    2px(nth 1 2p)
    2py(car 2p)
    )
(setq xop(polar 2p(/ pi 2) txth))
(setq yop(polar 2p(* pi 1.5) txth))
(setq 1pxs(rtos 1px 2 dws)
    1pys(rtos 1py 2 dws)
        xlength (strlen 1pxs)
    ylength (strlen 1pys)
    )
(if (/ = ylength xlength)
    (progn
        (if (> xlength ylength)
(repeat (- xlength ylength) (setq 1pys(strcat " " 1pys)))
(repeat (- ylength xlength) (setq 1pxs(strcat " " 1pxs)))
        ) ;;; end if
    ) ;;; end progn
) ;;; end if
(setq 1pxs(strcat "X" 1pxs))
(setq 1pys(strcat "Y" 1pys))
(if (< 2py 1py)    ;;; 左还是右,文字样式适应
    (setq dq "mr")
    (setq dq "ml")
)
(command "text" "j" dq xop "" "" 1pxs)
(command "text" "j" dq yop "" "" 1pys)
(setq enty(entlast))
(setq movel(rtos (caadr(textbox (entget (entlast))))2 2))
(setq moves(strcat "@" " - " movel "," "0"))
;;; 文字长度
(setq ostemp(getvar "osmode"))
(setvar "osmode" 0)
(if (< 2py 1py)
    (command "._pline" 1p 2p moves "")
    (command "._pline" 1p 2p (strcat "@" movel "," "0") "")
) ;;; end if
(setvar "osmode" ostemp)
) ;;; end while
)
```

加载完成后,键入"*zb*",上述应用程序开始运行,键入"*h*"以修改字高,键入"*4*"将字高设

置为 4 个单位,用鼠标拾取需要标注的点,然后再拾取另一个点以定位标注的文本内容,即完成第一个拾取点的 X、Y 坐标的标注,坐标标注的外观如图 6-27 所示,其中标注的字体样式采用当前文字样式。

图 6-27　坐标标注

命令:**zb**

修改字高<H> / 保留小数点后位数<W> / 标注点:**h**

字高:**4**

修改字高<H> / 保留小数点后位数<W> / 标注点:*(拾取标注点)*放置点:*(拾取放置点)* text

当前文字样式:　宋体　当前文字高度:　0.0000

指定文字的起点或 [对正(J)/样式(S)]:j 输入选项

[对齐(A)/调整(F)/中心(C)/中间(M)/右(R)/左上(TL)/中上(TC)/右上(TR)/左中(ML)/正中(

MC)/右中(MR)/左下(BL)/中下(BC)/右下(BR)]:**ml**

指定文字的左中点:

指定高度 <4.0000>:

指定文字的旋转角度 <0>:

输入文字:**X9500286.35**

命令:**text**

当前文字样式:　宋体　当前文字高度:　4.0000

指定文字的起点或 [对正(J)/样式(S)]:j 输入选项

[对齐(A)/调整(F)/中心(C)/中间(M)/右(R)/左上(TL)/中上(TC)/右上(TR)/左中(ML)/正中(

MC)/右中(MR)/左下(BL)/中下(BC)/右下(BR)]:ml

指定文字的左中点:

指定高度 <4.0000>:

指定文字的旋转角度 <0>:

输入文字:**Y3199639.03**

命令:**pline**

指定起点：

当前线宽为 0.0000

指定下一个点或 ［圆弧(A)/半宽(H)/长度(L)/放弃(U)/宽度(W)］：

指定下一点或 ［圆弧(A)/闭合(C)/半宽(H)/长度(L)/放弃(U)/宽度(W)］：*@ 30.98,0*

指定下一点或 ［圆弧(A)/闭合(C)/半宽(H)/长度(L)/放弃(U)/宽度(W)］：

在上述命令运行过程中，"拾取放置点"后的操作自动完成，无需用户交互，大大提高了标注的效率。

（3）距离标注。在进行距离标注前需设置标注样式。可以使用下拉菜单【标注】→【标注样式】，或者直接键入"*dimstyle*"以激活"标注样式管理器"对话框，对话框内所显示的当前标注样式因图形文件所采用的模板不同而不同。若当前图形文件的模板文件为"acadiso.dwt"时，当前的标注样式为 ISO-25，如图 6-28 所示。

图 6-28　标注样式管理器

将此样式应用于距离标注还需作相应的设置，具体设置的步骤如下：

● 单击"标注样式管理器"对话框中的"修改"按钮。

● 在弹出的"修改标注样式：ISO-25"对话框中，点击"符号和箭头"选项卡，将箭头的"第一个"、"第二个"和"引线"均设置为" █ 建筑标记"，并设置"箭头大小"和"圆心标记"的大小等选项，如图 6-29 所示。

图 6-29　符号和箭头选项卡设置

- 在"文字"选项卡中设置文字样式、文字高度等选项,如图 6-30 所示。

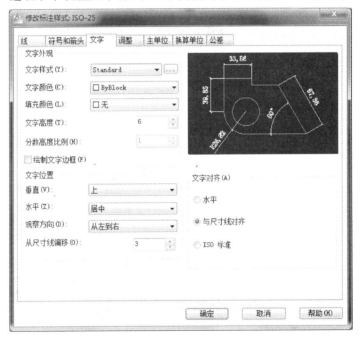

图 6-30　文字选项卡设置

- 在"主单位"选项卡中设置"线性标注"组合框中的"精度"、"小数分隔符"、"后缀"等选项,如图 6-31 所示。

图 6-31　主单位选项卡设置

完成标注样式设置后便可以进行距离标注。以完成如图 6-32 所示的道路宽度标注为例，具体过程如下：

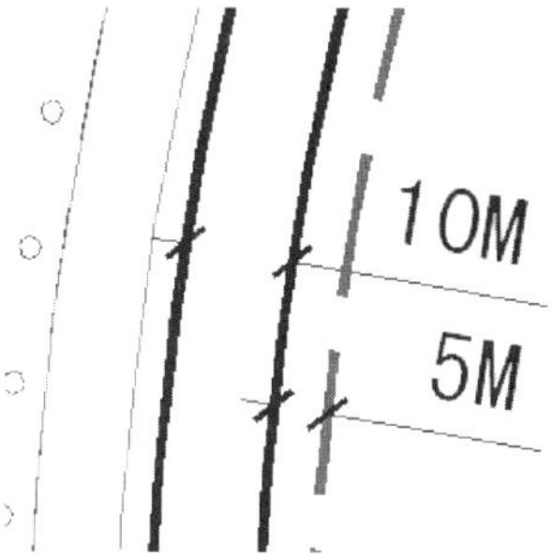

● 使用下拉菜单【标注】→【对齐】或在命令行键入"*dimaligned*"。

● 当提示"指定第一条尺寸界线原点或＜选择对象＞："时，键入"*near*"（以获取最近点），并拾取左侧加粗的道路红线。

● 当提示"指定第二条尺寸界线原点"时，键入"*per*"（以获取垂足点），并拾取右侧加粗的道路红线。

图 6-32　距离标注

● 当提示"指定尺寸线位置或［多行文字（M）/文字（T）/角度（A）］："时，将鼠标定位到合适位置并单击，道路宽度标注即告完成。

用同样的方法，可以实现道路后退间距的标注。

（4）其他标注。其他类型的标注相对较为简单，如出入口，可用形似▲的变宽多段线来标注；地块编号和用地性质直接用文本进行标注；配套设施可以数字序号来标注，并在图例中加以注释，或用旁注形式（**Leader** 命令）进行标注。各类标注的相关说明请参考图 6-33。

受图幅限制，此处仅显示了局部的总图图则。

4. 控制图整理

由于总图图则内的图形要素较多，在作为最终成果递交给分图图则的设计和绘制人员前还需要对文件进行适当的检查和整理，主要包括：

（1）清理文件：以块方式插入外部文件后，当前图形文件中会增加一些并不使用的图层、块、尺寸标注样式等要素，不但增大文件容量，也影响操作速度。对于不再使用的图元，直接使用"Erase"命令删除。对于图层、块、尺寸标注样式等要素，则使用"Purge"命令予以

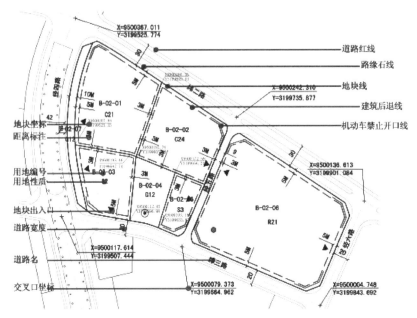

图 6-33　××控制性详细规划局部总图图则及各类标注的说明

清理。

（2）检查各类控制线和标注：检查这些要素是否有遗漏，其线型和标注内容是否清晰明确。

（3）调整图层次序：各图层的顺序按以下规则进行调整，即文字和标注层上的图元置于最上层，其次是控制线，最后是地形。调整方法参照第 1 章中的相关内容。

6.4.3　分图图则的绘制

通过将总图图则作为外部参照插入并附着于分图图则，根据分图的有效范围定义外部参照的边界，并添加地块指标一览表等内容来完善分图，分图图则的绘制将变得轻松而简单。

1. 插入外部参照

（1）创建一个新文件，将其保存为"分图.dwg"。

（2）提取总图图则中的道路和地形要素。操作过程如下：打开"总图图则.dwg"，相继选择任一道路中心线、道路红线、道路桥、道路宽度标注、道路名标注、道路交叉口坐标和地形线；在命令行键入"*layiso*"，图形窗口仅显示被选对象的所属图层；在图形窗口中框选所有图形[①]，在命令行键入"*w*"激活"写块"（**Wblock**）命令，设置基点坐标为（0，0，0），插入单位为"无单位"，将所选图形输出到名为"外部参照 1.dwg"的图形文件中。

（3）关闭或冻结刚才已经导出图形的图层，打开其余所有层，采用与"第 2 步"中类似的方法，将所选图形输出到名为"外部参照 2.dwg"的图形文件中。

---

① 此种选择方式与"全部选择"（或在选择对象提示下，键入"all"）有差异。对于后者，处于关闭图层上的图形仍将作为选择集的一部分，即便它们未能显示在图形窗口中，因而应当慎用"全部选择"；对于前者，未显示的对象不会被选中。

（4）在"分图.dwg"文件中插入外部参照。使用菜单命令【插入】→【外部参照】，或者在命令行键入"**xa**"，在弹出的"选择参照对话框"中选择"外部参照1.dwg"图形文件，单击"打开"按钮，弹出"外部参照"对话框，对其作如图 6-34 所示的设置，单击"确定"按钮完成外部参照的插入。使用同样的方法，插入"外部参照2.dwg"文件。

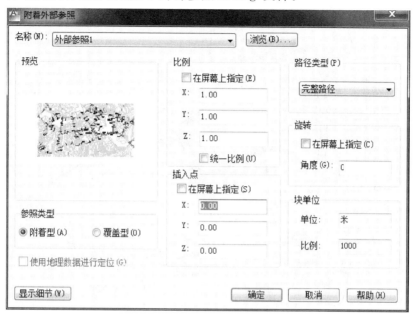

图 6-34　插入"外部参照"对话框

2. 分图图形区的范围确定

按照主干路和次干路所围合成的一个完整地块作为分图的范围，绘制相应的范围线，如图 6-35 中所示的矩形框即代表分图图形区范围线。各分图的图形区范围宜相对一致，以保证各图幅具有统一的大小规格。

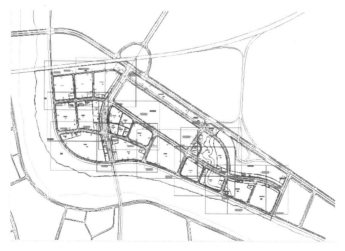

图 6-35　各分图的图形区范围

3. 剪裁外部参照

图 6-36 所示的矩形框定义了分图 B-02 的图形区范围。下面以此分图为例,介绍如何剪裁外部参照。

图 6-36 分图 B－02 的图形区范围

（1）剪裁前准备。将"分图.dwg"另存为"B－02.dwg",后者的存放路径宜同参照文件,而前者将用于其他分图的绘制。

（2）剪裁"外部参照 1"。在命令行输入"*xclip*"激活外部参照剪裁命令,拾取"外部参照 1",输入"回车键"以选择缺省项"新建边界",输入 *R* 以选择"矩形"选项,接着依次点击图形范围线（矩形框）左上角点和右下角点,便完成对包含道路及地形要素的"外部参照 1"的剪裁,得到如图 6-37 所示的结果。

命令：*xclip*

选择对象：找到 1 个   **（选择"外部参照 1"）**

选择对象：↙

输入剪裁选项

［开(ON)/关(OFF)/剪裁深度(C)/删除(D)/生成多段线(P)/新建边界(N)］＜新建边界＞：↙

指定剪裁边界：

［选择多段线(S)/多边形(P)/矩形(R)］＜矩形＞：↙

指定第一个角点：指定对角点：   **（分别拾取范围线的两个角点）**

图 6-37　剪裁"外部参照 1"后的结果

（3）剪裁"外部参照 2 "。在命令行输入"*xclip*"激活外部参照剪裁命令,点选"外部参照 2",按回车键以选择缺省项"新建边界",输入"*p*"以选择"多边形"选项,沿顺时针方向,依次点击道路中心线的交点,直至所形成的多边形完全围合所涉及的相关地块,按回车键确认后便实现对包含规划控制线与标注等要素的"外部参照 2"的剪裁。完成上述操作后,键入"*dr*"调整图层次序,将外部参照 2 置于最前,结果如图 6-38 所示。

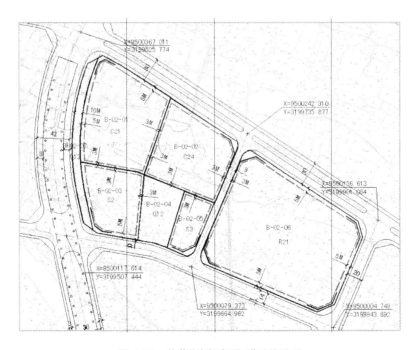

图 6-38　剪裁"外部参照 2"后的结果

4. 图框及相关内容绘制与信息添加

按图面区域来分,分图图则可以分为图形区、表格区、导则区、区位示意区、风玫瑰及比例尺区、图例区、图号区、项目编制说明等 8 个区,各区在分图图则中的布局情况参见图 6-39。就图层设置而言,可按照"TK＋相应的区"的方法命名,如 TK 图例区,TK 表格区,TK 区位示意区,等等。

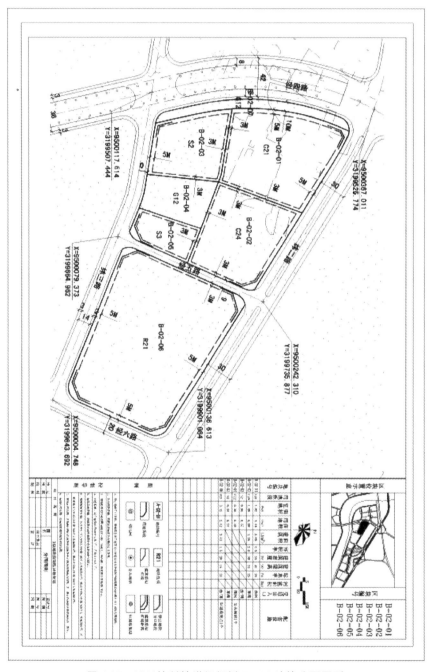

图 6-39　××控制性详细规划 B－02 地块分图图则

除图形区外,表格区及区位示意区是分图中较其他区相对稍复杂的区。其中,表格区的表格可利用 AutoCAD 2012 自带的表格系统进行绘制。若设计人员在 Excel 中已经制作好了表格,可直接将其导入 CAD 文件中,并按需修改表格的外观设置。关于表格的设置请参考 6.3.4 中的相关内容。

区位示意图的绘制则可以采用以下方式:

首先,打开文件"总图图则.dwg"或者"外部参照 1.dwg",单独显示道路要素所在的图层,并冻结其他图层,按"Ctrl＋A"键选择所有图形,并采用写块的方式将道路要素导出为"道路块.dwg"。

其次,使用"Ctrl－Tab"键,将焦点切换到分图"B－02.dwg"所在的图形窗口,将当前图层切换到"TK 区位示意"层,以外部参照的方式插入刚生成的"道路块.dwg",按比例缩放此外部参照,以能恰好放入区位示意区为宜。

最后,填充 B－02 分图所涉及的各个地块,并在相应区域创建文本对象,包括该区的小标题"区位示意图"以及各地块的名称。

完成所有要素后的分图如图 6-39 所示,分图内部各分区的相关说明见图 6-40。

重复以上步骤,绘制其他分图,直至完成所有分图的绘制。

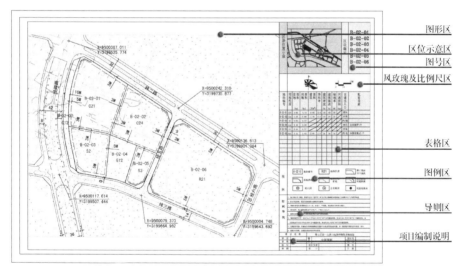

图 6-40　分图分区说明

习题与思考

1. 绘制某县某地块控制性详细规划(地块指标)图(见图 6-41)。

(1) 关于该地块指标图请参阅:习题素材\第 6 章\6.5\地块指标图。

(2) 可能使用的命令:"插入"(**Insert**)、"填充"(**Bhatch**)、"插入表格"(**Table**)、"编辑表格"(**Tabledit**)、"复制"(**Copy**)。

(3) 绘制步骤:

① 打开:习题素材\第 6 章\6.5\DX.dwg,将其另存为"地块指标图"。

② 使用"插入块"命令,令插入点为(0,0,0),将:习题素材\第 6 章\6.5\规划范围线.dwg 插入到当前图形文件。

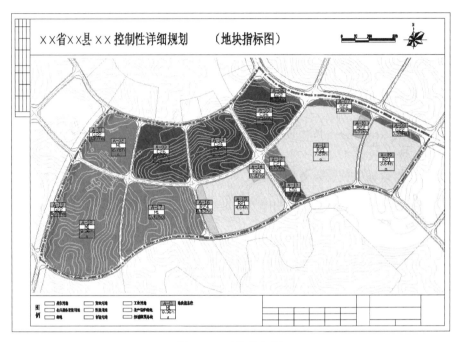

图 6-41　地块指标图

③ 使用"插入块"命令,令插入点为(0,0,0),勾选"分解",将:习题素材\第 6 章\6.5\规划信息.dwg 插入到当前图形文件,效果如图 6-42 所示。为简化绘制,我们在这里省略了地块细化的步骤。

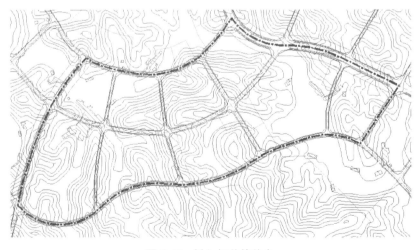

图 6-42　插入相关块信息

④ 关闭"0-dx"图层,对各类用地进行色块填充,并保存在不同的图层上。注意在"图案填充和渐变色"对话框中,勾选"图案填充和渐变色"对话框中的"保留边界为多段线"与

"关联"两个选项。效果如图 6-43 所示。

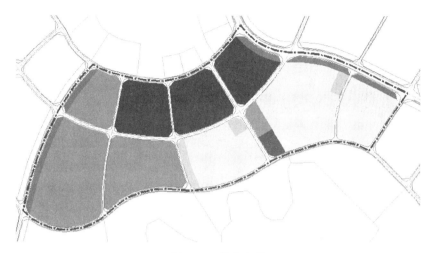

图 6-43　填充色块

⑤ 新建一个"0-地块信息表"图层,输入"*tb*"命令创建一个 3 行 1 列、无标题和页眉的表格,更改前两个单元格的背景色,复制表格至每个地块上,修改每个表格的编号、用地类型和面积等信息。效果如图 6-44 所示。

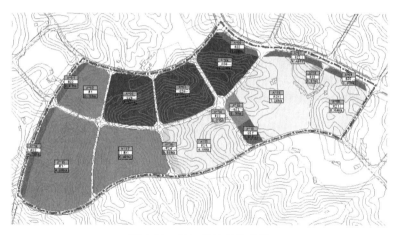

图 6-44　添加各地块信息表

⑥ 使用"插入块"命令,令插入点为(0,0,0),将:习题素材\第 6 章\6.5\图框.dwg 插入到当前图形文件。至此完成绘制。

2. 绘制某县某地块控制性详细规划总图图则(见图 6-45)。

(1) 关于该总图图则全图请参阅:习题素材\第 6 章\6.5\总图图则。

(2) 可能使用的命令:"偏移"(**Offset**)、"修剪"(**Trim**)、"清理"(**Purge**)、"写块"(**Wblock**)、"插入"(**Insert**)、"填充"(**Bhatch**)、"插入表格"(**Table**)、"编辑表格"(**Tabledit**)、"复制"(**Copy**)、"对齐标注"(**Dimaligned**)。

(3) 绘制步骤。

① 打开:习题素材\第 6 章\6.5\地块指标图.dwg,锁定其中的"0-dx"、"TXT"、"TK"

223

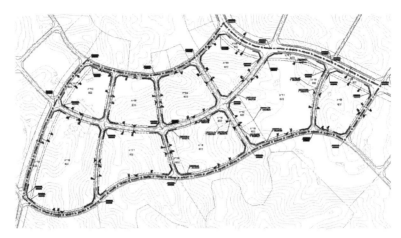

图 6-45　总图图则

三个图层,按"Ctrl＋A"将剩余图层上的所有对象全部选中,在命令行键入"w"激活"写块"(Wblock)命令,以坐标(0,0,0)为基点,将所选图形输出为"总图图则.dwg"。

② 添加所需图层如"×-地块线"、"×-建筑后退红线"、"×-禁止开口线"等。

③ 删除所有用地填充色块,并将填充时自动生成的闭合多段线全部放置与"×-地块线"图层中。

④ 输入"Purge"命令删除多余的图层。

⑤ 使用多次"偏移"、"修剪"等命令,绘制建筑后退红线。为简化绘制,我们暂定除生产防护绿带处建筑后退 8m 外,其他地方均后退 6m。然后使用"多段线"、"偏移"等命令绘制机动车禁止开口线,如图 6-46 所示。

图 6-46　绘制建筑后退红线和机动车禁止开口线

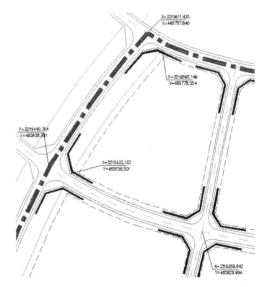

图 6-47　添加道路和地块坐标的标注

⑥ 添加相关标注图层,命名方式按"DM＋连接符＋标注内容",如"DM_坐标"、"DM_距离"等。

⑦ 按照本章所述的方法加载外部应用程序完成道路和地块坐标的标注,如图 6-47 所示。

⑧ 新创建一个合适的标注样式,完成道路、防护绿带宽度和建筑红线后退距离等标注,如图 6-48 所示。

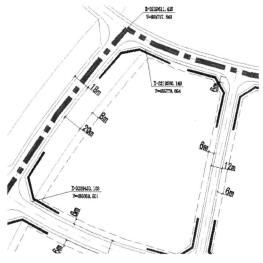

图 6-48　绘制完成其他标注

⑨ 添加出入口、地块编号、用地性质、路名等其他信息,完成总图图则的绘制。

3. 绘制某县某地块控制性详细规划分图图则(见图 6-49)。

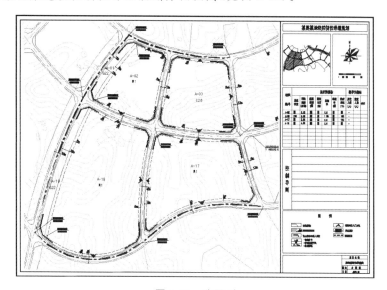

图 6-49　分图则

(1) 关于该分图则全图请参阅:习题素材\第 6 章\6.5\分图则。

(2) 可能使用的命令:"单位"(**Units**)、"写块"(**Wblock**)、"插入外部参照"(**Xattach**)、"剪裁外部参照"(**Xclip**)、"矩形"(**Rectang**)、"多段线"(**Pline**)、"偏移"(**Offset**)、"修剪"(**Trim**)、"清理"(**Purge**)、"填充"(**Bhatch**)、"复制"(**Copy**)。

（3）绘制步骤：

① 新建"分图则.dwg"文件，设置图形单位为 m。

② 打开上阶段绘制的"总图图则.dwg"，将道路中心线、道路红线、道路缘石线、地块分割线、道路宽度标注、道路交叉口坐标和地形线这些要素以"写块"（**Wblock**）方式保存为"外部参照 1.dwg"文件；将除上述要素外的其他要素以同样方式保存为"外部参照 2.dwg"文件。

③ 在"分图则.dwg"文件中插入外部参照文件："外部参照 1.dwg"和"外部参照 2.dwg"。

④ 新建一个"图形区范围"图层，按照主干路和次干路所围合成的一个完整地块作为分图的范围，绘制相应的范围线，如图 6-50 所示。

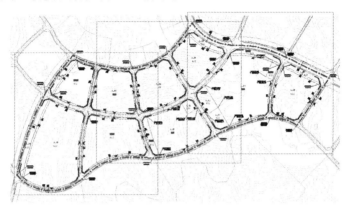

图 6-50　绘制图形区范围

⑤ 以"B-01"为例。将"分图则.dwg"另存为"B-01.dwg"。在"B-01.dwg"中，以"图形区范围"图层上的矩形框作为边界剪裁"外部参照 1"；以所需地块最外围一圈的城市道路中心线作为边界剪裁"外部参照 2"，效果如图 6-51 所示。

图 6-51　裁剪外部参照

⑥ 添加图框及相关内容信息。

⑦ 参照步骤⑤至⑥，完成其他区块分则图的绘制。

第 7 章　修建性详细规划图绘制

与控制性详细规划不同,修建性详细规划直接对建设项目作出具体的安排和规划设计,是城市总体规划和分区规划的深化。本章将以居住区规划为例,结合具体实例,着重介绍修建性详细规划总平面图的绘制。

7.1　概　　述

修建性详细规划是以总体规划、分区规划或控制性详细规划为依据,制订用以指导各项建筑和工程设施的设计和施工的规划设计。根据建设部颁布的《城市规划编制办法》,修建性详细规划应当包括下列内容:

(1)建设条件分析及综合技术经济论证。

(2)建筑、道路和绿地等的空间布局和景观规划设计,布置总平面图。

(3)对住宅、医院、托幼等建筑进行日照分析。

(4)根据交通影响分析,提出交通组织方案和设计。

(5)市政工程管线规划设计和管线综合。

(6)竖向规划设计。

(7)估算工程量、拆迁量和总造价,分析投资效益。

在各类修建性详细规划中,居住区规划可能是其中最常见的一类。它是满足居民的居住、工作、休息、文化教育、生活服务、交通等方面要求的综合性的建设规划,是实现城市总体规划的重要步骤,并在一定程度上反映了一个国家不同时期的社会政治、经济、思想和科学技术发展的水平。本章将主要以居住区规划为例介绍修建性详细规划图的绘制。

根据《城市规划编制办法》,居住区规划成果也包括规划说明书和图纸。其中,图纸成果应当包括规划范围现状图、规划总平面图、各项专业规划图、竖向规划图、反映规划设计意向的透视图等。限于篇幅,本章仅介绍其中最重要的规划总平面图的绘制。

7.2　规划总平面图要素

居住区规划设计的总平面图上应当包括以下一些要素:图题、图界、指北针、比例尺、图例、署名、绘制日期、图标、图幅、文字注记等几项,下面重点对其中几项进行阐述。

1. 建筑及相关标注

居住区规划中的住宅和公建等建筑一般须标注幢号、层数等信息。层数多使用点号或数字标注于建筑右下角。

2.道路

居住区道路根据分级情况不同绘制要求也不同,居住区和小区级道路应包含道路红线、路缘线、中心线等要素。

3.基础设施要素

居住区规划中的基础设施主要包括一些生活服务设施和休闲娱乐设施。

4.配套植物

配套植物包括绿地、观赏植物、行道树等。

5.图界

图界应是城市规划图的幅面内应涵盖的用地范围。城市分区规划图、详细规划图的图界,应至少包括规划用地及其以外 50m 内相邻地块的用地范围。

6.其他要素

其他要素,如图题、图框、指北针、比例尺、图例、图签等内容可参考第 5 章中的相关内容。

7.3 绘制流程

修建性详细规划图的绘制是一个边设计边绘图的过程,居住区规划设计图的绘制也同样如此。一般地,规划总平面图的绘制包括以下几个步骤。

1.新建总图文件

新建一个 dwg 文件,将其保存为"规划总平面图.dwg",并确定合适的绘图单位。一般情况下,在修建性详细规划中,图纸上的一个单位对应现实世界中的 1m。

2.设置图层

在设置图层时应注意把握图层命名规范化、分层清晰合理、不设置冗余图层等原则。图层线型和颜色应按照规范并结合图面要求进行设置。为方便管理,各图层上的图元应具有随层特性,尽量避免图层内图元单独设置颜色、线型的情况。可以一次性添加所有的图层,也可以在绘图过程中逐步添加。

关于图层设置的更多内容,请参考"城市总体规划图绘制"和"城市控制性详细规划图绘制"这两章中的相关内容。

3.引入现状要素

在规划总平面图绘制前,首先需引入规划地形图。其中,矢量图用 **Xref** 命令将其以外部参照的方式引入,或使用 **Insert** 命令以块文件方式引入;光栅图的引入则使用 **Imageattach** 或 **Image** 命令。若以光栅图作为规划底图,插入时应设置合适的比例,比例的设置以规划图一个绘图单位的实际距离是 1m 为宜。对于矢量地形图,一个绘图单位一般为 1m,比例无需调整。

引入地形图时应当选用合适的插入点,对于矢量地形图一般采用坐标(0,0,0)作为插入点,以确保地形要素的平面坐标不发生位移;对于光栅地形图,应当以光栅地形图左下角的真实坐标值作为插入点。

4. 引入上层次规划要素

上层次规划包括城市总体规划、分区规划或控制性详细规划,需要引入的相关规划要素主要是道路和控制线等图形要素。通过"写块"(**Wblock**)命令将这些要素从上层次规划的相应图纸中提取出来,并使用 **Insert** 命令将提取出来的要素插入到规划总平面图中,在插入块时宜勾选"分解"复选框。

5. 确定规划范围

居住区规划的规划范围通常由规划委托单位事先划定。规划范围的大小直接决定了居住区的规模,也决定了配套设施的等级和规模。

6. 绘制道路网

根据规划设计方案在地形图上确定道路中心线,绘制除宅间小路之外的小区内部道路,并对道路交叉口进行修剪。这里需要注意的是,在居住区规划中,交通干道的红线在交叉口处应为折线(见图 7-1),折线的相关数据与转弯视距有关。

7. 绘制住宅、公建、公共绿地

住宅、公建以及绿地系统是居住区规划的主体,这一阶段主要涉及住宅的排布、公建系统的确定、主体公建的定位和绿地系统的安排等内容。在绘制居住区规划总平面图时,住宅建筑往往已经事先设计好,可以采用插入块或外部引用的方式进行批量复制。

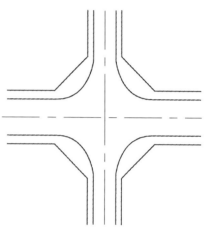

图 7-1　交叉口处道路红线的绘制

8. 绘制宅间小路、配套设施和配置植物

根据已确定的住宅等建筑绘制入宅小路,并配套相关的游憩休闲设施和植物。这里需要注意的是行道树的绘制方法。对于相对较平直的道路,行道树可用阵列的方式绘制。当道路为包含弧段的多段线时,行道树可以使用"定距等分"(**Measure**)命令,以插入块的方式绘制。

9. 调整用地平衡

规划方案初步确定后,应当根据标准(见表 7-1)调整居住区内的各项用地所占比例,并制作用地平衡表(见表 7-2)和经济技术指标表。

表 7-1　居住区用地平衡控制指标(%)

用地构成	居住区	小区	组团
住宅用地(R01)	50～60	55～65	70～80
公建用地(R02)	15～25	12～22	6～12
道路用地(R03)	10～18	9～17	7～15
公共绿地(R04)	7.5～18	5～15	3～6
居住区用地(R)	100	100	100

表 7-2　居住用地平衡表

用 地		面积(hm²)	所占比例(%)	人均面积(m²/人)
一、居住区用地(R)		▲	100	▲
1	住宅用地(R01)	▲	▲	▲
2	公建用地(R02)	▲	▲	▲
3	道路用地(R03)	▲	▲	▲
4	公共绿地(R04)	▲	▲	▲
二、其他用地(E)		△	—	—
居住区规划总用地		△		

注：▲为必要指标,△为选用指标

表 7-2 中的各项用地划分标准如下：

(1)居住区用地界线。居住区以道路为界时,如为城市道路则以居住区一侧的道路红线为界,如为居住区道路则以道路中心线为界;如为公路时,则应以贴近居住区一侧的公路边线为界。在有天然或人为障碍物为界时,以障碍物用地边界线为界。用地经评定认为不适于建造的应不属于居住区用地,不参与用地平衡。规划用地范围内不属于居住区用地的专用地或布置居住区级以上公共建筑项目的用地不计入居住区用地,居住区工业用地也应扣除。

(2)住宅用地。住宅建筑基底占地及其四周合理间距内的用地(含宅间绿地和宅间小路等)的总称。住宅用地量算时一般以居住区内部各种道路(宅前宅后小路除外)为界;与绿地相接的,如果没有路或其他明显界线时,住宅前后日照间距的一半及住宅两侧 1.5 米范围内的用地计入住宅用地;与公共建筑相邻时,以公共建筑用地边界同时作为住宅用地的边界。

(3)公共服务设施用地。有明确界线的公共建筑,如幼托等均按实际使用界线计算。无明显界线的公共建筑,则按实际所占用地计算,有时也可按定额计算。当为底层公建住宅或住宅公建综合楼时,按住宅和公建各占该幢建筑的总面积的比例分摊用地,并分别计入住宅用地或公建用地;当底层公建突出于上部住宅或占有专用院场或因公建需要后退红线的用地,均应计入公建用地。

(4)道路用地。当规划用地外围为城市支路或居住区道路时,道路面积按红线宽度的一半计算,规划用地内的居住区道路按红线宽度计算,小区路、组团路按道路路面实际宽度计算。当小区路设有人行道时,后者应计入道路面积,停车场也应包括在道路用地内,宅间小路不计入道路面积。

(5)公共绿地。公共绿地指规划中确定的居住区公园、小区公园、住宅组团绿地,不包括满足日照要求的住宅间距之内的绿地、公共服务设施所属绿地和非居住区范围内的绿地。

一般情况下,在居住区规划设计中,需要计算如表 7-3 所示的各个技术经济指标,并将该表绘制于规划总平面图中。

表 7-3　综合技术经济指标系列一览表①

项　　　目	计量单位	数　　值	所占比重(％)	人均面积(m²/人)
居住区规划总用地	hm²	▲	—	—
1. 居住区用地(R)	hm²	▲	100	▲
① 住宅用地	hm²	▲	▲	▲
② 公建用地	hm²	▲	▲	▲
③ 道路用地	hm²	▲	▲	▲
④ 公共绿地	hm²	▲	▲	▲
2. 其他用地	hm²	▲	—	—
居住户(套)数	户(套)	▲		
居住人数	人	▲		
户均人口	人/户	▲		
总建筑面积	万 m²	▲		
1. 居住区用地内建筑总面积	万 m²	▲	100	▲
① 住宅建筑面积	万 m²	▲	▲	▲
② 公建面积	万 m²	▲	▲	▲
2. 其他建筑面积	万 m²	△	—	—
住宅平均层数	层	▲	·	—
高层住宅比例	％	△		
中高层住宅比例	％	△		
人口毛密度	人/hm²	▲		
人口净密度	人/hm²	△		
住宅建筑套密度(毛)	套/hm²	▲		
住宅建筑套密度(净)	套/hm²	▲		
住宅建筑面积毛密度	万 m²/hm²	▲		
住宅建筑面积净密度	万 m²/hm²	▲		
居住区建筑面积毛密度(容积率)	万 m²/hm²	▲		
停车率	％	▲	—	—

① 资料来源:《城市居住区规划设计规范(GB50180－93)(2002 年版)》。

续 表

项 目	计量单位	数 值	所占比重(%)	人均面积(m²/人)
停车位	辆	▲		
地面停车库	%	▲		
地面停车位	辆	▲		
住宅建筑净密度	%	▲	—	
总建筑密度	%	▲	—	
绿地率	%	▲	—	
拆建比	—	△		

注：▲必要指标；△选用指标

10. 文字标注

在调整用地平衡操作完成后，添加新的汉字字体，设置适宜的字体高度，选择合适的汉字输入方式，在文字标注层上标注建筑和设施名称、建筑层数等。其中，建筑层数可以用点表示法和数字表示法两种。一般情况下，对于层数较低(6层以下)的建筑可以用点标绘在建筑角落，较高层的建筑应当用数字标注层数。当图纸上没有足够的空间标注建筑和设施名称时，可以用序号进行标注并在图例中说明建筑和设施的名称或类型。

11. 其他要素绘制

修建性详细规划图中可不绘制风玫瑰图，指北针的绘制可参考一般地图的指北针样式。城市规划图一般采用数字比例尺和形象比例尺，对于修建性详细规划则通常采用前者。打印图纸的大小直接决定数字比例尺的大小，使用不同尺寸图纸输出图形时，应当注意修改数字比例尺，以免图纸的实际比例与数字比例尺不符。

修建性详细规划的总平面图的图框、图例和图签的制作与城市总体规划图中的图框、图例和图签的制作类似，请参考第6章中的相关内容。

7.4 绘制实例

7.4.1 前期准备阶段

前期准备阶段包括上一节"规划总平面图绘制流程"中的前5个步骤，即"新建总图文件"、"设置图层"、"引入现状要素"、"引入上层次规划要素"和"划定规划范围"。具体的相关操作可以参考"城市总体规划图绘制"一章中的相关内容。

新建一个.dwg文件，另存为"修规.dwg"。使用下拉菜单或"图层"工具栏的快捷按钮激活"图层特性管理器"对话框，添加必要的图层，包括地形、道路、道路中心线、住宅、公建等10个图层，如图7-2所示，继而对图层的颜色、线型等属性进行设置。其他所需的图层将在后续的绘制过程按需添加。与城市总体规划总图相比，居住区规划总平面图的图形要素相对较少,所需添加并设置的图层也相对少一些,因而本实例直接使用汉字作为图层名称。

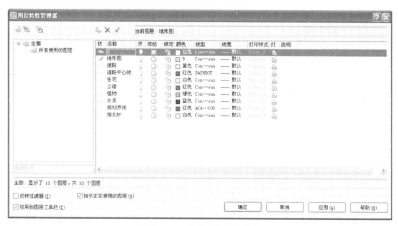

图 7-2　前期图层设置

使用 **Insert** 命令以插入块文件的方式引入地形、外围道路,并添加指北针、规划界限等要素后的图形文件如图 7-3 所示。在此图中规划道路框架所围合而成的地块中,处于东南方位的围合地块为待设计地块。此地块位于南方某城市的市区边缘,现状主要以农田和农居点为主,用地范围相当于居住组团的大小。基地的东北面和南面为已建成的居住区,周围的其他用地以农田为主。

图 7-3　插入相关要素的前期地形图

7.4.2 方案绘制阶段

1. 路网绘制

道路网应在综合考虑居住区人口规模、规划布局形式、用地周围的交通条件、交通设施发展水平等因素的基础上进行设计并绘制。

居住区内一般有车行道和步行道两类。车行道是居住区道路系统的主体,担负着居住区与外界及居住区内部机动车与非机动车的交通联系。车行道应绘制道路中心线,并与外界交通贯通。步行道往往与居住区各级绿地系统结合,起着联系各类绿地、户外活动场地和公共建筑的作用。

小区内道路的内外联系道路应通而不畅、安全便捷,既要避免往返迂回和外部车辆及行人的穿行,也要避免对穿的路网布局,并适于消防车、救护车、商店货车和垃圾车等的通行。这里需要注意的是小区入口方位的确定,应在符合相关规定的前提下,满足小区内外交流联系的需要。同时,不同类型的路网结构对小区内部的功能分布也有很大的影响。在水系比较发达的地区,应当结合路网确定水系在小区内部的分布情况。

居住区内的道路布置应分级设置,以满足居住区内不同的交通功能要求,形成安全、安静的交通系统和居住环境。居住区内道路可分为:居住区道路、小区路、组团路和宅间小路四级。其道路宽度,应符合下列规定:

(1)居住区道路:红线宽度不宜小于20m。

(2)小区路:路面宽6～9m,建筑控制线之间的宽度,需敷设供热管线的不宜小于14m;无供热管线的不宜小于10m。

(3)组团路:路面3～5m;建筑控制线之间的宽度,采暖区不宜小于10m;非采暖区不宜小于8m。

(4)宅间小路:路面宽不宜小于2.5m。

车行道的绘制有多线绘制和偏移绘制两种方法,在居住组团的平面图绘制中,由于道路密度不高,而且折线和曲线相对较多,可以考虑采用偏移(**Offset**)绘制的方式。偏移绘制的方法参见4.3.2,完成后的组团主干路网如图7-4所示。

对于步行道,由于其宽度富于变化,可使用 **Pline** 命令并在必要的路段采用"圆弧"选项绘制道路两侧边界。

2. 住宅、服务设施绘制

(1)配备。内部路网完成后,应当根据居住区(此例中实际为组团规模的居住区,即居住组团)的结构布置住宅和服务设施。居住区服务设施规划布置应按照居民的使用频率进行

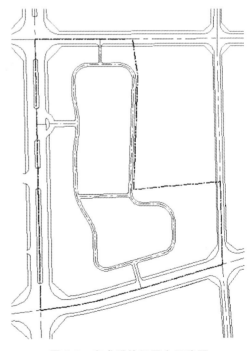

图 7-4 完成后的组团主干路网

分级并和居住人口规模(包括流动人口)相对应,公共服务设施布点还必须与居住区规划结构相对应。不同规模的居住单位应当配套的服务设施在《城市居住区规划设计规范(GB50180-93)》中有详细的规定,如表 7-4 所示。

表 7-4 居住区服务设施项目分级配建表

类别	项　目	居住区	小　区	组　团
教育	托儿所	—	▲	△
	幼儿园	—	▲	—
医疗卫生	医院(200~300 床)	▲	—	—
	门诊所	▲	—	—
	卫生站	—	▲	—
	护理院	△	—	—
文化体育	文化活动中心(含青少年活动中心,老年活动中心)	▲	—	—
	文化活动站(含青少年、老年活动站)	—	▲	—
	居民运动场、馆	△	—	—
	居民健身设施(含老年户外活动场地)	—	▲	△
商业服务	综合食品店	▲	▲	—
	综合百货店	▲	▲	—
	餐饮	▲	▲	—
	中西药店	▲	△	—
	书店	▲	△	—
	市场	▲	△	—
	便民店	—	—	▲
	其他第三产业设施	▲	▲	—
金融邮电	银行	△	—	—
	储蓄所	—	▲	—
	电信支局	△	—	—
	邮电所	—	▲	—
社区服务	社区服务中心(含老年人服务中心)	—	▲	—
	养老院	△	—	—
	托老所	—	△	—
	残疾人托养中心	△	—	—
	治安联防站	—	—	▲
	居(里)委会(社区用房)	—	—	▲
	物业管理	—	▲	—
市政公用	供热站或热交换站	△	△	△
	变电室	—	▲	△
	开闭所	▲	—	—
	路灯配电室	—	▲	—

续　表

类别	项　目	居住区	小　区	组　团
市政公用	燃气调压站	△	△	—
	高压水泵房	—	—	△
	公共厕所	▲	▲	△
	垃圾转运站	△	△	—
	垃圾收集点	—	—	▲
	居民存车处	—	—	▲
	居民停车场、库	△	△	△
	公交始末站	△	—	—
	消防站	△	—	—
	燃料供应站	△	△	—
行政管理及其他	街道办事处	▲	—	—
	市政管理机构（所）	▲	—	—
	派出所	▲	—	—
	其他管理用房	▲	△	△
	防空地下室	△②	△	△

注：① ▲为应配建的项目；△为宜设置的项目。

　　② 在国家确定的一、二类人防重点城市,应按人防有关规定配建防空地下室。

　　根据规划设计条件和居住区规划设计规范,本例中的居住组团配置会馆一座(右下角公建为上一级规划的规定服务设施,这里不予讨论),包括社区用房、便利店、餐饮店等功能。本例中会馆与两点状住宅楼结合布置,如图 7-5 所示。

图 7-5　中心会馆平面图

（2）住宅排布。住宅排布主要有行列式、周边式、点群式、混合式等几种形式，住宅排布方式的确定应综合考虑场地的特点和规划设计要求以及当地的采光、通风等规定要求。在绘制居住区规划总平面图之前，住宅建筑一般都已事先设计完成。为了减少工作量，在住宅排布中多将住宅制作成块，用插入块或复制粘贴块的方式批量排布住宅。完成公建和住宅配置的组团总平面图如图 7-6 所示。

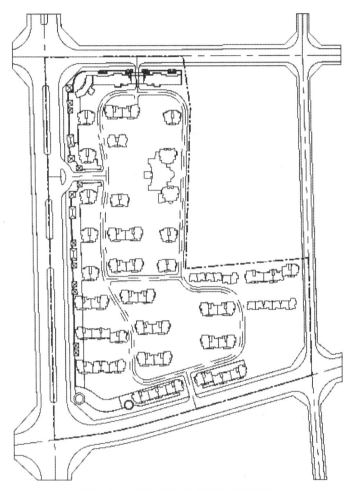

图 7-6　布置住宅和公建后的总平面图

本例中设置了 4 种户型，各户型平面如图 7-7 所示。

为方便操作，用户还可以使用 AutoCAD 的设计中心来插入住宅块。通过设计中心，用户可以将源图形中的任何内容如块、图案填充甚至整个图形拖动到当前图形中，使之成为当前图形的一部分。源图形可以位于本地，也可以位于某网络驱动器或网站上。

使用设计中心，用户可以：

● 浏览用户计算机、网络驱动器和 Web 页上的图形内容（如图形或符号库）。

● 在定义表中查看图形文件中命名对象（如块和图层）的定义，然后将定义插入、附着、复制和粘贴到当前图形中。

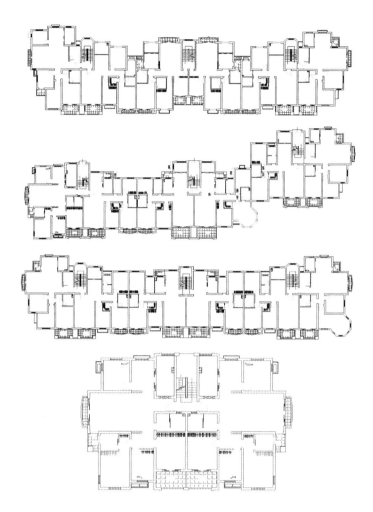

图 7-7　居住组团中使用的户型图

● 更新(重定义)块定义。

● 创建指向常用图形、文件夹和 Internet 网址的快捷方式。

● 向图形中添加内容(如外部参照、块和填充)。

● 在新窗口中打开图形文件。

● 将图形、块和填充拖动到工具选项板上以便于访问。

使用下拉菜单【工具】→【选项板】→【设计中心】,或键入"*adcentre*",或使用组合键"Ctrl＋2"便可激活设计中心,激活后所弹出的"设计中心"窗口如图 7-8 所示。在该窗口中,左侧文件夹选项卡下的文件夹列表中所选中的文件(本例中为"修规.dwg"),其所包含的内容在右侧上部的拆分窗口中列出,并可以非常方便地被其他图形文件所引用——拖动某个待引用的项目至目标图形文件即可。

图 7-8　"设计中心"窗口

3. 宅间小路的绘制

宅间小路是通向各户或各住宅单元入口的道路,宽度不宜小于 2.5m。两幢并列住宅之间倘若设置一条宅间小路,这条路可以适当偏向南面那栋住宅,以保证宅间绿地的采光。宅间小路的绘制方式也可以参照前面所介绍的路网绘制方法,不过宅间小路不需要绘制道路中心线,因此可以采用先绘制一条道路边线,再用偏移命令绘制另一条道路边线的方法来绘制宅间小路,如图 7-9 所示为完成宅间小路绘制后的总图。

图 7-9　添加了宅间小路的组团总平面图

4. 绿地和水面绘制

公共绿地和水面大多具有不规则边界,一般可以使用 Pline 命令勾绘它们的边界,并使用 Pedit 命令对其进行修改,选择 Pedit 命令中的"样条曲线"选项使边界更为光顺,也可以在使用 Pline 命令时选用"圆弧"选项,以同样达到光顺边界的效果。

缺省情况下,AutoCAD 直接通过指定两个端点来绘制多段线中的圆弧。若多段线中圆弧的形状难以令人满意时,可以在变换"角度(A)"、"圆心(CE)"、"方向(D)"等参数后,再绘制多段线中的圆弧。图 7-10 中的水面是连续使用 Pline 命令中的"圆弧"选项绘制完成的。

一般图纸中草地部分可以使用 CAD 中的默认填充图案,留白不作处理或在后续的处理中用颜色表示,灌木的图例一般如图 7-11 所示,可以用"云线"(Revcloud)命令绘制,也可以直接从 CAD 图库①中引用。本实例的绿地未在 AutoCAD 2012 中绘制,相应的工作在 Photo Shop 后期处理中完成。

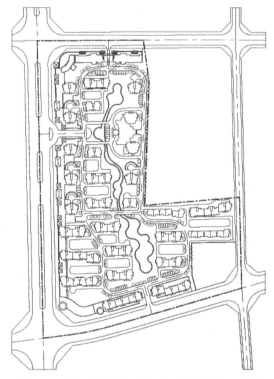

图 7-10 添加了绿地和中心水系的组团总平面图

夹竹桃　　　含笑　　　美蕊花

图 7-11 灌木图例

5. 植物配置

(1)观赏植物的配置。观赏植物多使用 Arc 命令或块插入方式绘制。倘若不直接从 CAD 出图,而是采用将 CAD 文件转换成光栅文件并进一步导入 PhotoShop 进行后期处理的方式,则可以不需要在 CAD 中配置观赏植物。一般地,第三方 CAD 图库中都有观赏植物

---

① 很多 AutoCAD 二次开发平台都提供 CAD 图库。

的图例(见图 7-12)。

三药槟榔	大时棕竹	董棕	红刺露兜	芭蕉	旅人蕉	棕榈

图 7-12　一些棕榈类观赏植物

(2) 行道树的绘制。行道树的绘制可以采用等距插入块的方式,绘制步骤如下:

● 打开组团主干路网所在的图层,并关闭其他所有图层(将得到如图 7-13 所示的图)。键入"*pe*"激活 **Pedit** 命令,键入"*j*"以使用"合并"选项,合并首尾相连的多段线。关于多段线的合并,可参考 4.3.6 中的相关内容。

● 用 **Offset** 命令将道路向两边偏移 2 个绘图单位,得到如图 7-14 所示主干路网,偏移后得到的多段线将作为辅助线以插入行道树。

● 创建图层颜色为绿色的新图层"行道树",并将其置为当前图层。用 **Circle** 命令绘制半径为 2.5 个绘图单位的圆,使用 **Block** 命令将该圆创建为块,令圆心为块的插入基点,块的名称为"X1"。

● 键入"*measure*",或使用下拉菜单【绘图】→【点】→【定距等分】以激活"定距等分"命令,以间隔同样距离(此处为 6 个单位)放置一棵行道树的方式将其有规律地排列于辅助线上,得到如图 7-15 所示的行道树,相关的操作如下:

图 7-13　组团主干路网

命令: *measure*
选择要定距等分的对象:　　　　　　　　　　　(拾取待插入行道树的辅助线)
指定线段长度或 [块(B)]: *b*
输入要插入的块名: *X1*
是否对齐块和对象? [是(Y)/否(N)] <Y>: ↙
指定线段长度: *6*

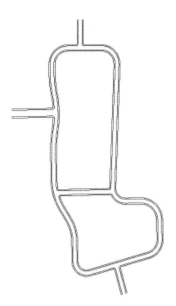

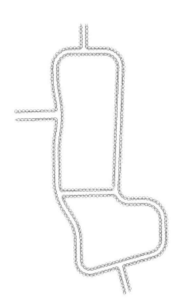

图 7-14　偏移后的组团主干路网　　　　　　图 7-15　删改前的行道树

● 使用 **Erase** 命令删除多余的行道树以及用来绘制行道树的辅助线，结果如图 7-16
所示。

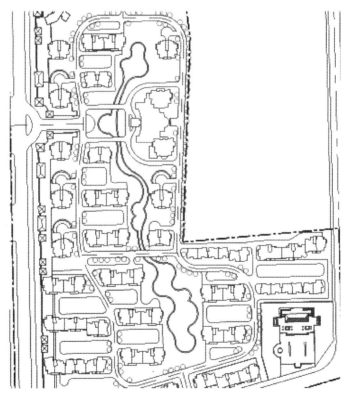

图 7-16　删改后的行道树

● 最后,采用同样的方法添加主干路旁的行道树。完成绘制的总平图如图 7-17 所示。

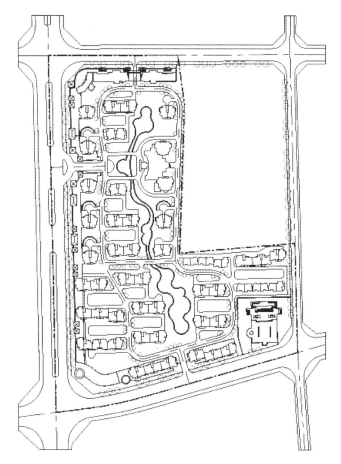

图 7-17　完成行道树绘制的总平图

6. 相关配套设施配置

相关配套设施包含停车场地、部分基建和休闲设施,可以综合使用 **Pline**、**Array** 等命令绘制或直接使用 **Insert** 命令插入已有块文件。

居住区机动车停车设施一般有集中或分散式停车库、集中或分散式停车场、路边分散式停车位和分散式私人停车房几种形式。机动车公共停车场用地面积,宜按当量小汽车停车位数计算。地面停车场用地面积,每个停车位宜为 $25\sim30\mathrm{m}^2$;停车楼和地下停车库的建筑面积,每停车位宜为 $30\sim50\mathrm{m}^2$。路边停车位的基本形式与尺寸根据不同的停车方式[①]有不同的规范标准。一般停车位可以综合使用 **Array** 和 **Offest** 命令进行绘制。添加好停车位和地下车库入口后的结果如图 7-18 所示。

组团中配置的儿童游憩场以及室外活动设施平面图可以参考图 7-19。

---

① 包括 90°后退停车、90°前进停车、平行停车、60°前进停车等。

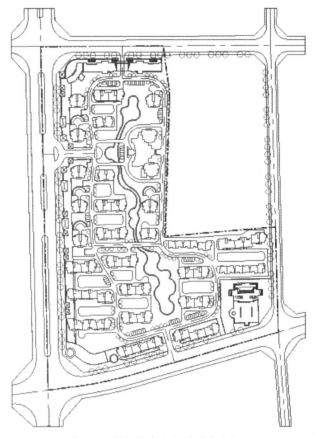

图 7-18　添加停车位和地下车库入口

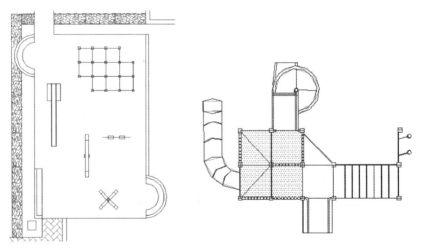

图 7-19　儿童游憩场以及室外活动设施平面图

　　需要注意的是,在方案绘制的整个阶段应注意用地平衡的调整和相关经济技术指标的控制。

7.4.3 后期完善阶段

1. 图形整理

删除图中多余的线条和其他图元,将车行道路倒圆角,有水系流经的道路应当考虑道路与水流的关系,确保河流图层置于道路图层之下。使用 **Purge** 命令清理文件,以消除不再使用的图层、块定义、文字样式、尺寸标注样式等内容。绘制完成的总图如图 7-20 所示。

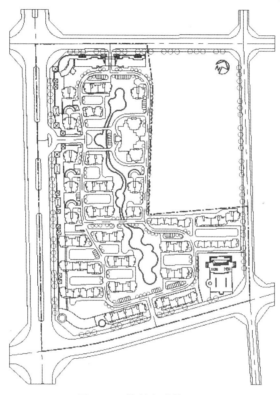

图 7-20 绘制完成的总图

2. 计算经济技术指标并按需调整方案

关闭除住宅、公建、道路图层以外的其余图层,闭合主要道路,计算相关经济技术指标。一般情况下,用来计算经济技术指标的基础性指标主要包括基底面积、建筑面积等。此处,我们将以计算公共建筑基底面积为例,介绍图形面积的量算方法。为简化起见,以下基底面积量算时所有的商住建筑均视为商业建筑。当然,在具体计算经济技术指标时应根据商住建筑面积对基底面积进行分摊。

(1)关闭除公建图层外的其他所有图层,激活 **Boundary** 命令,将所有公建的外轮廓创建为面域,边界创建对话框按图 7-21 所示设置。图 7-22 中

图 7-21 边界创建对话框

245

位于东南角的公建由于线条较多,不能直接使用 **Boundary** 命令创建外轮廓。用户可以先使用 **Pline** 命令并打开对象捕捉来描绘该公建的外轮廓线,进而用 **Region** 命令选择新创建的多段线对象并将其转化为面域对象,创建后的外轮廓如图 7-23 所示。

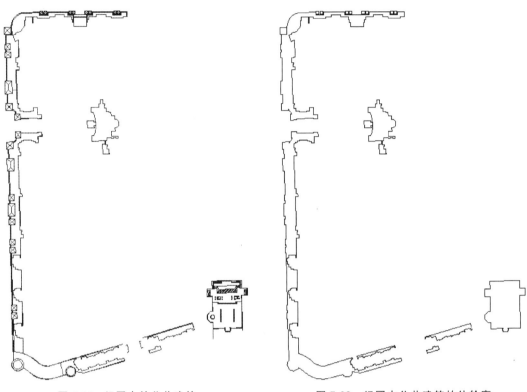

图 7-22　组团内的公共建筑　　　　　　图 7-23　组团内公共建筑的外轮廓

　(2) 新建图层"公建基底面积",用快速选择工具选择所有面域,将所有面域转到"公建基底面积"图层上,关闭公建图层。

　(3) 统计所有面域的面积。可采用以下三种方法,分别为面域统计、填充统计和直接统计。

●　面域统计。键入"*massprop*",或使用下拉菜单【工具】→【查询】→【面域/质量特性】,选择全部面域,弹出的文本窗口(见图 7-24)中将显示所有被选中面域的汇总面积。

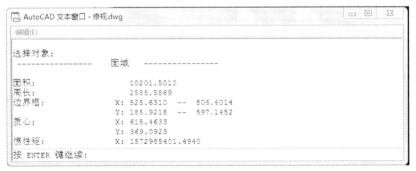

图 7-24　查询面域面积的窗口

● 填充统计。用"图案填充"（**Bhatch**）命令填充所有面域，选中填充对象，并用 **List** 命令查询面积（见图 7-25）。相关的内容可参考"城市控制性详细规划图绘制"这一章中的相关内容。

图 7-25　执行 List 命令后的窗口

在使用填充查询时应注意，待填充图形不一定为面域，但一定要闭合，并且不能有多余的线条和图案，否则面积可能会有误差。

● 直接统计。键入"*area*"以激活 **Area** 命令，键入"*a*"以选择"加"模式，键入"*o*"以选择对象，逐个累加面积。这种方法的局限是：当提示选择对象时，只能使用鼠标拾取一个对象，而不能使用其他的对象选择方式，因而操作繁琐、效率低且容易出错。

基底面积主要用于求建筑密度、平均层数等指标当中。在居住区规划中，住宅基底面积并不用来求住宅建筑总面积，后者一般由各种户型的面积按层数累加得到。

指标计算完成后，应根据规划设计要求所提出的指标与计算出来的方案指标的差异调整方案，调整结束后将一些重要的经济技术指标以表格的形式绘制于规划总平面图的合适位置（见表 7-5）。表格的绘制及编辑等内容请参考 6.3.4 中的相关内容。

表 7-5　技术经济指标表

技术经济指标	
规划用地	77077.6m³
建筑用地面积	23934.8m²
总建筑面积	127803.1m²
建筑密度	31.7%
绿地率	30%
容积率	1.54
户数	656 户
居住人口	1968 人
停车位	785 个

3. 文字和标注

居住区规划总平面中需标注住宅层数、幢号，以及部分公共建筑和公共游憩绿地的名称等。对于较低楼层，可以选用绘制点的方式标注层数。进行文字标注时，先利用 **Style** 命令设定文字样式，然后使用 **Dtext** 或 **Mtext** 命令进行标注，具体请见 4.2.5 中的相关内容。

在平面定位图、竖向设计图等图纸中还应标注道路宽度、交叉口和住宅坐标和标高等，但在一般示意性的总平面图中没有这方面的硬性要求。道路宽度、交叉口和住宅坐标及标高标注等内容请参考第 6 章中的相关内容。

4. 制作图例和图框等要素

居住区规划总平面图的图例一般不多。当总平面图中以序号方式标注公共建筑的用途或功能时,这些序号及其含义通常会出现在图例中,采用 **Dtext** 命令或 **Mtext** 命令便可以完成相关图例的绘制。当需要为某特定图形制作图例时,可综合使用复制(**Copy**)、缩放比例(**Scale**)等命令来完成相应图例的绘制。总平面图中的图例一般放置于图纸右下角,无明显边界的图例可以用矩形作为边框。

规划总平面图的图名、图框和图签可参考第 5 章相应内容的制作方法和注意事项进行绘制,此处不再赘述。

完成以上各环节的操作,得到的规划总平面图如图 7-26 所示。

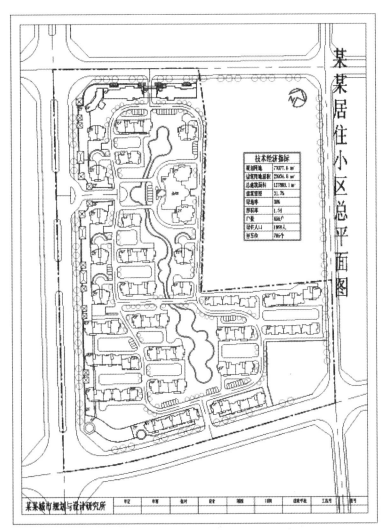

图 7-26 居住组团规划总平面 CAD 成图

7.4.4 PhotoShop 处理阶段

1. 图形输出

由于美观和成图的需要,一般都会将已经完成的 DWG 文件导入 PhotoShop 或 Corel-

Draw 进行后期处理。这些软件都不能直接打开 DWG 文件,因此需要将其转换为 Photo-Shop 或 CorelDraw 软件能直接读取的文件格式。在第 5.4 节中已经详细介绍了 DWG 文件如何转换为光栅文件,这里主要介绍如何将 DWG 文件转换为矢量图形 EPS 文件。

将 DWG 文件转换为 EPS 文件的好处在于:常用的图像图形软件如 PhotoShop 和 CorelDraw 等均能直接打开;在打印的时候无需指定像素大小,因而可以最大限度地保证原图的数据量,并应用于不同精度需求的图纸中。

在 CAD 中将 DWG 文件转换为 EPS 文件主要有以下两种方式:

(1) 矢量打印。同光栅打印一样,矢量打印也包括添加打印机和分层打印输出两个步骤。

为此,应首先添加相应的打印机。具体步骤如下:① 使用下拉菜单【文件】→【绘图仪管理器】;② 在弹出的"Plotters"窗口中双击"添加绘图仪向导"图标,在弹出的向导窗口中两次单击"下一步",在"添加绘图仪—绘图仪型号"窗口(见图 7-27)中,在"生产商"列表中选择"Adobe",在"型号"列表中选择"Postscript Level 1",连续单击"下一步",直至出现"添加绘图仪—完成"窗口后,单击"完成"按钮,Plotters 文件夹中将出现名为"Postscript Level 1.pc3"的绘图仪配置文件,打印机添加完成。

图 7-27　添加 Adobe 的 Postscript Level 1 绘图仪

使用下拉菜单【文件】→【打印】,或者使用"Ctrl+P"组合键,进入"打印-模型"对话框(见图 7-28),在"打印机/绘图仪"组合框中选择刚才新建的"Postscript Level 1.pc3",并勾选"打印到文件"复选框。在"打印比例"组合框中选择合适的比例,本例中设置为 1∶1,图纸尺寸选择 A1 幅面。

单击 预览(P)... 按钮,以预览方式查看打印的效果,来判断打印设置是否合理。若有诸如打印方向、样式等方面的设置问题,则重新设置后再执行预览功能,直至满意为止。

完成上述设置以后,打印页面设置基本完成。单击"页面设置"组合框中的 添加(.)... 按钮,在弹出的"添加页面设置"对话框中的"新页面设置名"输入框中输入"总平要素矢量输出",单击"确定"按钮;单击"应用到布局"按钮以便后续的矢量打印任务能使用当前的打印设置。注意在后续打印过程中确保"打印到文件"复选框始终处于勾选状态。

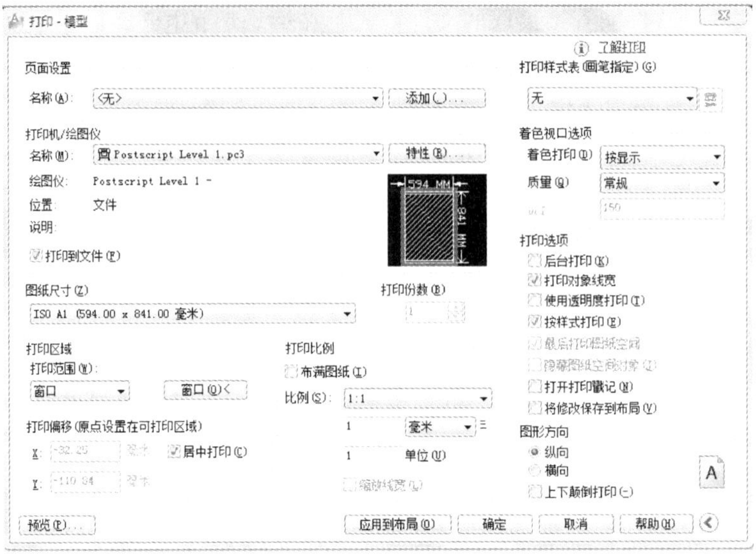

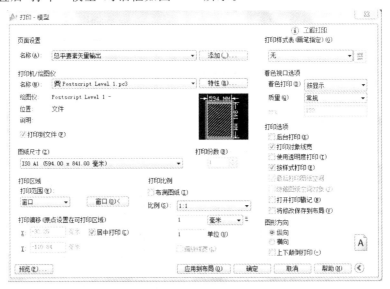

图 7-28 "打印—模型"对话框设置

完成配置后"打印—模型"对话框如图 7-29 所示。

图 7-29 "打印—模型"的最终配置

单击"确定"按钮,在弹出的"浏览打印文件"对话框中键入文件名,单击"保存"按钮后,AutoCAD 便启动矢量打印进程并将矢量图形文件保存到指定的路径下。采用"总平要素矢量输出"页面设置,逐层打印,直至导出所有需要用到的总平面图要素。

为了方便后续处理,应注意在路网输出之前将开口道路闭合。

(2)直接输出。在 AutoCAD 2012 中,用户也可以选用直接输出的方式生成 EPS 文件。使用下拉菜单【文件】→【输出】,或在命令行键入"**export**"激活"输出数据"对话框(见图

7-30），选择文件类型为"封装 PS"，指定文件名和输出路径后，单击"确定"按钮，即完成转换过程。直接输出的图面范围为当前视窗内的显示界面，与 DWG 文件的图形界限和所包含的图元要素的实际范围无关。为保证分层输出的 EPS 文件图形范围相同，应保证分层导出的过程中不使用视窗操作如视窗缩小、放大或平移，以免分层输出的要素发生错位或大小不匹配等情形。当需要执行视窗操作时，用户可配合 3.3.2 介绍过的命名视图和恢复视图等操作来输出图形。

图 7-30　输出数据对话框

　　本实例以"直接输出"的方式将图框、底图[①]、道路中心线、规划红线等要素导出成 EPS 文件。

2. 要素逐层导入 PhotoShop

（1）导入图框。EPS 格式的矢量图元文件可以在 PhotoShop[②] 中直接打开，启动 PhotoShop，并打开"图框.eps"文件。打开的过程中，PhotoShop 会对该 EPS 文件中的矢量要素进行栅格转换，并要求用户在弹出的"栅格化 通用 EPS 格式"对话框（见图 7-31）中输入转换后的像素大小。

图 7-31　EPS 文件栅格化对话框

---

　　① 本例中图形要素相对简单，故将建筑、道路、绿地边界线等要素放在一起导出，在图元要素比较多的图形文件中也可以将这些图层分层导出。

　　② 本例中所使用的是 PhotoShop 9.0 中文版。

点击"好"按钮以打开此 EPS 文件，并将文件另存为"总图.psd"。原始 DWG 文件中默认线宽为 0 的多段线以及其他直线、圆弧等要素输出至 EPS 文件后，由于所占像素太少，可能无法正常显示，此时可用"描边"命令加粗边线。

使用下拉菜单【编辑】→【描边】，应用程序弹出"描边"对话框（见图 7-32），在其中的"宽度"输入框中输入"10 像素"作为描边宽度，设置描边的颜色为黑色——RGB(0,0,0)。执行描边操作后的图框如图 7-33 所示。

图 7-32 "描边"对话框

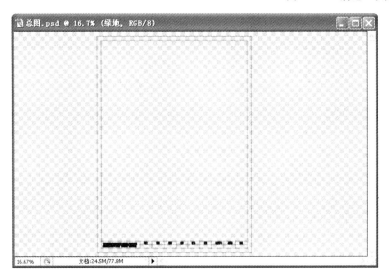

图 7-33 "描边"后的图框文件

在本例中导入图框文件是为了控制整体图形的比例大小，这里我们可以采用插入"参考线①"的方法模拟图形边界。使用下拉菜单【视图】→【新参考线】，激活"新参考线"对话框，采用如图 7-34 所示的设置，点击"好"按钮即在"0 厘米"的位置上新建一条垂直方向的参考线。

利用快捷键"V"或点按工具栏中的 按钮激活"移动"命令，将新参考线移动至边框边缘线位置。

图 7-34 "新参考线"对话框

采用同样方法创建其余 7 条参考线。使用下拉菜单【视图】→【锁定参考线】，或使用组合快捷键"Ctrl＋Alt＋;"锁定参考线，以免因误操作而发生移位，创建完成后的参考线如

---

① 参考线是 PhotoShop 中使用频率较高的辅助功能，这里我们主要使用它的定位功能，有兴趣的读者可深入研究其他的辅助效果。

图 7-35 所示。

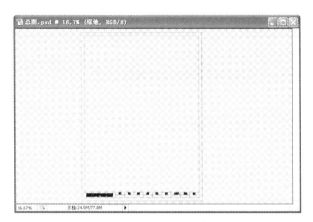

图 7-35 创建完成后的参考线

图 7-36 "图层"管理器

使用下拉菜单【窗口】→【图层】，或按快捷键"F7"以打开图层管理器（见图 7-36），右键点击 ◉ 右侧的图层名以开启右键菜单，点击此右键菜单最顶端的"图层属性"选项，在弹出的"图层属性"对话框（见图 7-37）中将图层名称更改为"图框"。

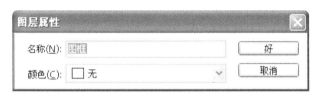

图 7-37 "图层属性"对话框

（2）导入底图。使用下拉菜单【文件】→【置入】，激活"置入"对话框，选择"底图"文件（见图 7-38）。此时在图面的左下角会出现待调整底图矢量图形，将该图形的外框与画布调整到大小一致，调整完毕后双击该图形，图形即被栅格化并置入一个以图形文件名命名的新图层。

当路网的边线不够宽时，可以使用"描边"命令加粗边线。

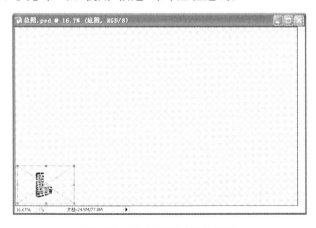

图 7-38 置入新图层后的界面

253

3. 制作路面

新建图层,并将新图层命名为"路面"。将"底图"图层置为当前层,使用魔棒工具 ✎ 选中所有路面区域,接着将当前图层切换至"路面"图层,使用组合键"Ctrl＋Backspace"填充白色背景色,结果如图 7-39 所示。

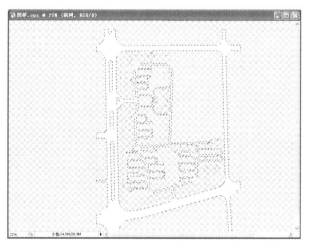

图 7-39　被填充白色的路面

用户也可以勾选"魔棒"工具框中的"用于所有图层"选项,直接在路面图层点选路网所在的图像区域并填充背景色。

进一步为路面添加杂色,以改善路面的显示效果。使用下拉菜单【滤镜】→【杂色】→【添加杂色】激活添加杂色对话框(见图 7-40),选择"高斯分布"选项,勾选"单色"复选框,并在"Amount"输入框中设置合适的杂色数量,点击"好"按钮以完成添加杂色过程。使用【滤镜】→【模糊】→【模糊】下拉菜单,使添加的杂色更加柔和。至此,水泥路面制作完成。使用组合

图 7-40　"添加杂色"对话框

键"Ctrl＋D"取消选区,得到图 7-41 所示的结果。

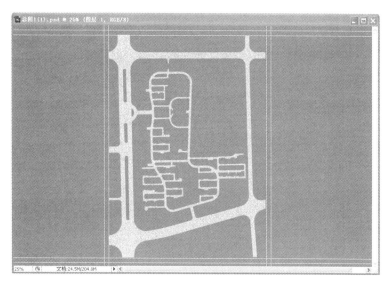

图 7-41 添加杂色并模糊处理后的路面

4. 填充人行道

创建名称为"人行道"的新图层。将"底图"图层置为当前层,利用"魔棒"或"索套"工具结合"Shift"键、"Ctrl＋'＋'"或"Ctrl＋'－'"组合键,选中全部人行道区域。将当前图层切换至"人行道"图层,令背景色为白色,使用"Ctrl＋BackSpace"组合键填充背景色,结果如图 7-42 所示。

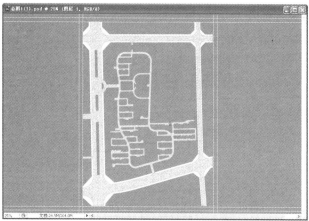

图 7-42 填充白色后的人行道

5. 添加铺地

打开"铺地.jpg"文件,使用下拉菜单【编辑】→【定义图案】,在弹出的对话框(见图 7-43)中点击"好"按钮,完成定义图案过程,关闭"铺地.jpg"文件。

图 7-43 填充工具属性栏

新建图层"铺地",在"底图"图层选中全部铺地区域,使用工具栏中的"油漆桶"工具 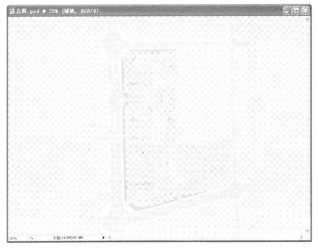,在上方的工具框中将填充方式选为"图案",并选择刚刚定义的铺地图案,在"铺地"图层中完成填充过程,如图 7-44 所示。

图 7-44 填充"图案"后的铺地

6. 添加绿地

添加绿地的过程与以上填充人行道一样,首先新建图层"绿地",在底图图层中选中所有绿地范围,将前景色设置为 RGB(51,126,0),使用前景色填充选区,结果如图 7-45 所示。

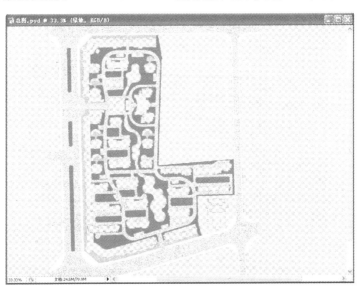

图 7-45 填充后的绿地

7. 绘制公建和住宅

建筑物是居住区规划中的主体部分,由于投影关系,这里我们按照建筑物层数分几步来绘制公建和住宅,首先从二层开始。新建二层建筑和二层建筑阴影两个新图层,选中所有二层建筑区域,在二层建筑图层上将此区域填为白色,在二层建筑阴影图层上将此区域填为黑色。在工具栏中选中"移动工具",配合"Alt"键和"↑"、"→"方向键,将阴影区域扩展到合适的范围。为阴影区域选择合适的透明度,得到如图 7-46 所示的结果。

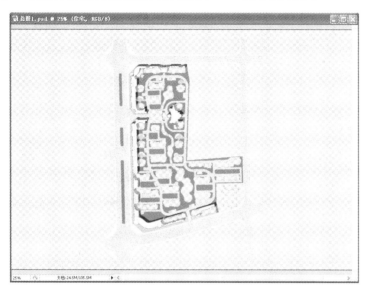

图 7-46 填充后的二层建筑及阴影

使用同样的方法处理其余建筑,完成后对部分阴影区域进行修剪,调整图层叠放顺序,结果如图 7-47 所示。

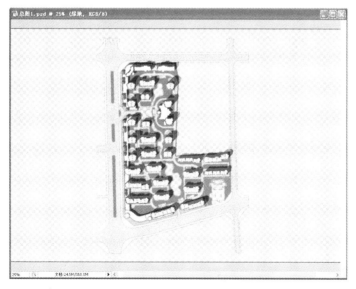

图 7-47 处理完成的建筑及阴影

8. 添加水系和停车位

新建"水岸"和"水系"两个图层,参照上述方法将水岸填充为白色。水系的填充选用渐变工具,选择线性渐变,将前景色和背景色分别调为 RGB(105,141,173)和 RGB(81,125,164)。水系填充完成后,为保证真实效果,应给水系添加内阴影。将鼠标焦点切换到

257

图层管理器,在"水系"图层上点击右键,选择"混合选项",激活"图层样式"对话框,勾选"内阴影"复选框,参照图 7-48 在"内阴影"组合框中设置合适的内阴影参数。点击"好"按钮,即为"水系"图层添加了"内阴影"效果,结果如图 7-49 所示。

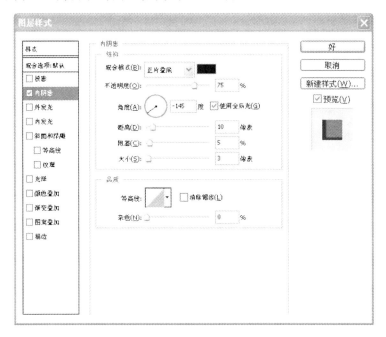

图 7-48 "图层样式"对话框及"内阴影"选项

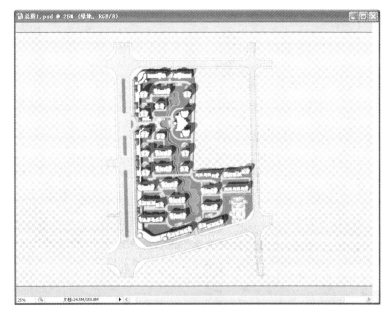

图 7-49 "水系"图层添加"内阴影"

将前景色设为 RGB(131,186,92),用填充绿地的方法填充停车位。

9. 添加花坛

打开文件"花坛.psd"①,用移动工具将其移动到总平面图中的合适位置,使用"Ctrl＋T"组合键将花坛缩放到合适大小。用同样的方法处理右下方的公建建筑,结果如图 7-50 所示。

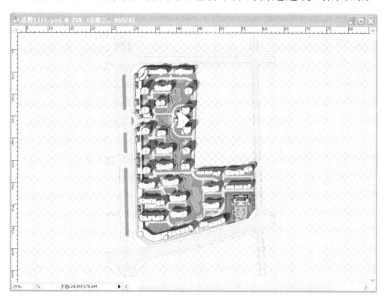

图 7-50　添加花坛和公建

10. 添加道路中心线和规划红线

分别导入"道路中心线.eps"和"规划红线.eps",在"图层样式"对话框中为规划红线设定合适的阴影,结果如图 7-51 所示。

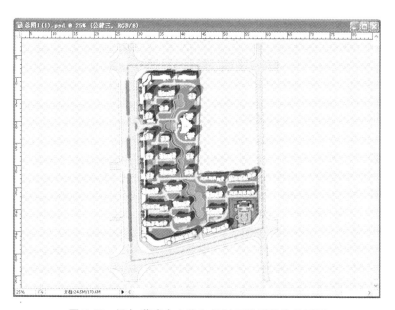

图 7-51　添加道路中心线和规划红线后的总平面图

---

① 此 PSD 文件中仅有一个非背景层的图层,除花坛区域外,其他图像区域已经删除。

11．添加植物

打开"树木.jpg"文件，将树木选中并拖动到"总平面图.psd"所在的窗口中，将新创建的图层更名为"绿化"，选中此图层的有效像素范围，使用组合键"移动工具＋Alt"，创建树木的多个副本，完成后为"绿化"图层添加"投影"效果，并关闭"树木.jpg"，结果如图 7-52 所示。

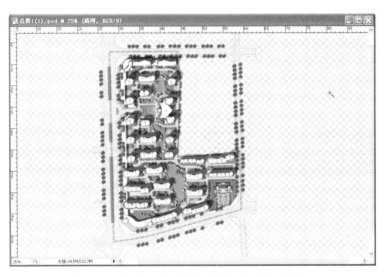

图 7-52　添加景观植物与行道树后的总平面图

12．调整完善

为规划红线以外的图像区域添加背景，调整图层顺序，结果如图 7-53 所示。

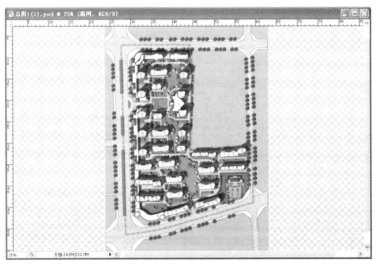

图 7-53　后期调整后的总图

13．添加图框等要素

添加指北针、技术经济指标、图框、图名等绘图要素。最终的居住小区修建性详细规划总平面图如图 7-54 所示。

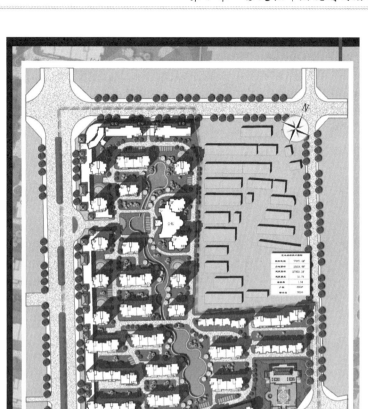

图 7-54 ××居住小区修建性详细规划总平面图

习题与思考

1. 绘制如图 7-55 所示的某居住区修建性详细规划总平面图。

（1）可能使用的命令："单位"（**Units**）、"插入块"（**Insert**）、"多段线"（**Pline**）、"多段线编辑"（**Pedit**）、"偏移"（**Offset**）、"修剪"（**Trim**）、"倒圆角"（**Fillet**）、"复制"（**Copy**）、"旋转"（**Rotate**）、"移动"（**Move**）和"文字"（**Mtext**）。

（2）绘制步骤提示：

① 新建"某居住区修规总平面图.dwg"文件，参照图 7-2 添加必要的图层。在命令栏输入"*units*"，将单位设置为 m。

② 使用"插入块"命令，令插入点为（0,0,0），将：习题素材\第 7 章\地形图.dwg 和习题素材\第 7 章\规划信息.dwg 插入到当前图形文件，插入"规划信息.dwg"时需勾选"分解"

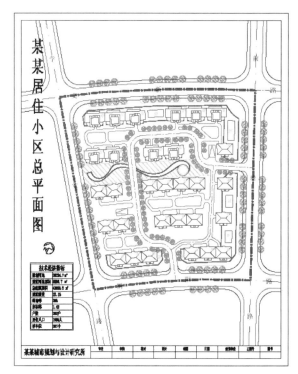

图 7-55　某居住小区总平面图

选项,结果如图 7-56 所示。

图 7-56　插入地形图和规划信息

③ 使用"偏移"法绘制小区道路,道路宽度分别为 7m 和 4m,如图 7-57 所示。

图 7-57　绘制完成的小区道路

④ 用"插入块"和复制粘贴块的方式批量排布住宅,所涉及的两种户型的 DWG 文档位于:素材库\修规户型 1. dwg 和素材库\修规户型 2. dwg。使用"多段线"绘制底层商业建筑,效果如图 7-58 所示。

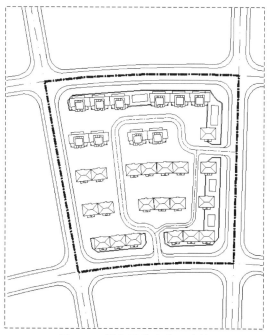

图 7-58　添加居住和商业建筑

⑤ 使用"偏移"命令绘制组团路和入户路,其宽度分别为 2.5m 和 2m,如图 7-59 所示。

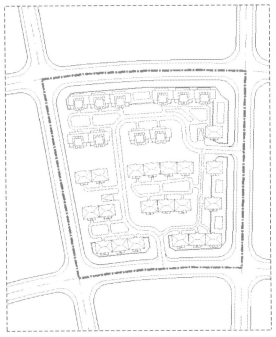

图 7-59　绘制完成的组团路和入户路

⑥ 使用"多段线"、"样条曲线"、"偏移"、"修剪"等命令,绘制小区绿化和水体,如图 7-60 所示。

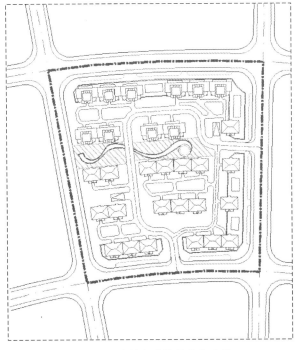

图 7-60　绘制完成的绿化和水体

⑦ 插入块"行道树 1"和"行道树 2"。采用"定距等分"命令绘制城市干道和小区道路边的行道树,如图 7-61 所示。

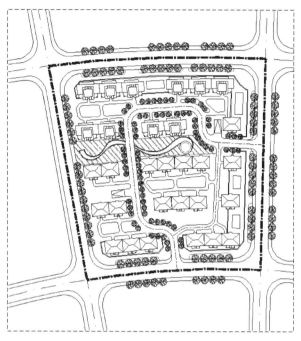

图 7-61　定距等分绘制行道树

⑧ 最后,使用"文字"命令标注建筑层数,并添加图框、指北针、路名、指标图等要素。

附录一 AutoCAD 快捷命令一览表

快捷键	命 令	快捷键	命令全称
3a	3darray	Bh	Hatch
3dmirror	Mirror3d	Blendsrf	Surfblend
3dnavigate	3DWALK	BO	BOUNDARY
3do	3dorbit	—Bo	—Boundary
3dp	3dprint	Br	Break
3dplot	3dprint	Bs	Bsave
3dw	3dwalk	Bvs	Bvstate
3f	3dface	C	Circle
3m	3dmove	Cam	Camera
3p	3dpoly	Cbar	Constraintbar
3r	3drotate	Ch	Properties
3s	3dscale	—Ch	Change
A	Arc	Cha	Chamfer
Ac	Baction	Chk	Checkstandards
Adc	Adcenter	Cli	Commandline
Aectoacad	—Exporttoautocad	Col	Color
Aa	Area	Colour	Color
Al	Align	Co	Copy
3al	3dalign	Convtomesh	Meshsmooth
Ap	Appload	Cp	Copy
Aplay	Allplay	Cparam	Bcparameter
Ar	Array	Crease	Meshcrease
—Ar	—Array	Createsolid	Surfsculpt
Arr	Actrecord	Csettings	Constraintsettings

续　表

快捷键	命　令	快捷键	命令全称
Arm	Actusermessage	Ct	Ctablestyle
－Arm	－Actusermessage	Cube	Navvcube
Aru	Actuserinput	Curvatureanalysis	Analysiscurvature
Ars	Actstop	Cyl	Cylinder
－Ars	－Actstop	D	Dimstyle
Ati	Attipedit	Dal	Dimaligned
Att	Attdef	Dan	Dimangular
－Att	－Attdef	Dar	Dimarc
Ate	Attedit	Jog	Dimjogged
－Ate	－Attedit	Dba	Dimbaseline
Atte	－Attedit	Dbc	Dbconnect
B	Block	Dc	Adcenter
－B	－Block	Dce	Dimcenter
Bc	Bclose	Dcenter	Adcenter
Be	Bedit	Dco	Dimcontinue
Dcon	Dimconstraint	Fshot	Flatshot
Dda	Dimdisassociate	G	Group
Ddi	Dimdiameter	－G	－Group
Ded	Dimedit	Gcon	Geomconstraint
Delcon	Delconstraint	Gd	Gradient
Di	Dist	Generatesection	Sectionplanetoblock
Div	Divide	Geo	Geographiclocation
Djl	Dimjogline	Gr	Ddgrips
Djo	Dimjogged	H	Hatch
Dl	Datalink	－H	－Hatch
Dli	Dimlinear	He	Hatchedit
Dlu	Datalinkupdate	Hb	Hatchtoback
Do	Donut	Hi	Hide
Dor	Dimordinate	I	Insert
Dov	Dimoverride	－I	－Insert

续　表

快捷键	命　令	快捷键	命令全称
Dr	Draworder	Iad	Imageadjust
Dra	Dimradius	Iat	Imageattach
Draftangleanalysis	Analysisdraftangle	Icl	Imageclip
Dre	Dimreassociate	Im	Image
Drm	Drawingrecovery	—Im	—Image
Ds	Dsettings	Imp	Import
Dst	Dimstyle	In	Intersect
Dt	Text	Insertcontrolpoint	Cvadd
Dv	Dview	Inf	Interfere
Dx	Dataextraction	Io	Insertobj
E	Erase	Isolate	Isolateobjects
Ed	Ddedit	Qvd	Qvdrawing
El	Ellipse	Qvdc	Qvdrawingclose
Er	Externalreferences	Qvl	Qvlayout
Eshot	Editshot	Qvlc	Qvlayoutclose
Ex	Extend	J	Join
Exit	Quit	Jogsection	Sectionplanejog
Exp	Export	L	Line
Ext	Extrude	La	Layer
Extendsrf	Surfextend	—La	—Layer
F	Fillet	Las	Layerstate
Fi	Filter	Le	Qleader
Filletsrf	Surffillet	Len	Lengthen
Freepoint	Pointlight	Less	Meshsmoothless
Dcon	Dimconstraint	Fshot	Flatshot
Dda	Dimdisassociate	G	Group
Li	List	Orbit	3dorbit
Li	List	Orbit	3dorbit
Lineweight	Lweight	Os	Osnap

续　表

快捷键	命　令	快捷键	命令全称
Lman	Layerstate	－Os	－Osnap
Lo	－Layout	P	Pan
Ls	List	－P	－Pan
Lt	Linetype	Pa	Pastespec
－Lt	－Linetype	Rapidprototype	3dprint
Ltype	Linetype	Par	Parameters
－Ltype	－Linetype	－Par	－Parameters
Lts	Ltscale	Param	Bparameter
Lw	Lweight	Partialopen	－Partialopen
M	Move	Patch	Surfpatch
Ma	Matchprop	Pc	Pointcloud
Mat	Matbrowseropen	Pcattach	Pointcloudattach
Me	Measure	Pcindex	Pointcloudindex
Mea	Measuregeom	Pe	Pedit
Mi	Mirror	Pl	Pline
Ml	Mline	Po	Point
Mla	Mleaderalign	Poff	Hidepalettes
Mlc	Mleadercollect	Pointon	Cvshow
Mld	Mleader	Pointoff	Cvhide
Mle	Mleaderedit	Pol	Polygon
Mls	Mleaderstyle	Pon	Showpalettes
Mo	Properties	Pr	Properties
More	Meshsmoothmore	Prclose	Propertiesclose
Motion	Navsmotion	Props	Properties
Motioncls	Navsmotionclose	Pre	Preview
Ms	Mspace	Print	Plot
Msm	Markup	Ps	Pspace
Mt	Mtext	Psolid	Polysolid
Mv	Mview	Ptw	Publishtoweb
Networksrf	Surfnetwork	Pu	Purge

续　表

快捷键	命　令	快捷键	命令全称
North	Geographiclocation	－Pu	－Purge
Northdir	Geographiclocation	Pyr	Pyramid
Nshot	Newshot	Qc	Quickcalc
Nview	Newview	Qcui	Quickcui
O	Offset	Qp	Quickproperties
Offsetsrf	Surfoffset	R	Redraw
_Op	Options	Ra	Redrawall
Li	List	Orbit	3dorbit
Lineweight	Lweight	Os	Osnap
Lman	Layerstate	－Os	－Osnap
Rc	Rendercrop	Ta	Tablet
Re	Regen	Tb	Table
Rea	Regenall	Tedit	Textedit
Rebuild	Cvrebuild	Th	Thickness
Rec	Rectang	Ti	Tilemode
Refine	Meshrefine	To	Toolbar
Reg	Region	Tol	Tolerance
Removecontrolpoint	Cvremove	Tor	Torus
Ren	Rename	Tp	Toolpalettes
－Ren	－Rename	Tr	Trim
Rev	Revolve	Ts	Tablestyle
Ro	Rotate	Uc	Ucsman
Rp	Renderpresets	Un	Units
Rpr	Rpref	－Un	－Units
Rr	Render	Uncrease	Meshuncrease
Rw	Renderwin	Unhide	Unisolateobjects
S	Stretch	Uni	Union
Sc	Scale	Unisolate	Unisolateobjects
Scr	Script	V	View
Se	Dsettings	Vgo	Viewgo

快捷键	命　令	快捷键	命令全称
Sec	Section	Vplay	Viewplay
Set	Setvar	−V	−View
Sha	Shademode	Vp	Ddvpoint
Sl	Slice	−Vp	Vpoint
Smooth	Meshsmooth	Vs	Vscurrent
Sn	Snap	Vsm	Visualstyles
So	Solid	−Vsm	−Visualstyles
Sp	Spell	W	Wblock
Spl	Spline	−W	−Wblock
Splane	Sectionplane	We	Wedge
Splay	Sequenceplay	Wheel	Navswheel
Split	Meshsplit	X	Explode
Spe	Splinedit	Xa	Xattach
Ssm	Sheetset	Xb	Xbind
St	Style	−Xb	−Xbind
Sta	Standards	Xc	Xclip
Su	Subtract	Xl	Xline
T	Mtext	Xr	Xref
−T	−Mtext	−Xr	−Xref
Rc	Rendercrop	Ta	Tablet
Re	Regen	Tb	Table
Rea	Regenall	Tedit	Textedit
Z	Zoom	Zebra	Analysiszebra

备注:命令名称前加"−"表示在使用该命令时用户通过键盘在命令行输入参数,而不是使用对话框与 AutoCAD 进行交互。

附录二 AutoCAD 命令中英文对照表

英 文 命 令	中 文 解 释
3d	创建三维多边形网格对象
3darray	创建三维阵列
3dclip	启用交互式三维视图并打开"调整剪裁平面"窗口
3dcorbit	启用交互式三维视图并允许用户设置对象在三维视图中连续运动
3ddistance	启用交互式三维视图并使对象显示得更近或更远
3dface	创建三维面
3dmesh	创建自由格式的多边形网格
3dorbit	控制在三维空间中交互式查看对象
3dpan	启用交互式三维视图并允许用户水平或垂直拖动视图
3dpoly	在三维空间中使用"连续"线型创建由直线段组成的多段线
3dsin	输入 3D Studio（3DS）文件
3dsout	输出 3D Studio（3DS）文件
3dswivel	启用交互式三维视图模拟旋转相机的效果
3dzoom	启用交互式三维视图使用户可以缩放视图
A	
About	显示关于 AutoCAD 的信息
Acisin	输入 ACIS 文件
Acisout	将 AutoCAD 实体对象输出到 ACIS 文件中
Adcclose	关闭 AutoCAD 设计中心
Adcenter	管理内容
Adcnavigate	将 AutoCAD 设计中心的桌面引至用户指定的文件名、目录名或网络路径
Align	在二维和三维空间中将某对象与其他对象对齐
Ameconvert	将 AME 实体模型转换为 AutoCAD 实体对象
Aperture	控制对象捕捉靶框大小

英 文 命 令	中 文 解 释
Appload	加载或卸载应用程序并指定启动时要加载的应用程序
Arc	创建圆弧
Area	计算对象或指定区域的面积和周长
Array	创建按指定方式排列的多重对象副本
Arx	加载、卸载和提供关于 ObjectARX 应用程序的信息
Attdef	创建属性定义
Attdisp	全局控制属性的可见性
Attedit	改变属性信息
Attext	提取属性数据
Attredef	重定义块并更新关联属性
Audit	检查图形的完整性
B	
Background	设置场景的背景效果
Base	设置当前图形的插入基点
Bhatch	使用图案填充封闭区域或选定对象
Blipmode	控制点标记的显示
Block	根据选定对象创建块定义
Blockicon	为 R14 或更早版本创建的块生成预览图像
Bmpout	按与设备无关的位图格式将选定对象保存到文件中
Boundary	从封闭区域创建面域或多段线
Box	创建三维的长方体
Break	部分删除对象或把对象分解为两部分
Browser	启动系统注册表中设置的缺省 Web 浏览器
C	
Cal	计算算术和几何表达式的值
Camera	设置相机和目标的不同位置
Chamfer	给对象的边加倒角
Change	修改现有对象的特性
Chprop	修改对象的颜色、图层、线型、线型比例因子、线宽、厚度和打印样式
Circle	创建圆

续 表

英 文 命 令	中 文 解 释
Close	关闭当前图形
Color	定义新对象的颜色
Compile	编译形文件和 PostScript 字体文件
Cone	创建三维实体圆锥
Convert	优化 AutoCAD R13 或更早版本创建的二维多段线和关联填充
Copy	复制对象
Copybase	带指定基点复制对象
Copyclip	将对象复制到剪贴板
Copyhist	将命令行历史记录文字复制到剪贴板
Copylink	将当前视图复制到剪贴板中,以使其可被链接到其他 OLE 应用程序
Cutclip	将对象复制到剪贴板并从图形中删除对象
Cylinder	创建三维实体圆柱
D	
Dbcclose	关闭"数据库连接"管理器
Dbconnect	为外部数据库表提供 AutoCAD 接口
Dblist	列出图形中每个对象的数据库信息
Ddedit	编辑文字和属性定义
Ddptype	指定点对象的显示模式及大小
Ddvpoint	设置三维观察方向
Delay	在脚本文件中提供指定时间的暂停
Dim 和 Dim1	进入标注模式
Dimaligned	创建对齐线性标注
Dimangular	创建角度标注
Dimbaseline	从上一个或选定标注的基线处创建线性、角度或坐标标注
Dimcenter	创建圆和圆弧的圆心标记或中心线
Dimcontinue	从上一个或选定标注的第二尺寸界线处创建线性、角度或坐标标注
Dimdiameter	创建圆和圆弧的直径标注
Dimedit	编辑标注
Dimlinear	创建线性尺寸标注
Dimordinate	创建坐标点标注

续　表

英 文 命 令	中 文 解 释
Dimoverride	替换标注系统变量
Dimradius	创建圆和圆弧的半径标注
Dimstyle	创建或修改标注样式
Dimtedit	移动和旋转标注文字
Dist	测量两点之间的距离和角度
Divide	将点对象或块沿对象的长度或周长等间隔排列
Donut	绘制填充的圆和环
Dragmode	控制 AutoCAD 显示拖动对象的方式
Draworder	修改图像和其他对象的显示顺序
Dsettings	指定捕捉模式、栅格、极坐标和对象捕捉追踪的设置
Dsviewer	打开"鸟瞰视图"窗口
Dview	定义平行投影或透视视图
Dwgprops	设置和显示当前图形的特性
Dxbin	输入特殊编码的二进制文件
E	
Edge	修改三维面的边缘可见性
Edgesurf	创建三维多边形网格
Elev	设置新对象的拉伸厚度和标高特性
Ellipse	创建椭圆或椭圆弧
Erase	从图形中删除对象
Explode	将组合对象分解为对象组件
Export	以其他文件格式保存对象
Expresstools	如果已安装 AutoCAD 快捷工具但没有运行,则运行该工具
Extend	延伸对象到另一对象
Extrude	通过拉伸现有二维对象来创建三维原型
F	
Fill	控制多线、宽线、二维填充、所有图案填充和宽多段线的填充
Fillet	给对象的边加圆角
Filter	创建可重复使用的过滤器以便根据特性选择对象
Find	查找、替换、选择或缩放指定的文字
Fog	控制渲染雾化

续 表

英 文 命 令	中 文 解 释
G	
Graphscr	从文本窗口切换到图形窗口
Grid	在当前视窗中显示点栅格
Group	创建对象的命名选择集
H	
Hatch	用图案填充一块指定边界的区域
Hatchedit	修改现有的图案填充对象
Help	显示联机帮助
Hide	重生成三维模型时不显示隐藏线
Hyperlink	附着超级链接到图形对象或修改已有的超级链接
Hyperlinkoptions	控制超级链接光标的可见性及超级链接工具栏提示的显示
I	
Id	显示位置的坐标
Image	管理图像
Imageadjust	控制选定图像的亮度、对比度和褪色度
Imageattach	向当前图形中附着新的图像对象
Imageclip	为图像对象创建新剪裁边界
Imageframe	控制图像边框是显示在屏幕上还是在视图中隐藏
Imagequality	控制图像显示质量
Import	向 AutoCAD 输入多种文件格式
Insert	将命名块或图形插入到当前图形中
Insertobj	插入链接或嵌入对象
Interfere	用两个或多个三维实体的公用部分创建三维组合实体
Intersect	用两个或多个实体或面域的交集创建组合实体或面域并删除交集以外的部分
Isoplane	指定当前等轴测平面
L	
Layer	管理图层
Layout	创建新布局和重命名、复制、保存或删除现有布局
Layoutwizard	启动"布局"向导,通过它可以指定布局的页面和打印设置
Leader	创建一条引线将注释与一个几何特征相连

英 文 命 令	中 文 解 释
Lengthen	拉长对象
Light	处理光源和光照效果
Limits	设置并控制图形边界和栅格显示
Line	创建直线段
Linetype	创建、加载和设置线型
List	显示选定对象的数据库信息
Load	加载形文件，为 SHAPE 命令加载可调用的形
Logfileoff	关闭 LOGFILEON 命令打开的日志文件
Logfileon	将文本窗口中的内容写入文件
Lsedit	编辑配景对象
Lslib	管理配景对象库
Lsnew	在图形上添加具有真实感的配景对象，例如树和灌木丛
Ltscale	设置线型比例因子
Lweight	设置当前线宽、线宽显示选项和线宽单位
M	
Massprop	计算并显示面域或实体的质量特性
Matchprop	把某一对象的特性复制给其他若干对象
Matlib	材质库输入输出
Measure	将点对象或块按指定的间距放置
Menu	加载菜单文件
Menuload	加载部分菜单文件
Menuunload	卸载部分菜单文件
Minsert	在矩形阵列中插入一个块的多个引用
Mirror	创建对象的镜像副本
Mirror3d	创建相对于某一平面的镜像对象
Mledit	编辑多重平行线
Mline	创建多重平行线
Mlstyle	定义多重平行线的样式
Model	从布局选项卡切换到模型选项卡并把它置为当前
Move	在指定方向上按指定距离移动对象

续　表

英 文 命 令	中 文 解 释
Mslide	为模型空间的当前视窗或图纸空间的所有视窗创建幻灯片文件
Mspace	从图纸空间切换到模型空间视窗
Mtext	创建多行文字
Multiple	重复下一条命令直到被取消
Mview	创建浮动视窗和打开现有的浮动视窗
Mvsetup	设置图形规格
N	
New	创建新的图形文件
O	
Offset	创建同心圆、平行线和平行曲线
Olelinks	更新、修改和取消现有的 OLE 链接
Olescale	显示"OLE 特性"对话框
Oops	恢复已被删除的对象
Open	打开现有的图形文件
Options	自定义 AutoCAD 设置
Ortho	约束光标的移动
Osnap	设置对象捕捉模式
P	
Pagesetup	指定页面布局、打印设备、图纸尺寸,以及为每个新布局指定设置
Pan	移动当前视窗中显示的图形
Partialload	将附加的几何图形加载到局部打开的图形中
Partialopen	将选定视图或图层中的几何图形加载到图形中
Pasteblock	将复制的块粘贴到新图形中
Pasteclip	插入剪贴板数据
Pasteorig	使用原图形的坐标将复制的对象粘贴到新图形中
Pastespec	插入剪贴板数据并控制数据格式
Pcinwizard	显示向导,将 PCP 和 PC2 配置文件中的打印设置输入到"模型"选项卡或当前布局
Pedit	编辑多段线和三维多边形网格
Pface	逐点创建三维多面网格
Plan	显示用户坐标系平面视图

英 文 命 令	中 文 解 释
Pline	创建二维多段线
Plot	将图形打印到打印设备或文件
Plotstyle	设置新对象的当前打印样式,或者选定对象中已指定的打印样式
Plottermanager	显示打印机管理器,从中可以启动"添加打印机"向导和"打印机配置编辑器"
Point	创建点对象
Polygon	创建闭合的等边多段线
Preview	显示打印图形的效果
Properties	控制现有对象的特性
Propertiesclose	关闭"特性"窗口
Psdrag	在使用 Psin 输入 PostScript 图像并拖动到适当位置时控制图像的显示
Psetupin	将用户定义的页面设置输入到新的图形布局
Psfill	用 PostScript 图案填充二维多段线的轮廓
Psin	输入 PostScript 文件
Psout	创建封装 PostScript 文件
Pspace	从模型空间视窗切换到图纸空间
Purge	删除图形数据库中没有使用的命名对象,例如块或图层
Q	
Qdim	快速创建标注
Qleader	快速创建引线和引线注释
Qsave	快速保存当前图形
Qselect	基于过滤条件快速创建选择集
Qtext	控制文字和属性对象的显示和打印
Quit	退出 AutoCAD
R	
Ray	创建单向无限长的直线
Recover	修复损坏的图形
Rectang	绘制矩形多段线
Redefine	恢复被 Undefine 替代的 AutoCAD 内部命令
Redo	恢复前一个 Undo 或 U 命令放弃执行的效果

续　表

英 文 命 令	中 文 解 释
Redraw	刷新显示当前视窗
Redrawall	刷新显示所有视窗
Refclose	存回或放弃在位编辑参照(外部参照或块)时所作的修改
Refedit	选择要编辑的参照
Refset	在位编辑参照(外部参照或块)时,从工作集中添加或删除对象
Regen	重新生成图形并刷新显示当前视窗
Regenall	重新生成图形并刷新所有视窗
Regenauto	控制自动重新生成图形
Region	从现有对象的选择集中创建面域对象
Reinit	重新初始化数字化仪、数字化仪的输入/输出端口和程序参数文件
Rename	修改对象名
Render	创建三维线框或实体模型的具有真实感的着色图像
Rendscr	重新显示由 RENDER 命令执行的最后一次渲染
Replay	显示 BMP、TGA 或 TIFF 图像
Resume	继续执行一个被中断的脚本文件
Revolve	绕轴旋转二维对象以创建实体
Revsurf	创建围绕选定轴旋转而成的旋转曲面
Rmat	管理渲染材质
Rotate	绕基点移动对象
Rotate3d	绕三维轴移动对象
Rpref	设置渲染系统配置
Rscript	创建不断重复的脚本
Rulesurf	在两条曲线间创建直纹曲面
S	
Save	用当前或指定文件名保存图形
Saveas	指定名称保存未命名的图形或重命名当前图形
Saveimg	用文件保存渲染图像
Scale	在 X、Y 和 Z 方向等比例放大或缩小对象
Scene	管理模型空间的场景
Script	用脚本文件执行一系列命令

英 文 命 令	中 文 解 释
Section	用剖切平面和实体截交创建面域
Select	将选定对象置于"上一个"选择集中
Setuv	将材质贴图到对象表面
Setvar	列出系统变量或修改变量值
Shademode	在当前视窗中着色对象
Shape	插入形
Shell	访问操作系统命令
Showmat	列出选定对象的材质类型和附着方法
Sketch	创建一系列徒手画线段
Slice	用平面剖切一组实体
Snap	规定光标按指定的间距移动
Soldraw	在用 Solview 命令创建的视窗中生成轮廓图和剖视图
Solid	创建二维填充多边形
Solidedit	编辑三维实体对象的面和边
Solprof	创建三维实体图像的剖视图
Solview	在布局中使用正投影法创建浮动视窗来生成三维实体及体对象的多面视图与剖视图
Spell	检查图形中文字的拼写
Sphere	创建三维实体球体
Spline	创建二次或三次样条曲线
Splinedit	编辑样条曲线对象
Stats	显示渲染统计信息
Status	显示图形统计信息、模式及范围
Stlout	将实体保存到 ASCII 或二进制文件中
Stretch	移动或拉伸对象
Style	创建或修改已命名的文字样式以及设置图形中文字的当前样式
Stylesmanager	显示"打印样式管理器"
Subtract	用差集创建组合面域或实体
Syswindows	排列窗口
T	
Tablet	校准、配置、打开和关闭已安装的数字化仪器

续　表

英 文 命 令	中 文 解 释
Tabsurf	沿方向矢量和路径曲线创建平移曲面
Text	创建单行文字
Textscr	打开 AutoCAD 文本窗口
Time	显示图形的日期及时间统计信息
Tolerance	创建形位公差标注
Toolbar	显示、隐藏和自定义工具栏
Torus	创建圆环形实体
Trace	创建实线
Transparency	控制图像的背景像素是否透明
Treestat	显示关于图形当前空间索引的信息
Trim	用其他对象定义的剪切边修剪对象
U	
U	放弃上一次操作
Ucs	管理用户坐标系
Ucsicon	控制视窗 UCS 图标的可见性和位置
Ucsman	管理已定义的用户坐标系
Undefine	允许应用程序定义的命令替代 AutoCAD 内部命令
Undo	放弃命令的效果
Union	通过并运算创建组合面域或实体
Units	设置坐标和角度的显示格式和精度
V	
Vbaide	显示 Visual Basic 编辑器
Vbaload	将全局 VBA 工程加载到当前 AutoCAD 任务中
Vbaman	加载、卸载、保存、创建、内嵌和提取 VBA 工程
Vbarun	运行 VBA 宏
Vbastmt	在 AutoCAD 命令行中执行 VBA 语句
Vbaunload	卸载全局 VBA 工程
View	保存和恢复已命名的视图
Viewres	设置在当前视窗中生成的对象的分辨率
Vlisp	显示 Visual LISP 交互式开发环境（IDE）

续　表

英　文　命　令	中　文　解　释
Vpclip	剪裁视窗对象
Vplayer	设置视窗中图层的可见性
Vpoint	设置图形的三维直观图的查看方向
Vports	将绘图区域拆分为多个平铺的视窗
Vslide	在当前视窗中显示图像幻灯片文件
W	
Wblock	将块对象写入新图形文件
Wedge	创建三维实体使其倾斜面尖端沿 X 轴正向
Whohas	显示打开的图形文件的内部信息
Wmfin	输入 Windows 图元文件
Wmfopts	设置 Wmfin 选项
Wmfout	以 Windows 图元文件格式保存对象
X	
Xattach	将外部参照附着到当前图形中
Xbind	将外部参照依赖符号绑定到图形中
Xclip	定义外部参照或块剪裁边界，并且设置前剪裁面和后剪裁面
Xline	创建无限长的直线（即参照线）
Xplode	将组合对象分解为组建对象
Xref	外部参照管理器
Z	
Zoom	放大或缩小当前视窗对象的外观尺寸

附录三 系统变量一览表

变 量 名 称	含 义 及 用 法
ACADLSPASDOC	值为 0 时仅将 acad.lsp 加载到 AutoCAD 任务打开的第一个图形中;值为 1 时将 acad.lsp 加载到每一个打开的图形中。
ACADPREFIX	存储由 ACAD 环境变量指定的目录路径(如果有的话),如果需要则附加路径分隔符。
ACADVER	存储 AutoCAD 的版本号。
ACISOUTVER	控制 ACISOUT 命令创建的 SAT 文件的 ACIS 版本。ACISOUT 支持值 15 到 18、20、21、30、40、50、60 和 70。
ACTPATH	指定定位可用于回放的动作宏时要使用的其他路径。
ACTRECORDERSTATE	指定动作录制器的当前状态。
ACTRECPATH	指定用于存储新动作宏的路径。
ACTUI	控制录制和回放宏时"动作录制器"面板的行为。
ADCSTATE	指示"设计中心"窗口处于打开还是关闭状态。
AFLAGS	设置 ATTDEF 位码的属性标志:0—无选定的属性模式;1—不可见;2—固定;4—验证;8—预置
ANGBASE	类型:实数;保存位置:图形;初始值:0.0000;相对于当前 UCS 将基准角设置为 0 度。
ANGDIR	设置正角度的方向,值为 0 表示逆时针,1 为顺时针;初始值为 0。
ANNOALLVISIBLE	隐藏或显示不支持当前注释比例的注释性对象。
ANNOAUTOSCALE	更改注释比例时,将更新注释性对象以支持注释比例。
ANNOTATIVEDWG	指定图形插入其他图形是否表现为注释性块。
APBOX	打开或关闭 AutoSnap 靶框。当捕捉对象时,靶框显示在十字光标的中心。0—不显示靶框;1—显示靶框。
APERTURE	以像素为单位设置靶框显示尺寸。靶框是绘图命令中使用的选择工具。初始值:10。
APPAUTOLOAD	控制何时加载插件应用程序。
APPLYGLOBALOPACITIES	将透明度设置应用到所有选项板。
APSTATE	指示块编辑器中的"块编写选项板"窗口处于打开还是关闭状态。

变 量 名 称	含 义 及 用 法
ARRAYEDITSTATE	指示图形是否处于阵列编辑状态,该状态在编辑关联阵列的源对象时激活。
AREA	存储由 AREA 计算的最后一个面积值。
ARRAYTYPE	指定默认的阵列类型。
ATTDIA	控制 INSERT 命令是否使用对话框用于属性值的输入:0—给出命令行提示;1—使用对话框
ATTIPE	控制用于创建多行文字属性的在位编辑器的显示。
ATTMODE	控制属性的显示:0—关,使所有属性不可见;1—普通,保持每个属性当前的可见性;2—开,使全部属性可见。
ATTMULTI	控制是否可创建多行文字属性。
ATTREQ	确定 INSERT 命令在插入块时默认属性设置。0—所有属性均采用各自的默认值;1—使用对话框获取属性值。
AUDITCTL	控制 AUDIT 命令是否创建核查报告(ADT)文件:0—禁止写 ADT 文件;1—写 ADT 文件。
AUNITS	设置角度单位:0—十进制度数;1—度/分/秒;2—百分度;3—弧度;4—勘测单位。
AUPREC	设置所有只读角度单位(显示在状态行上)和可编辑角度单位(其精度小于或等于当前 AUPREC 的值)的小数位数。
AUTOCOMPLETEDELAY	控制在自动键盘功能显示在命令提示中之前所花费的时间。
AUTOCOMPLETEMODE	控制在命令提示中有哪些类型的自动化键盘功能可用。
AUTODWFPUBLISH	控制保存或关闭图形(D)WG 文件时是否自动创建 DWF(Web 图形格式)文件。
AUTOMATICPUB	控制保存或关闭图形(D)WG 文件时是否自动创建电子文件(D)WF/PDF。
AUTOSNAP	0—关(自动捕捉);1—开;2—开提示;4—开磁吸;8—开极轴追踪;16—开捕捉追踪;32—开极轴追踪和捕捉追踪提示。
BACKGROUNDPLOT	控制为打印和发布打开还是关闭后台打印。
BACKZ	以绘图单位存储当前视口后向剪裁平面到目标平面的偏移值。VIEWMODE 系统变量中的后向剪裁位打开时才有效。
BACTIONBARMODE	指示块编辑器中是否显示动作栏或传统动作对象。
BACTIONCOLOR	设置块编辑器中动作的文字颜色。
BCONSTATUSMODE	打开或关闭约束显示状态,基于约束级别控制对象着色。
BDEPENDENCYHIGHLIGHT	控制在块编辑器中选定参数、动作或夹点时是否亮显相应依赖对象。
BGRIPOBJCOLOR	设置块编辑器中夹点的颜色。
BGRIPOBJSIZE	设置块编辑器中相对于屏幕显示的自定义夹点的显示尺寸。
BINDTYPE	控制绑定或在位编辑外部参照时外部参照名称的处理方式:0—传统的绑定方式;1—类似"插入"方式。

续 表

变量名称	含义及用法
BLIPMODE	控制点标记是否可见。使用 SETVAR 命令访问此变量:0—关闭;1—打开。
BLOCKEDITLOCK	禁止打开块编辑器以及编辑动态块定义。
BLOCKEDITOR	指示块编辑器是否处于打开状态。
BLOCKTESTWINDOW	指示某个测试块窗口是否为当前窗口。
BPARAMETERCOLOR	设置块编辑器中参数的颜色。
BPARAMETERFONT	设置块编辑器中的参数和动作所用的字体。
BPARAMETERSIZE	设置块编辑器中相对于屏幕显示的参数文字和部件的显示尺寸。
BPTEXTHORIZONTAL	强制使编辑器中为动作参数和约束参数显示的文字以水平方式显示。
BTMARKDISPLAY	控制是否为动态块参照显示数值集标记。
BVMODE	控制当前可见性状态下可见的对象在块编辑器中的显示方式。
CALCINPUT	控制是否计算文字中以及窗口和对话框的数字输入框中的数学表达式和全局常量。
CAMERADISPLAY	打开或关闭相机对象的显示。
CAMERAHEIGHT	为新相机对象指定默认高度。
CANNOSCALE	为当前空间设置当前注释比例的名称。
CANNOSCALEVALUE	返回当前注释比例的值。
CAPTURETHUMBNAILS	指定是否及何时为回放工具捕捉缩略图。
CBARTRANSPARENCY	控制约束栏的透明度。
CCONSTRAINTFORM	控制是将注释性约束还是将动态约束应用于对象。
CDATE	设置日历的日期和时间,不被保存。
CECOLOR	设置新对象的颜色。有效值包括 BYLAYER、BYBLOCK 以及从 1 到 255 的整数。
CELTSCALE	设置当前对象的线型比例因子。
CELTYPE	设置新对象的线型。初始值:"BYLAYER"。
CELWEIGHT	设置新对象的线宽:1—线宽为"BYLAYER";2—线宽为"BYBLOCK";3—线宽为"DEFAULT"。
CENTERMT	控制通过夹点拉伸多行水平居中的文字的方式。
CETRANSPARENCY	设定新对象的透明度级别。
CHAMFERA	设置第一个倒角距离。初始值:0.0000。
CHAMFERB	设置第二个倒角距离。初始值:0.0000。
CHAMFERC	设置倒角长度。初始值:0.0000。

续　表

变 量 名 称	含 义 及 用 法
CHAMFERD	设置倒角角度。初始值:0.0000。
CHAMMODE	设置 AutoCAD 创建倒角的输入方法:0—需要两个倒角距离;1—需要一个倒角距离和一个角度。
CIRCLERAD	设置默认的圆半径,初始值:0.0000。
CLAYER	设置当前图层。初始值:0。
CLEANSCREENSTATE	指示全屏显示状态是处于打开还是关闭状态。
CLISTATE	指示命令行处于打开还是关闭状态。
CMATERIAL	设置新对象的材质。
CMDACTIVE	存储位码值,此位码值指示激活的是普通命令、透明命令、脚本还是对话框。
CMDDIA	输入方式的切换:0—命令行输入;1—对话框输入。
CMDECHO	控制在 AutoLISP 的 command 函数运行时 AutoCAD 是否回显提示和输入:0—关闭回显;1—打开回显。
CMDINPUTHISTORYMAX	设定存储在命令提示中的先前输入值的最大数量。
CMDNAMES	显示当前活动命令和透明命令的名称。例如 LINE'ZOOM 指示 ZOOM 命令在 LINE 命令执行期间被透明使用。
CMLEADERSTYLE	设置当前多重引线样式的名称。
CMLJUST	指定多线对正方式:0—上;1—中间;2—下。初始值:0。
CMLSCALE	初始值:1.0000(英制)或 20.0000(公制)控制多线的全局宽度。
CMLSTYLE	设置 AutoCAD 绘制多线的样式。初始值:"STANDARD"。
COMPASS	控制当前视口中三维指南针的开关状态:0—关闭三维指南针;1—打开三维指南针。
CONSTRAINTBARDISPLAY	控制在您应用约束后以及选择几何约束的图形时约束栏的显示。
CONSTRAINTBARMODE	控制约束栏中几何约束的显示。
CONSTRAINTINFER	控制在绘制和编辑几何图形时是否推断几何约束。
CONSTRAINTNAMEFORMAT	控制标注约束的文字格式。
CONSTRAINTRELAX	指示编辑对象时约束是处于强制实行状态还是释放状态。
CONSTRAINTSOLVEMODE	控制应用或编辑约束时的约束行为。
CONTENTEXPLORERSTATE	指示"ContentExplorer"窗口处于打开还是关闭状态。
COORDS	0—用定点设备指定点时更新坐标显示;1—不断地更新绝对坐标的显示;2—不断地更新绝对坐标的显示
COPYMODE	控制是否自动重复 COPY 命令。
CPLOTSTYLE	控制新对象的当前打印样式。
CPROFILE	显示当前配置的名称。

续　表

变 量 名 称	含 义 及 用 法
CROSSINGAREACOLOR	控制窗交选择时选择区域的颜色。
CSHADOW	设置三维对象的阴影显示特性。
CTAB	返回图形中当前(模型或布局)选项卡的名称。通过本系统变量,用户可以确定当前的活动选项卡。
CTABLESTYLE	设置当前表格样式的名称。
CULLINGOBJ	控制是否可以亮显或选择从视图中隐藏的三维子对象。
CULLINGOBJSELECTION	控制是否可以亮显或选择从视图中隐藏的三维对象。
CURSORSIZE	按屏幕大小的百分比确定十字光标的大小。初始值:5。
CVPORT	设置当前视口的标识码。
DATALINKNOTIFY	控制关于已更新数据链接或缺少数据链接的通知。
DATE	存储当前日期和时间。
DBCSTATE	指示数据库连接管理器处于打开还是关闭状态。
DBLCLKEDIT	控制绘图区域中的双击编辑操作。
DBMOD	用位码指示图形的修改状态:1—对象数据库被修改;4—数据库变量被修改;8—窗口被修改;16—视图被修改。
DCTCUST	显示当前自定义拼写词典的路径和文件名。
DCTMAIN	显示当前的主拼写词典的文件名。
DEFAULTGIZMO	选择子对象过程中将三维移动小控件、三维旋转小控件或三维缩放小控件设定为默认小控件。
DEFAULTLIGHTING	打开或关闭代替其他光源的默认光源。
DEFAULTLIGHTINGTYPE	指定默认光源的类型(原有类型或新的类型)。
DEFLPLSTYLE	指定图层 0 的默认打印样式。
DEFPLSTYLE	为新对象指定默认打印样式。
DELOBJ	控制创建其他对象的对象将从图形数据库中删除还是保留在图形数据库中:0—保留对象;1—删除对象。
DEMANDLOAD	当图形包含由第三方应用程序创建的自定义对象时,指定 AutoCAD 是否以及何时按需加载此应用程序。
DGNFRAME	确定 DGN 参考底图边框在当前图形中是否可见或是否打印。
DGNIMPORTMAX	设置输入 DGN 文件时转换的元素的最大数目。
DGNIMPORTMODE	控制 DGNIMPORT 命令的默认行为。
DGNMAPPINGPATH	指定用于存储 DGN 映射设置的 dgnsetups.ini 文件的位置。
DGNOSNAP	决定是否为附着在图形中的 DGN 参考底图中的几何图形激活对象捕捉。
DIASTAT	存储最近一次使用的对话框的退出方式:0—取消;1—确定。

续　表

变 量 名 称	含 义 及 用 法
DIGITIZER	标识连接到系统的数字化仪。
DIMADEC	值为−1时使用DIMDEC设置的小数位数绘制角度标注；值为0～8时，使用DIMADEC设置的小数位数绘制角度标注。
DIMALT	控制标注中换算单位的显示：关—禁用换算单位；开—启用换算单位。
DIMALTD	控制换算单位中小数位的位数。
DIMALTF	控制换算单位乘数。
DIMALTRND	舍入换算标注单位。
DIMALTTD	设置标注换算单位公差值小数位的位数。
DIMALTTZ	控制是否对公差值作消零处理。
DIMALTU	为所有标注样式族（角度标注除外）换算单位设置单位格式。
DIMALTZ	控制是否对换算单位标注值作消零处理。DIMALTZ值为0−3时只影响英尺−英寸标注。
DIMANNO	指示当前标注样式是否为注释性样式。
DIMAPOST	为所有标注类型（角度标注除外）的换算标注测量值指定文字前缀或后缀（或两者都指定）。
DIMARCSYM	控制弧长标注中圆弧符号的显示。
DIMASSOC	控制标注对象的关联性以及是否分解标注。
DIMASZ	控制尺寸线和引线箭头的大小。并控制基线的大小。
DIMATFIT	尺寸界线内的空间不足以同时放下标注文字和箭头时，此系统变量将确定这两者的排列方式。
DIMAUNIT	为角度标注设定单位格式。
DIMAZIN	针对角度标注进行消零处理。
DIMBLK	设置尺寸线末端显示的箭头块。
DIMBLK1	为尺寸线的第一个端点设置箭头（当DIMSAH处于打开状态时）。
DIMBLK2	为尺寸线的第二个端点设置箭头（当DIMSAH处于打开状态时）。
DIMCEN	通过DIMCENTER、DIMDIAMETER和DIMRADIUS命令控制圆或圆弧圆心标记以及中心线的绘制。
DIMCLRD	为尺寸线、箭头和标注引线指定颜色。
DIMCLRE	为尺寸界线、圆心标记和中心线指定颜色。
DIMCLRT	为标注文字指定颜色。
DIMCONSTRAINTICON	在标注约束的文字旁边显示锁定图标。
DIMDEC	设置标注主单位中显示的小数位数。
DIMDLE	当使用小斜线代替箭头进行标注时，设置尺寸线超出尺寸界线的距离。

续 表

变 量 名 称	含 义 及 用 法
DIMDLI	控制基线标注中尺寸线的间距。
DIMDSEP	指定创建单位格式为小数的标注时要使用的单字符小数分隔符。
DIMEXE	指定尺寸界线超出尺寸线的距离。
DIMEXO	指定尺寸界线偏离原点的距离。
DIMFRAC	设置分数格式(当 DIMLUNIT 设定为 4[建筑]或 5[分数]时)。
DIMFXL	设置起始于尺寸线,直至标注原点的尺寸界线总长度。
DIMFXLON	控制是否将尺寸界线设定为固定长度。
DIMGAP	当尺寸线分成段以在两段之间放置标注文字时,设置标注文字周围的距离。
DIMJOGANG	决定折弯半径标注中,尺寸线的横向线段的角度。
DIMJUST	控制标注文字的水平位置。
DIMLDRBLK	指定引线箭头的类型。
DIMLFAC	设置线性标注测量值的比例因子。
DIMLIM	将极限尺寸生成为默认文字。
DIMLTEX1	设置第一条尺寸界线的线型。
DIMLTEX2	设置第二条尺寸界线的线型。
DIMLTYPE	设置尺寸线的线型。
DIMLUNIT	为所有标注类型(除角度标注外)设置单位制。
DIMLWD	指定尺寸线的线宽。其值是标准线宽。-3—BYLAYER;-2—BY-BLOCK;整数代表百分之一毫米的倍数。
DIMLWE	指定尺寸界线的线宽。其值是标准线宽。-3—BYLAYER;-2—BYBLOCK;整数代表百分之一毫米的倍数。
DIMPOST	指定标注测量值的文字前缀或后缀(或者两者都指定)。
DIMRND	将所有标注距离舍入到指定值。
DIMSAH	控制尺寸线箭头块的显示。
DIMSCALE	为标注变量(指定尺寸、距离或偏移量)设置全局比例因子。同时还影响 LEADER 命令创建的引线对象的比例。
DIMSD1	控制是否禁止显示第一条尺寸线。
DIMSD2	控制是否禁止显示第二条尺寸线。
DIMSE1	控制是否禁止显示第一条尺寸界线:关—不禁止显示尺寸线;开—禁止显示尺寸界线。
DIMSE2	控制是否禁止显示第二条尺寸界线:关—不禁止显示尺寸界线;开—禁止显示尺寸界线

续　表

变　量　名　称	含　义　及　用　法
DIMSOXD	控制是否允许尺寸线绘制到尺寸界线之外：关—不消除尺寸线；开—消除尺寸线。
DIMSTYLE	DIMSTYLE 既是命令又是系统变量。作为系统变量，DIMSTYLE 将显示当前标注样式。
DIMTAD	控制文字相对尺寸线的垂直位置。
DIMTDEC	为标注主单位的公差值设置显示的小数位位数。
DIMTFAC	按照 DIMTXT 系统变量的设置，相对于标注文字高度给分数值和公差值的文字高度指定比例因子。
DIMTFILL	控制标注文字的背景。
DIMTFILLCLR	为标注中的文字背景设置颜色。
DIMTIH	控制所有标注类型（坐标标注除外）的标注文字在尺寸界线内的位置。
DIMTIX	在尺寸界线之间绘制文字。
DIMTM	在 DIMTOL 系统变量或 DIMLIM 系统变量为开的情况下，为标注文字设置最小（下）偏差。
DIMTMOVE	设置标注文字的移动规则。
DIMTOFL	控制是否将尺寸线绘制在尺寸界线之间（即使文字放置在尺寸界线之外）。
DIMTOH	控制标注文字在尺寸界线外的位置：0 或关—将文字与尺寸线对齐；1 或开—水平绘制文字。
DIMTOL	将公差附在标注文字之后。将 DIMTOL 设置为"开"，将关闭 DIMLIM 系统变量。
DIMTOLJ	设置公差值相对名词性标注文字的垂直对正方式：0—下；1—中间；2—上。
DIMTP	在 DIMTOL 或 DIMLIM 系统变量设置为开的情况下，为标注文字设置最大（上）偏差。DIMTP 接受带符号的值。
DIMTSZ	指定线性标注、半径标注以及直径标注中替代箭头的小斜线尺寸。
DIMTVP	控制尺寸线上方或下方标注文字的垂直位置。当 DIMTAD 设置为关时，AutoCAD 将使用 DIMTVP 的值。
DIMTXSTY	指定标注的文字样式。
DIMTXT	指定标注文字的高度，除非当前文字样式具有固定的高度。
DIMTXTDIRECTION	指定标注文字的阅读方向。
DIMTZIN	控制是否对公差值作消零处理。
DIMUPT	控制用户定位文字的选项。0—光标仅控制尺寸线的位置；1 或开—光标控制文字以及尺寸线的位置。
DIMZIN	控制是否对主单位值作消零处理。
DISPSILH	控制"线框"模式下实体对象轮廓曲线的显示。并控制在实体对象被消隐时是否绘制网格。0—关；1—开。

续　表

变 量 名 称	含 义 及 用 法
DISTANCE	存储 DIST 命令计算的距离。
DIVMESHBOXHEIGHT	为网格长方体沿 Z 轴的高度设置细分数目。
DIVMESHBOXLENGTH	为网格长方体沿 X 轴的长度设置细分数目。
DIVMESHBOXWIDTH	为网格长方体沿 Y 轴的宽度设置细分数目。
DIVMESHCONEAXIS	设置绕网格圆锥体底面周长的细分数目。
DIVMESHCONEBASE	设置网格圆锥体底面周长与圆心之间的细分数目。
DIVMESHCONEHEIGHT	设置网格圆锥体底面与顶点之间的细分数目。
DIVMESHCYLAXIS	设置绕网格圆柱体底面周长的细分数目。
DIVMESHCYLBASE	设置从网格圆柱体底面圆心到其周长的半径细分数目。
DIVMESHPYRHEIGHT	设置网格棱锥体的底面与顶面之间的细分数目。
DIVMESHPYRLENGTH	设置沿网格棱锥体底面每个标注的细分数目
DIVMESHSPHEREAXIS	设置绕网格球体轴端点的半径细分数目。
DIVMESHSPHEREHEIGHT	设置网格球体两个轴端点之间的细分数目。
DIVMESHTORUSPATH	设置由网格圆环体轮廓扫掠的路径的细分数目。
DIVMESHTORUSSECTION	设置扫掠网格圆环体路径的轮廓中的细分数目。
DIVMESHWEDGEBASE	设置网格楔体的周长中点与三角形标注之间的细分数目。
DIVMESHWEDGEHEIGHT	设置网格楔体沿 Z 轴的高度细分数目。
DIVMESHWEDGELENGTH	设置网格楔体沿 X 轴的长度细分数目。
DIVMESHWEDGESLOPE	设置从楔体顶点到底面的边之间斜度的细分数目。
DIVMESHWEDGEWIDTH	设置网格楔体沿 Y 轴的宽度细分数目。
DONUTID	设置圆环的默认内直径。
DONUTOD	设置圆环的默认外直径。此值不能为零。
DRAGMODE	控制拖动对象的显示。
DRAGP1	设置重生成拖动模式下的输入采样率。
DRAGP2	设置快速拖动模式下的输入采样率。
DRAGVS	设置在创建三维实体、网格图元以及拉伸实体、曲面和网格时显示的视觉样式。
DRAWORDERCTL	控制创建或编辑重叠对象时这些对象的默认显示行为。
DRSTATE	指示"图形修复管理器"窗口处于打开还是关闭状态。
DTEXTED	指定编辑单行文字时显示的用户界面。
DWFFRAME	决定 DWF 或 DWFx 参考底图边框在当前图形中是否可见或是否打印。

变 量 名 称	含 义 及 用 法
DWFOSNAP	决定是否为附加到图形的 DWF 或 DWFx 参考底图中的几何图形激活对象捕捉。
DWGCHECK	在打开图形时检查图形中的潜在问题。
DWGCODEPAGE	存储与 SYSCODEPAGE 系统变量相同的值(出于兼容性的原因)。
DWGNAME	存储用户输入的图形名。
DWGPREFIX	存储图形文件的驱动器/目录前缀。
DWGTITLED	指出当前图形是否已命名:0—图形未命名;1—图形已命名。
DXEVAL	控制数据提取处理表何时与数据源相比较,如果数据不是当前数据,则显示更新通知。
DYNCONSTRAINTMODE	选定受约束的对象时显示隐藏的标注约束。
DYNDIGRIP	控制在夹点拉伸编辑期间显示哪些动态标注。
DYNDIVIS	控制在夹点拉伸编辑期间显示的动态标注数量。
DYNINFOTIPS	控制在使用夹点进行编辑时是否显示使用 Shift 键和 Ctrl 键的提示。
DYNMODE	打开或关闭动态输入功能。
DYNPICOORDS	控制指针输入是使用相对坐标格式,还是使用绝对坐标格式。
DYNPIFORMAT	控制指针输入是使用极轴坐标格式,还是使用笛卡尔坐标格式。
DYNPIVIS	控制何时显示指针输入。
DYNPROMPT	控制"动态输入"工具提示中提示的显示。
DYNTOOLTIPS	控制受工具提示外观设置影响的工具提示。
EDGEMODE	控制 TRIM 和 EXTEND 命令确定边界的边和剪切边的方式。
ELEVATION	存储当前空间当前视口中相对当前 UCS 的当前标高值。
ENTERPRISEMENU	存储企业自定义文件名(如果已定义),其中包括文件名的路径。
ERHIGHLIGHT	控制在"外部参照"选项板或图形窗口中选择参照的对应内容时,是亮显参照名还是参照对象。
ERRNO	AutoLISP 函数调用导致 AutoCAD 检测到错误时,显示相应的错误代码的编号。
ERSTATE	指示"外部参照"选项板处于打开还是关闭状态。
EXPERT	控制是否显示某些特定提示。
EXPLMODE	控制 EXPLODE 命令是否支持比例不一致(NUS)的块。
EXPORTEPLOTFORMAT	设置默认的电子文件输出类型:PDF、DWF 或 DWFx。
EXPORTMODELSPACE	指定要将图形中的哪些内容从模型空间中输出为 DWF、DWFx 或 PDF 文件。
EXPORTPAPERSPACE	指定要将图形中的哪些内容从图纸空间中输出为 DWF、DWFx 或 PDF 文件。

续　表

变 量 名 称	含 义 及 用 法
EXPORTPAGESETUP	指定是否按照当前页面设置输出为 DWF、DWFx 或 PDF 文件。
EXTMAX	存储图形范围右上角点的值。
EXTMIN	存储图形范围左下角点的值。
EXTNAMES	为存储于定义表中的命名对象名称（例如线型和图层）设置参数。
FACETERDEVNORMAL	设置曲面法线与相邻网格面之间的最大角度。
FACETERDEVSURFACE	设置经转换的网格对象与实体或曲面的原始形状的相近程度。
FACETERGRIDRATIO	为转换为网格的实体和曲面而创建的网格细分设置最大宽高比。
FACETERMAXEDGELENGTH	为通过从实体和曲面转换创建的网格对象设置边的最大长度。
FACETERMAXGRID	为转换为网格的实体和曲面设置 U 栅格线和 V 栅格线的最大数目。
FACETERMESHTYPE	设置要创建的网格类型。
FACETERMINUGRID	为转换为网格的实体和曲面设置 U 栅格线的最小数目。
FACETERMINVGRID	为转换为网格的实体和曲面设置 V 栅格线的最小数目。
FACETERPRIMITIVEMODE	指定转换为网格的对象的平滑度设置是来自"网格镶嵌选项"对话框还是来自"网格图元选项"对话框。
FACETERSMOOTHLEV	设置转换为网格的对象的默认平滑度。
FACETRATIO	控制圆柱或圆锥 ShapeManager 实体镶嵌面的宽高比。设置为 1 将增加网格密度以改善渲染模型和着色模型的质量。
FACETRES	调整着色对象和渲染对象的平滑度，对象的隐藏线被删除。有效值为 0.01 到 10.0。
FIELDDISPLAY	控制字段显示时是否带有灰色背景。
FIELDEVAL	控制字段的更新方式。
FILEDIA	控制与读写文件命令一起使用的对话框的显示。
FILLETRAD	存储当前的圆角半径。
FILLETRAD3D	存储三维对象的当前圆角半径。
FILLMODE	指定图案填充（包括实体填充和渐变填充）、二维实体和宽多段线是否被填充。
FONTALT	在找不到指定的字体文件时指定替换字体。
FONTMAP	指定要用到的字体映射文件。
FRAME	控制所有图像、参考底图和剪裁外部参照的框架的显示。
FRAMESELECTION	控制是否可以选择图像、参考底图、或剪裁外部参照的框架。
FRONTZ	按图形单位存储当前视口中前向剪裁平面到目标平面的偏移量。
FULLOPEN	指示当前图形是否被局部打开。
FULLPLOTPATH	控制是否将图形文件的完整路径发送到后台打印。

变量名称	含义及用法
GEOLATLONGFORMAT	控制"地理位置"对话框和"地理"模式的坐标状态栏中纬度值或经度值的格式。
GEOMARKERVISIBILITY	控制地理标记的可见性。
GFANG	指定渐变填充的角度。有效值为 0 到 360 度。
GFCLR1	为单色渐变填充或双色渐变填充的第一种颜色指定颜色。有效值为"RGB 0，0，0"到"RGB 255，255，255"。
GFCLR2	为双色渐变填充的第二种颜色指定颜色。有效值为"RGB 0，0，0"到"RGB 255，255，255"。
GFCLRLUM	在单色渐变填充中使颜色变淡(与白色混合)或变深(与黑色混合)。有效值为 0.0(最暗)到 1.0(最亮)。
GFCLRSTATE	指定是否在渐变填充中使用单色或者双色.0—双色渐变填充;1—单色渐变填充。
GFNAME	指定一个渐变填充图案。有效值为 1 到 9。
GFSHIFT	指定在渐变填充中的图案是否是居中或是向左变换移位.0—居中;1—向左上方移动。
GLOBALOPACITY	控制所有选项板的透明度级别。
GRIDDISPLAY	控制栅格的显示行为和显示界限。
GRIDMAJOR	控制主栅格线与次栅格线相比较的频率。
GRIDMODE	指定打开或关闭栅格。0—关闭栅格;1—打开栅格。
GRIDSTYLE	控制"二维模型空间"、"块编辑器"、"三维平行投影"、"三维透视投影"、"图纸"和"布局"选项卡显示的栅格样式。
GRIDUNIT	指定当前视口的栅格间距(X 和 Y 方向)。
GRIPBLOCK	控制块中夹点的指定。0—只为块的插入点指定夹点;1—为块中的对象指定夹点。
GRIPCOLOR	控制未选定夹点的颜色。有效取值范围为 1 到 255。
GRIPCONTOUR	控制夹点轮廓的颜色。
GRIPDYNCOLOR	控制动态块的自定义夹点的颜色。
GRIPHOT	控制选定夹点的颜色。有效取值范围为 1 到 255。
GRIPHOVER	控制当光标停在夹点上时其夹点的填充颜色。有效取值范围为 1 到 255。
GRIPMULTIFUNCTIONAL	指定多功能夹点选项的访问方法。
GRIPOBJLIMIT	抑制当初始选择集包含的对象超过特定的数量时夹点的显示。
GRIPS	控制"拉伸"、"移动"、"旋转"、"缩放"和"镜像夹点"模式中选择集夹点的使用。
GRIPSIZE	以像素为单位设置夹点方框的大小。有效的取值范围为 1 到 255。
GRIPSUBOBJMODE	控制在选定子对象时夹点是否自动被选定(成为活动夹点)。

续 表

变 量 名 称	含 义 及 用 法
GRIPTIPS	控制当光标在支持夹点提示的自定义对象上面悬停时,其夹点提示的显示。
GROUPDISPLAYMODE	控制在编组选择打开时编组上的夹点的显示。
GTAUTO	控制在具有三维视觉样式的视口中启动命令之前选择对象时,是否自动显示三维小控件。
GTDEFAULT	控制在具有三维视觉样式的视口中启动 MOVE、ROTATE 或 SCALE 命令时,是自动启动三维移动操作、三维旋转操作还是三维缩放操作。
GTLOCATION	控制在具有三维视觉样式的视口中启动命令之前选择对象时,三维移动小控件、三维旋转小控件或三维缩放小控件的初始位置。
HALOGAP	指定当一个对象被另一个对象遮挡时,显示一个间隙。
HANDLES	报告应用程序是否可以访问对象句柄。因为句柄不能再被关闭,所以只用于保留脚本的完整性,没有其他影响。
HELPPREFIX	设定帮助系统的文件路径。
HIDEPRECISION	控制消隐和着色的精度。
HIDETEXT	指定在执行 HIDE 命令的过程中是否处理由 TEXT、DTEXT 或 MTEXT 命令创建的文字对象。
HIGHLIGHT	控制对象的亮显。它并不影响使用夹点选定的对象。
HPANG	指定填充图案的角度。
HPANNOTATIVE	控制新填充图案是否为注释性。
HPASSOC	控制图案填充和渐变填充是否关联。
HPBACKGROUNDCOLOR	控制填充图案的背景色。
HPBOUND	控制 BHATCH 和 BOUNDARY 命令创建的对象类型。
HPBOUNDRETAIN	控制是否为新图案填充和填充创建边界对象。
HPCOLOR	设定新图案填充的默认颜色。
HPDLGMODE	控制"图案填充和渐变色"对话框以及"图案填充编辑"对话框的显示。
HPDOUBLE	指定用户定义图案的双向填充图案。双向将指定与原始直线成 90 度角绘制的第二组直线。
HPDRAWORDER	控制图案填充和填充的绘图次序。
HPGAPTOL	将几乎封闭一个区域的一组对象视为闭合的图案填充边界。
HPINHERIT	控制在 HATCH 和 HATCHEDIT 中使用"继承特性"选项时是否继承图案填充原点。
HPISLANDDETECTION	控制处理图案填充边界中的孤岛的方式。
HPISLANDDETECTIONMODE	控制是否检测内部闭合边界(称为孤岛)。
HPLAYER	指定新图案填充和填充的默认图层。

续　表

变 量 名 称	含 义 及 用 法
HPMAXAREAS	设置单个图案填充对象可以拥有的、仍然可以在缩放操作过程中自动切换实体和图案填充的封闭区域的最大数量。
HPMAXLINES	设置在图案填充操作中生成的图案填充线的最大数目。
HPNAME	设置默认填充图案,其名称最多可包含 34 个字符,其中不能有空格。
HPOBJWARNING	设定可以选择的图案填充边界对象的数量(超过此数量将显示警告消息)。
HPORIGIN	相对于当前用户坐标系为新填充图案设定图案填充原点。
HPORIGINMODE	控制默认图案填充原点的确定方式。
HPQUICKPREVIEW	控制在指定填充区域时是否显示填充图案的预览。
HPQUICKPREVTIMEOUT	设置预览在自动取消之前生成填充图案预览的最长时间。
HPSCALE	指定填充图案的比例因子,其值不能为零。
HPSEPARATE	控制在几个闭合边界上进行操作时,是创建单个图案填充对象,还是创建独立的图案填充对象。
HPSPACE	为用户定义的简单图案指定填充图案的线间隔,其值不能为零。
HPTRANSPARENCY	设定新图案填充的默认透明度。
HYPERLINKBASE	指定图形中用于所有相对超链接的路径。如果未指定值,图形路径将用于所有相对超链接。
IMAGEFRAME	控制是否显示和打印图像边框。
IMAGEHLT	控制亮显整个光栅图像还是光栅图像边框。
IMPLIEDFACE	控制隐含面的检测。
INDEXCTL	控制是否创建图层和空间索引并保存到图形文件中。
INETLOCATION	存储 BROWSER 命令和"浏览 Web"对话框使用的 Internet 网址。
INPUTHISTORYMODE	控制用户输入历史记录的内容和位置。
INSBASE	存储 BASE 命令设置的插入基点,以当前空间的 UCS 坐标表示。
INSNAME	为 INSERT 命令设置默认块名。此名称必须符合符号命名惯例。
INSUNITS	为从设计中心拖动并插入到图形中的块或图像的自动缩放指定图形单位值。
INSUNITSDEFSOURCE	设置源内容的单位值。有效范围是从 0 到 20。
INSUNITSDEFTARGET	设置目标图形的单位值有效范围是从 0 到 20。
INTELLIGENTUPDATE	控制图形的刷新率。
INTERFERECOLOR	为干涉对象设置颜色。
INTERFEREOBJVS	为干涉对象设置视觉样式。
INTERFEREVPVS	指定检查干涉时视口的视觉样式。

续　表

变 量 名 称	含 义 及 用 法
INTERSECTIONCOLOR	指定相交多段线的颜色。
INTERSECTIONDISPLAY	指定相交多段线的显示。
ISAVEBAK	提高增量保存速度,特别是对于大的图形。ISAVEBAK 控制备份文件(BAK)的创建。
ISAVEPERCENT	确定图形文件中所能允许的耗损空间的总量。
ISOLINES	指定对象上每个面的轮廓线的数目。有效整数值为 0 到 2047。
LARGEOBJECTSUPPORT	控制打开和保存图形时支持的最大对象大小限制。
LASTANGLE	存储相对当前空间当前 UCS 的 XY 平面输入的上一圆弧端点角度。
LASTPOINT	存储上一次输入的点,用当前空间的 UCS 坐标值表示;如果通过键盘来输入,则应添加(@)符号。
LASTPROMPT	存储回显在命令行的上一个字符串。
LATITUDE	以小数格式指定图形模型的纬度。
LAYERDLGMODE	设置图层特性管理器的附加功能,该功能针对 LAYER 命令的使用进行定义。
LAYEREVAL	指定将新图层添加至图形或附着的外部参照时是否计算新图层的图层列表。
LAYEREVALCTL	控制图层特性管理器中针对新图层计算的"未协调的新图层"全局过滤器列表。
LAYERFILTERALERT	删除多余的图层过滤器可提高性能。
LAYERMANAGERSTATE	指示图层特性管理器处于打开还是关闭状态。
LAYERNOTIFY	指定如果找到未协调的新图层,何时显示警告。
LAYLOCKFADECTL	控制锁定图层上对象的淡入程度。
LAYOUTCREATEVIEWPORT	控制是否在添加到图形的每个新布局中自动创建视口。
LAYOUTREGENCTL	指定"模型"选项卡和布局选项卡上的显示列表如何更新。
LEGACYCTRLPICK	指定用于循环选择的键以及 Ctrl+单击的行为。
LENSLENGTH	存储当前视口透视图中的镜头焦距长度(单位为毫米)。
LIGHTGLYPHDISPLAY	打开和关闭光线轮廓的显示。
LIGHTINGUNITS	控制是使用常规光源还是使用光度控制光源,并指定图形的光源单位。
LIGHTLISTSTATE	指示"模型中的光源"窗口处于打开还是关闭状态。
LIGHTSINBLOCKS	控制渲染时是否使用块中包含的光源。
LIMCHECK	控制在图形界限之外是否可以创建对象。
LIMMAX	存储当前空间的右上方图形界限,用世界坐标系坐标表示。
LIMMIN	存储当前空间的左下方图形界限,用世界坐标系坐标表示。

变　量　名　称	含　义　及　用　法
LINEARBRIGHTNESS	控制使用默认光源或常规光源时视口的亮度级别。
LINEARCONTRAST	控制使用默认光源或常规光源时视口的对比度级别。
LOCALE	显示用于指示当前区域的代码。
LOCALROOTPREFIX	存储根文件夹的完整路径,该文件夹中安装了本地可自定义文件。
LOCKUI	锁定工具栏和可固定窗口(例如"设计中心"和"特性"选项板)的位置和大小。
LOFTANG1	设置在放样操作中通过第一个横截面的拔模斜度。
LOFTANG2	设置在放样操作中通过最后一个横截面的拔模斜度。
LOFTMAG1	设置在放样操作中通过第一个横截面的拔模斜度的幅值。
LOFTMAG2	设置在放样操作中通过最后一个横截面的拔模斜度的幅值。
LOFTNORMALS	控制放样对象通过横截面处的法线。
LOFTPARAM	控制放样实体和曲面的形状。
LOGEXPBRIGHTNESS	控制使用光度控制光源时视口的亮度级别。
LOGEXPCONTRAST	控制使用光度控制光源时视口的对比度级别。
LOGEXPDAYLIGHT	控制使用光度控制光源时是否启用室外日光标志。
LOGEXPMIDTONES	控制使用光度控制光源时视口的中间色调级别。
LOGEXPPHYSICALSCALE	控制光度控制环境中自发光材质的相对亮度。
LOGFILEMODE	指定是否将命令历史记录的内容写入日志文件。
LOGFILENAME	指定当前图形的命令历史记录日志文件的路径和名称。
LOGFILEPATH	指定任务中所有图形的命令历史记录日志文件的路径。
LOGINNAME	显示加载 AutoCAD 时配置或输入的用户名。登录名最多可以包含30 个字符。
LONGITUDE	以小数格式指定图形模型的经度。
LTSCALE	设置全局线型比例因子。线型比例因子不能为零。
LUNITS	设置线性单位:1—科学;2—小数;3—工程;4—建筑;5—分数
LUPREC	设置所有只读线性单位和可编辑线性单位(其精度小于或等于当前LUPREC 的值)的小数位位数。
LWDEFAULT	设置默认线宽的值。默认线宽可以以毫米的百分之一为单位设置为任何有效线宽。
LWDISPLAY	控制是否显示线宽。设置随每个选项卡保存在图形中。0—不显示线宽;1—显示线宽。
LWUNITS	控制线宽单位以英寸还是毫米显示。0—英寸;1—毫米。
MATBROWSERSTATE	指示材质浏览器是处于打开还是关闭状态。

续　表

变 量 名 称	含 义 及 用 法
MATEDITORSTATE	指示材质编辑器是处于打开状态还是关闭状态。
MATERIALSPATH	指定材质库的路径。
MATSTATE	指示材质编辑器是处于打开状态还是关闭状态。
MAXACTVP	设置布局中可同时激活的视口的最大数目。
MAXSORT	
MAXTOUCHES	标识所连接数字化仪支持的触点数。
MBUTTONPAN	控制定点设备上的第三个按钮或滚轮的行为。
MEASUREINIT	控制从头创建的图形是使用英制还是使用公制默认设置。
MEASUREMENT	控制当前图形是使用英制还是公制填充图案和线型文件。
MENUBAR	控制菜单栏的显示。
MENUCTL	控制屏幕菜单中的页面切换。
MENUECHO	设置菜单回显和提示控制位。
MENUNAME	存储自定义文件名,包括文件名的路径。
MESHTYPE	控制通过 REVSURF、TABSURF、RULESURF 和 EDGESURF 命令创建的网格的类型。
MIRRHATCH	控制 MIRROR 反映填充图案的方式。
MIRRTEXT	控制 MIRROR 反映文字的方式。
MLEADERSCALE	设置应用到多重引线对象的全局比例因子。
MODEMACRO	在状态行中显示文字字符串,例如当前图形的名称、时间/日期戳记或特殊模式。
MSLTSCALE	缩放由比例图示显示在"模型"选项卡上的线型。
MSMSTATE	指示标记集管理器处于打开状态还是关闭状态。
MSOLESCALE	控制具有粘贴到模型空间中的文字的 OLE 对象的大小。
MTEXTCOLUMN	为多行文字对象设置默认分栏设置。
MTEXTED	设置用于编辑多行文字对象的应用程序。
MTEXTFIXED	在指定的文字编辑器中设置多行文字的显示大小和方向。
MTEXTTOOLBAR	控制"文字格式"工具栏的显示。
MTJIGSTRING	设置启动 MTEXT 命令时显示在光标位置的样例文字内容。
MYDOCUMENTSPREFIX	存储用户当前登录的"我的文档"文件夹的完整路径。
NAVBARDISPLAY	控制导航栏在所有视口中的显示。
NAVSWHEELMODE	指定 SteeringWheel 的当前模式。
NAVSWHEELOPACITYBIG	控制大型 SteeringWheels 的不透明度。

续　表

变 量 名 称	含 义 及 用 法
NAVSWHEELOPACITYMINI	控制小型 SteeringWheels 的不透明度。
NAVSWHEELSIZEBIG	指定大型 SteeringWheels 的大小。
NAVSWHEELSIZEMINI	指定小型 SteeringWheels 的大小。
NAVVCUBEDISPLAY	控制 ViewCube 工具在当前视觉样式和当前视口中的显示。
NAVVCUBELOCATION	标识显示 ViewCube 工具的视口中的角点。
NAVVCUBEOPACITY	控制 ViewCube 工具处于未激活状态时的不透明度。
NAVVCUBEORIENT	控制 ViewCube 工具是反映当前 UCS 还是反映 WCS。
NAVVCUBESIZE	指定 ViewCube 工具的大小。
NOMUTT	不显示通常情况下显示的消息(即不进行消息反馈)。
NORTHDIRECTION	指定来自北向的阳光的角度。
OBJECTISOLATIONMODE	控制隐藏的对象在绘图任务之间是否保持隐藏状态。
OBSCUREDCOLOR	指定遮挡线的颜色。
OBSCUREDLTYPE	指定遮挡线的线型。
OFFSETDIST	设置默认的偏移距离。
OFFSETGAPTYPE	控制偏移多段线时处理线段之间的潜在间隙的方式。
OLEFRAME	控制是否显示和打印图形中所有 OLE 对象的边框。
OLEHIDE	控制 OLE 对象的显示和打印。
OLEQUALITY	为 OLE 对象设置默认打印质量。
OLESTARTUP	控制打印时是否加载嵌入 OLE 对象的源应用程序。
OPENPARTIAL	控制是否可以在图形文件完全打开之前对其进行操作。
OPMSTATE	指示"特性"选项板处于打开、关闭还是隐藏状态。
ORTHOMODE	限定光标在垂直方向移动。
OSMODE	设置执行的对象捕捉模式。
OSNAPCOORD	控制在命令行输入的坐标是否替代运行的对象捕捉。
OSNAPNODELEGACY	控制"节点"对象捕捉是否可用于捕捉到多行文字对象。
OSNAPZ	控制对象捕捉是否自动投影到与当前 UCS 中位于当前标高的 XY 平面平行的平面上。
OSOPTIONS	使用动态 UCS 时,将自动隐藏图案填充对象和具有负 Z 值的几何体上的对象捕捉。
PALETTEOPAQUE	控制是否可以使选项板透明。
PAPERUPDATE	控制当尝试以不同于为绘图仪配置文件默认指定的图纸尺寸打印布局时,警告对话框的显示。

续 表

变 量 名 称	含 义 及 用 法
PARAMETERCOPYMODE	控制在图形、模型空间和布局以及块定义之间复制约束对象时处理约束和参照的用户参数的方式。
PARAMETERSSTATUS	指示"参数管理器"是处于显示状态还是隐藏状态。
PDFFRAME	确定 PDF 参考底图边框是否可见。
PDFOSNAP	决定是否为附着在图形中的 PDF 参考底图中的几何图形激活对象捕捉。
PDMODE	控制点对象的显示方式。
PDSIZE	设置点对象的显示大小。
PEDITACCEPT	在 PEDIT 中不显示"所选对象不是多段线"提示。
PELLIPSE	控制通过 ELLIPSE 命令创建的椭圆类型。
PERIMETER	存储由 AREA 或 LIST 命令计算的上一个周长值。
PERSPECTIVE	指定当前视口是否显示透视视图。
PERSPECTIVECLIP	决定眼点剪裁的位置。
PFACEVMAX	设置每个面的最大顶点数。
PICKADD	控制后续选择项是替换当前选择集还是添加到其中。
PICKAUTO	控制用于对象选择的自动窗口选择。
PICKBOX	以像素为单位设置对象选择目标的高度。
PICKDRAG	控制绘制选择窗口的方法。
PICKFIRST	控制在发出命令之前(先选择后执行)还是之后选择对象。
PICKSTYLE	控制组选择和关联图案填充选择的使用。
PLATFORM	指示正在使用的平台。
PLINECONVERTMODE	指定将样条曲线转换为多段线时使用的拟合方法。
PLINEGEN	设置绕二维多段线的顶点生成线型图案的方式。
PLINETYPE	指定是否使用优化的二维多段线。
PLINEWID	存储默认的多段线宽度。
PLOTOFFSET	控制打印偏移是相对于可打印区域还是相对于图纸边。
PLOTROTMODE	控制打印方向。
PLOTTRANSPARENCY-OVERRIDE	控制是否打印对象透明度。
PLQUIET	控制可选的打印相关对话框和非致命脚本错误的显示。
POINTCLOUDAUTOUPDATE	控制在操作、平移、缩放或动态观察后是否自动重新生成点云。
POINTCLOUDDENSITY	控制图形视图的所有点云中同时显示的点数。

续　表

变 量 名 称	含 义 及 用 法
POINTCLOUDLOCK	控制是否可以操作、移动或旋转附着的点云。
POINTCLOUDRTDENSITY	通过在实时缩放、平移或动态观察期间调降图形视图中显示的点数，提高性能。
POLARADDANG	存储极轴追踪和极轴捕捉的附加角度。
POLARANG	设置极轴角增量。
POLARDIST	当 SNAPTYPE 设定为 1(PolarSnap)时，设置捕捉增量。
POLARMODE	控制极轴追踪和对象捕捉追踪的设置。
POLYSIDES	为 POLYGON 命令设置默认边数。
POPUPS	显示当前配置的显示驱动程序状态。
PREVIEWCREATIONTRANS-PARENCY	控制在使用 SURFBLEND、SURFPATCH、SURFFILLET、FIL-LETEDGE、CHAMFEREDGE 和 LOFT 时生成的预览透明度。
PREVIEWEFFECT	指定用于预览对象选择的视觉效果。
PREVIEWFACEEFFECT	指定用于预览面子对象选择的视觉效果。
PREVIEWFILTER	从选择预览中排除指定的对象类型。
PREVIEWTYPE	控制要用于图形缩略图的视图。
PRODUCT	返回产品名称。
PROGRAM	返回程序名称。
PROJECTNAME	为当前图形指定工程名称。
PROJMODE	设置用于修剪或延伸的当前投影模式。
PROPOBJLIMIT	限制可以使用"特性"和"快捷特性"选项板一次更改的对象数。
PROXYGRAPHICS	指定是否将代理对象的图像保存在图形中。
PROXYNOTICE	创建代理时显示通知。
PROXYSHOW	控制代理对象在图形中的显示。
PROXYWEBSEARCH	指定程序检查 Object Enabler 的方式。
PSLTSCALE	控制在图纸空间视口中显示的对象的线型比例缩放。
PSOLHEIGHT	控制通过 POLYSOLID 命令创建的扫掠实体对象的默认高度。
PSOLWIDTH	控制使用 POLYSOLID 命令创建的扫掠实体对象的默认宽度。
PSTYLEMODE	指示当前图形处于颜色相关打印样式模式还是命名打印样式模式。
PSTYLEPOLICY	控制打开在 AutoCAD 2000 之前的版本中创建的图形或不使用图形模板从头创建新图形时，使用的打印样式模式(颜色相关打印样式模式或命名打印样式模式)。
PSVPSCALE	为所有新创建的视口设置视图比例因子。

续　表

变 量 名 称	含 义 及 用 法
PUBLISHALLSHEETS	指定在"发布"对话框中是加载激活文档的内容还是加载所有打开文档的内容。
PUBLISHHATCH	控制在 Autodesk Impression 中打开发布为 DWF 或 DWFx 格式的填充图案时,是否将其视为单个对象。
PUCSBASE	存储定义正交 UCS 设置(仅用于图纸空间)的原点和方向的 UCS 名称。
QCSTATE	指示"快速计算器"计算器处于打开状态还是关闭状态。
QPLOCATION	设置"快捷特性"选项板的位置。
QPMODE	控制在选定对象时是否显示"快捷特性"选项板。
QTEXTMODE	控制文字的显示方式。
QVDRAWINGPIN	控制图形预览图像的默认显示状态。
QVLAYOUTPIN	控制图形中模型空间和布局的预览图像的默认显示状态。
REFEDITNAME	显示正在编辑的参照名称。
REGENMODE	控制图形的自动重生成。
RE－INIT	重新初始化数字化仪、数字化仪端口和 acad.pgp 文件。
REMEMBERFOLDERS	控制显示在标准文件选择对话框中的默认路径。
RENDERPREFSSTATE	指示"渲染设置"选项板处于打开状态还是关闭状态。
RENDERUSERLIGHTS	控制是否在渲染过程中替代视口光源的设置。
REPORTERROR	控制程序异常关闭时是否可以向 Autodesk 发送错误报告。
RIBBONBGLOAD	控制功能区选项卡是否在处理器空闲时间由后台进程加载到内存中。
RIBBONCONTEXTSELECT	控制单击或双击对象时功能区上下文选项卡的显示方式。
RIBBONCONTEXTSELLIM	限制可以使用功能区特性控件或上下文选项卡一次更改的对象数。
RIBBONDOCKEDHEIGHT	确定是将水平固定的功能区设定为当前选项卡的高度还是预先定义的高度。
RIBBONICONRESIZE	控制是否将功能区上的图标大小调整为标准大小。
RIBBONSELECTMODE	决定调用功能区上下文选项卡并完成命令后预先选择集是否仍处于选中状态。
RIBBONSTATE	指示功能区选项板处于打开状态还是关闭状态。
ROAMABLEROOTPREFIX	存储根文件夹的完整路径,该文件夹中安装了可漫游的可自定义文件。
ROLLOVEROPACITY	控制光标移动到选项板上时选项板的透明度。
ROLLOVERTIPS	控制当光标悬停在对象上时鼠标悬停工具提示的显示。
RTDISPLAY	控制执行实时 ZOOM 或 PAN 命令时光栅图像和 OLE 对象的显示。
SAVEFIDELITY	控制保存图形时是否保存其视觉逼真度。
SAVEFILE	存储当前自动保存的文件名。

续　表

变　量　名　称	含　义　及　用　法
SAVEFILEPATH	指定当前任务中所有自动保存文件目录的路径。
SAVENAME	显示最近保存的图形的文件名和目录路径。
SAVETIME	以分钟为单位设置自动保存时间间隔。
SCREENBOXES	存储绘图区域的屏幕菜单区显示的框数。
SCREENMENU	控制是否显示屏幕菜单。
SCREENMODE	指示显示的状态。
SCREENSIZE	以像素为单位存储当前视口大小(X 和 Y)。
SELECTIONANNODISPLAY	控制选定注释性对象后,备用比例图示是否暂时以暗显状态显示。
SELECTIONAREA	控制选择区域的显示效果。
SELECTIONAREAOPACITY	控制进行窗口选择和窗交选择时选择区域的透明度。
SELECTIONCYCLING	打开/关闭选择循环。
SELECTIONPREVIEW	控制选择预览的显示。
SELECTSIMILARMODE	控制对于将使用 SELECTSIMILAR 选择的同类型对象,必须匹配哪些特性。
SETBYLAYERMODE	控制为 SETBYLAYER 命令选择哪些特性。
SHADEDGE	控制边的着色。
SHADEDIF	设置漫反射光与环境光的比率。
SHADOWPLANELOCATION	控制用于显示阴影的不可见地平面的位置。
SHORTCUTMENU	控制"默认"、"编辑"和"命令"模式的快捷菜单在绘图区域是否可用。
SHORTCUTMENUDURATION	指定必须按下定点设备的右键多长时间才会在绘图区域中显示快捷菜单。
SHOWHIST	控制图形中实体的"显示历史记录"特性。
SHOWLAYERUSAGE	在图层特性管理器中显示图标以指示图层是否处于使用状态。
SHOWMOTIONPIN	控制缩略图快照的默认状态。
SHOWPAGESETUPFORNEW-LAYOUTS	指定在创建新布局时是否显示页面设置管理器。
SHOWPALETTESTATE	指示是否通过 HIDEPALETTES 命令隐藏选项板或通过 SHOW-PALETTES 命令恢复选项板。
SHPNAME	设置默认的形名称(必须遵守符号命名约定)。
SIGWARN	控制打开附着数字签名的文件时是否发出警告。
SKETCHINC	设置用于 SKETCH 命令的记录增量。
SKPOLY	确定 SKETCH 命令生成的是直线、多段线还是样条曲线。
SKTOLERANCE	确定样条曲线布满手画线草图的紧密程度。

续 表

变 量 名 称	含 义 及 用 法
SKYSTATUS	决定渲染时是否计算天光照明。
SMOOTHMESHCONVERT	设置是对转换为三维实体或曲面的网格对象进行平滑处理还是进行镶嵌,以及是否合并它们的面。
SMOOTHMESHGRID	设置底层网格镶嵌面栅格显示在三维网格对象中时的最大平滑度。
SMOOTHMESHMAXFACE	设置网格对象允许使用的最大面数。
SMOOTHMESHMAXLEV	设置网格对象的最大平滑度。
SNAPANG	相对于当前 UCS 设置当前视口的捕捉和栅格旋转角度。
SNAPBASE	相对于当前 UCS 设置当前视口的捕捉和栅格原点。
SNAPISOPAIR	控制当前视口的等轴测平面。
SNAPMODE	打开或关闭捕捉模式。
SNAPSTYL	设置当前视口的捕捉样式。
SNAPTYPE	设置当前视口的捕捉类型。
SNAPUNIT	设置当前视口的捕捉间距。
SOLIDCHECK	为当前任务打开和关闭三维实体校验。
SOLIDHIST	控制新复合实体是否保留其原始零部件的历史记录。
SORTENTS	控制对象排序,以支持若干操作的绘图次序。
SPLDEGREE	存储最近使用的样条曲线阶数设置,并设定在指定控制点时 SPLINE 命令的默认阶数设置。
SPLFRAME	控制螺旋和平滑处理的网格对象的显示。
SPLINESEGS	设置要为每条样曲线条拟合多段线(此多段线通过 PEDIT 命令的"样条曲线"选项生成)生成的线段数目。
SPLINETYPE	设置由 PEDIT 命令的"样条曲线"选项生成的曲线类型。
SPLKNOTS	当指定拟合点时,存储 SPLINE 命令的默认节点选项。
SPLMETHOD	存储用于 SPLINE 命令的默认方法是拟合点还是控制点。
SPLPERIODIC	控制是否生成具有周期性特性的闭合样条曲线和 NURBS 曲面以保持在闭合点或接合口处的最平滑的连续性。
SSFOUND	如果搜索图纸集成功,则显示图纸集路径和文件名。
SSLOCATE	控制打开图形时是否找到并打开与该图形相关联的图纸集。
SSMAUTOOPEN	控制打开与图纸相关联的图形时图纸集管理器的显示行为。
SSMPOLLTIME	控制图纸集中状态数据的自动刷新时间间隔。
SSMSHEETSTATUS	控制图纸集中状态数据的刷新方式。
SSMSTATE	指示"图纸集管理器"窗口处于打开状态还是关闭状态。

续　表

变 量 名 称	含 义 及 用 法
STANDARDSVIOLATION	指定创建或修改非标准对象时,是否通知用户当前图形中存在标准冲突。
STARTUP	控制在应用程序启动时或打开新图形时的显示内容。
STATUSBAR	控制应用程序和图形状态栏的显示。
STEPSIZE	指定漫游或飞行模式中每一步的大小(以图形单位表示)。
STEPSPERSEC	指定漫游或飞行模式中每秒执行的步数。
SUBOBJSELECTIONMODE	过滤在将鼠标悬停于面、边、顶点或实体历史记录子对象上时是否亮显它们。
SUNPROPERTIESSTATE	指示"阳光特性"窗口处于打开状态还是关闭状态。
SUNSTATUS	打开和关闭当前视口中阳光的光源效果。
SURFACEASSOCIATIVITY	控制曲面是否保留与从中创建了曲面的对象的关系。
SURFACEASSOCIATIVITYDRAG	设置关联曲面的拖动预览行为。
SURFACEAUTOTRIM	设定在将几何图形投影到曲面上时是否自动修剪曲面。
SURFACEMODELINGMODE	控制是将曲面创建为程序曲面还是 NURBS 曲面。
SURFTAB1	为 RULESURF 和 TABSURF 命令设置要生成的表格数目。
SURFTAB2	为 REVSURF 和 EDGESURF 命令设置在 N 方向的网格密度。
SURFTYPE	控制 PEDIT 命令的"平滑"选项要执行的曲面拟合类型。
SURFU	为 PEDIT 命令的"平滑"选项设置在 M 方向的曲面密度以及曲面对象上的 U 素线密度。
SURFV	为 PEDIT 命令的"平滑"选项设置在 N 方向的曲面密度以及曲面对象上的 V 素线密度。
SYSCODEPAGE	指示由操作系统决定的系统代码页。
TABLEINDICATOR	控制当打开在位文字编辑器以编辑表格单元时,行编号和列字母的显示。
TABLETOOLBAR	控制表格工具栏的显示。
TABMODE	控制数字化仪的使用。
TARGET	存储当前视口中目标点的位置(用 UCS 坐标表示)。
TBCUSTOMIZE	控制是否可以自定义工具选项板组。
TBSHOWSHORTCUTS	指定使用 Ctrl 键和 Alt 键的快捷键是否显示在工具栏的工具提示上。
TDCREATE	存储创建图形时的本地时间和日期。
TDINDWG	存储总的编辑时间,即在两次保存当前图形之间花费的总时间。
TDUCREATE	存储创建图形时的通用时间和日期。
TDUPDATE	存储上次更新/保存时的本地时间和日期。

续　表

变 量 名 称	含 义 及 用 法
TDUSRTIMER	存储用户花费时间计时器。
TDUUPDATE	存储上次更新或保存时的世界标准时间和日期。
TEMPOVERRIDES	打开或关闭临时替代键。
TEMPPREFIX	包含为放置临时文件而配置的目录名(如果有的话),附带路径分隔符。
TEXTED	指定编辑单行文字时显示的用户界面。
TEXTEVAL	控制如何判定用 TEXT(使用 AutoLISP)或-TEXT 输入的文字字符串。
TEXTFILL	控制打印时 TrueType 字体的填充。
TEXTOUTPUTFILEFORMAT	提供日志文件的 Unicode 选项。
TEXTQLTY	设置文字轮廓的分辨率镶嵌精度。
TEXTSIZE	为用当前文字样式绘制的新文字对象设置默认高度。
TEXTSTYLE	设置当前文字样式的名称。
THICKNESS	设置当前的三维厚度。
THUMBSIZE	指定缩略图预览的最大生成大小(以像素为单位)。
TILEMODE	将"模型"选项卡或上一个布局选项卡置为当前。
TIMEZONE	设置图形中阳光的时区。
TOOLTIPMERGE	将草图工具提示合并为单个工具提示。
TOOLTIPS	控制工具提示在功能区、工具栏和其他用户界面元素中的显示。
TOOLTIPSIZE	设置绘图工具提示的显示大小,以及在命令提示下的自动完成文字的显示大小。
TOOLTIPTRANSPARENCY	设置绘图工具提示的透明度。
TPSTATE	指示"工具选项板"窗口处于打开状态还是关闭状态。
TRACEWID	设置宽线的默认宽度。
TRACKPATH	控制极轴追踪和对象捕捉追踪对齐路径的显示。
TRANSPARENCYDISPLAY	控制是否显示对象透明度。
TRAYICONS	控制是否在状态栏上显示状态托盘。
TRAYNOTIFY	控制是否在状态栏托盘中显示服务通知。
TRAYTIMEOUT	控制服务通知的显示时间长度(以秒为单位)。
TREEDEPTH	指定最大深度,即树状结构的空间索引可以分出分支的次数。
TREEMAX	通过限制空间索引(八分树)中的节点数目,从而限制重生成图形时占用的内存。
TRIMMODE	控制是否为倒角和圆角修剪选定边。
TSPACEFAC	控制多行文字的行间距(按文字高度的因子测量)。

续　表

变　量　名　称	含　义　及　用　法
TSPACETYPE	控制多行文字中使用的行间距类型。
TSTACKALIGN	控制堆叠文字的垂直对齐。
TSTACKSIZE	控制堆叠文字分数高度相对于选定文字的当前高度的百分比。
UCS2DDISPLAYSETTING	在二维线框视觉样式设置为当前时显示 UCS 图标。
UCS3DPARADISPLAYSETTING	在透视视图处于禁用状态且三维视觉样式设置为当前时显示 UCS 图标。
UCS3DPERPDISPLAYSETTING	在透视视图处于启用状态且三维视觉样式设置为当前时显示 UCS 图标。
UCSAXISANG	使用 UCS 命令的 X、Y 或 Z 选项绕其一个轴旋转 UCS 时，存储默认角度。
UCSBASE	存储定义正交 UCS 设置的原点和方向的 UCS 名称。
UCSDETECT	控制是否激活动态 UCS 获取。
UCSFOLLOW	从一个 UCS 转换为另一个 UCS 时生成平面视图。
UCSICON	为当前视口或布局显示 UCS 图标。
UCSNAME	为当前空间中当前视口存储当前坐标系名称。
UCSORG	为当前空间中当前视口存储当前坐标系的原点。
UCSORTHO	决定恢复正交视图时是否自动恢复相关的正交 UCS 设置。
UCSSELECTMODE	控制是否可以使用夹点选择和操纵 UCS 图标。
UCSVIEW	决定当前 UCS 是否随命名视图一起保存。
UCSVP	决定视口中的 UCS 是保持不变还是进行相应更改以反映当前视口的 UCS。
UCSXDIR	为当前空间中当前视口存储当前 UCS 的 X 方向。
UCSYDIR	为当前空间中当前视口存储当前 UCS 的 Y 方向。
UNDOCTL	指示 UNDO 命令的"自动"、"控制"和"编组"选项的状态。
UNDOMARKS	存储通过"标记"选项放置在 UNDO 控制流中的标记的数目。
UNITMODE	控制单位的显示格式。
UOSNAP	决定是否为附加到图形中的 DWF、DWFx、PDF 和 DGN 参考底图中的几何图形激活对象捕捉。
UPDATETHUMBNAIL	控制视图和布局的缩略图预览的更新。
USERI1—5	提供整数值的存储和检索功能。
USERR1—5	提供实数的存储和检索功能。
USERS1—5	提供文字字符串数据的存储和检索功能。
VIEWCTR	存储当前视口中视图的中心。
VIEWDIR	存储当前视口中的观察方向（用 UCS 坐标表示）。

续 表

变 量 名 称	含 义 及 用 法
VIEWMODE	存储当前视口的观察模式。
VIEWSIZE	存储当前视口中显示的视图的高度(按图形单位测量)。
VIEWTWIST	存储相对于 WCS 测量的当前视口的视图旋转角度。
VISRETAIN	控制外部参照相关图层的特性。
VPCONTROL	控制是否显示位于每个视口左上角的视口工具、视图和视觉样式的菜单。
VPLAYEROVERRIDES	指示对于当前图层视口是否存在任何具有视口(VP)特性替代的图层。
VPLAYEROVERRIDESMODE	控制是否显示和打印布局视口的图层特性替代。
VPMAXIMIZEDSTATE	指示是否将视口最大化。
VPROTATEASSOC	控制旋转视口时视口内的视图是否随视口一起旋转。
VSACURVATUREHIGH	设定在曲率分析(ANALYSISCURVATURE)过程中使曲面显示为绿色的值。
VSACURVATURELOW	设定在曲率分析(ANALYSISCURVATURE)过程中使曲面显示为蓝色的值。
VSACURVATURETYPE	控制将哪种类型的曲率分析用于(ANALYSISCURVATURE)。
VSADRAFTANGLEHIGH	设定在拔模分析(ANALYSISDRAFT)过程中使模型显示为绿色的值。
VSADRAFTANGLELOW	设定在拔模分析(ANALYSISDRAFT)过程中使模型显示为蓝色的值。
VSAZEBRACOLOR1	设定在斑纹分析(ANALYSISZEBRA)过程中所显示的斑纹条纹的第一种颜色。
VSAZEBRACOLOR2	设定在斑纹分析(ANALYSISZEBRA)过程中所显示的斑纹条纹的第二种(对比)颜色。
VSAZEBRADIRECTION	控制在斑纹分析(ANALYSISBRA)过程中斑纹条纹是水平显示、竖直显示还是以某一角度显示。
VSAZEBRASIZE	控制在斑纹分析(ANALYSISZEBRA)过程中所显示的斑纹条纹的宽度。
VSAZEBRATYPE	设定在使用斑纹分析(ANALYSISZEBRA)时斑纹显示的类型。
VSBACKGROUNDS	控制是否以应用于当前视口的视觉样式显示背景。
VSEDGECOLOR	设置当前视口视觉样式中边的颜色。
VSEDGEJITTER	使三维对象上的边显示为波状,如同使用铅笔勾画的一样。
VSEDGELEX	使三维对象上的边延伸到交点之外,以达到手绘效果。
VSEDGEOVERHANG	使三维对象上的边延伸到交点之外,以达到手绘效果。
VSEDGES	控制显示在视口中的边的类型。
VSEDGESMOOTH	指定折缝边的显示角度。
VSFACECOLORMODE	控制如何计算面的颜色。
VSFACEHIGHLIGHT	控制当前视口中不具有材质的面上镜面亮显的显示。

续　表

变 量 名 称	含 义 及 用 法
VSFACEOPACITY	为三维对象打开和关闭透明度预设级别。
VSFACESTYLE	控制如何在当前视口中显示面。
VSHALOGAP	设置应用于当前视口的视觉样式中的光晕间隔。
VSHIDEPRECISION	控制应用于当前视口的视觉样式中的隐藏和着色精度。
VSINTERSECTIONCOLOR	指定应用于当前视口的视觉样式中相交多段线的颜色。
VSINTERSECTIONEDGES	控制应用于当前视口的视觉样式中相交边的显示。
VSINTERSECTIONLTYPE	设置应用于当前视口的视觉样式中的交线线型。
VSISOONTOP	显示应用于当前视口的视觉样式中着色对象顶部的素线。
VSLIGHTINGQUALITY	设置当前视口中的光源质量。
VSMATERIALMODE	控制当前视口中材质的显示。
VSMAX	存储当前视口虚拟屏幕的右上角。
VSMIN	存储当前视口虚拟屏幕的左下角。
VSMONOCOLOR	为应用于当前视口的视觉样式中面的单色和染色显示设置颜色。
VSOBSCUREDCOLOR	指定应用于当前视口的视觉样式中遮挡(隐藏)线的颜色。
VSOBSCUREDEDGES	控制是否显示遮挡(隐藏)边。
VSOBSCUREDLTYPE	指定应用于当前视口的视觉样式中遮挡(隐藏)线的线型。
VSOCCLUDEDCOLOR	指定应用于当前视口的视觉样式中被阻挡(隐藏)线的颜色。
VSOCCLUDEDEDGES	控制是否显示被阻挡(隐藏)边。
VSOCCLUDEDLTYPE	指定应用于当前视口的视觉样式中被阻挡(隐藏)线的线型。
VSSHADOWS	控制视觉样式是否显示阴影。
VSSILHEDGES	控制应用于当前视口的视觉样式中实体对象轮廓边的显示。
VSSILHWIDTH 以	像素为单位指定当前视口中轮廓边的宽度。
VSSTATE	指示"视觉样式"窗口处于打开状态还是关闭状态。
VTDURATION	以毫秒为单位设置平滑视图转场的时长。
VTENABLE	控制何时使用平滑视图转场。
VTFPS	以帧/每秒为单位设置平滑视图转场的最小速度。
WHIPARC	控制圆和圆弧是否平滑显示。
WHIPTHREAD	控制是否使用额外的处理器来提高操作速度(例如用于重画或重生成图形的 ZOOM)。
WINDOWAREACOLOR	控制窗口选择时透明选择区域的颜色。
WMFBKGND	控制以 Windows 图元文件(WMF)格式插入对象时背景的显示。

续　表

变 量 名 称	含 义 及 用 法
WMFFOREGND	控制以 Windows 图元文件(WMF)格式插入对象时前景色的指定。
WORKSPACELABEL	控制是否在状态栏中显示当前工作空间的名称。
WORLDUCS	指示 UCS 是否与 WCS 相同。
WORLDVIEW	确定响应 DVIEW 和 VPOINT 命令的输入是相对于 WCS(默认)还是相对于当前 UCS。
WRITESTAT	指示图形文件是只读的还是可修改的。
WSAUTOSAVE	切换到另一工作空间时,将保存对工作空间所做的更改。
WSCURRENT	在命令提示下返回当前工作空间名称,并将工作空间置为当前。
XCLIPFRAME	决定外部参照剪裁边界在当前图形中是否可见或进行打印。
XDWGFADECTL	控制所有 DWG 外部参照对象的淡入度。
XEDIT	控制当前图形被其他图形参照时是否可以在位编辑。
XFADECTL	控制要在位编辑的参照中的淡入程度。此设置仅影响不在参照中编辑的对象。
XLOADCTL	打开或关闭外部参照的按需加载功能,并控制是打开参照的图形还是打开副本。
XLOADPATH	创建用于存储按需加载的外部参照文件临时副本的路径。
XREFCTL	控制是否创建外部参照日志(XLG)文件。
XREFNOTIFY	控制关于已更新外部参照或缺少外部参照的通知。
XREFTYPE	控制附着或覆盖外部参照时的默认参照类型。
ZOOMFACTOR	控制向前或向后滑动鼠标滚轮时比例的变化程度。
ZOOMWHEEL	滚动鼠标中间的滑轮时,切换透明缩放操作的方向。

备注:以上内容引自 AutoCAD 2012 在线帮助,略有修改。

附录四 城市规划制图标准^①

1 总 则

1.1.1 为规范城市规划的制图,提高城市规划制图的质量,正确表达城市规划图的信息,制定本标准。

1.1.2 本标准适用于城市总体规划、城市分区规划。城市详细规划可参照使用。

1.1.3 本标准未规定的内容,可参照其他专业标准的制图规定执行,也可由制图者在本标准的基础上进行补充,但不得与本标准中的内容相矛盾。

1.1.4 城市规划图纸,应完整、准确、清晰、美观。

1.1.5 城市规划制图除应符合本标准外,尚应符合国家现行有关强制性标准的规定。

2 一般规定

2.1 图纸分类和应包括的内容

2.1.1 城市规划图纸可分为现状图、规划图、分析图三类。

2.1.2 城市规划的现状图应是记录规划工作起始的城市状态的图纸,并应包括城市用地现状图与各专项现状图。

2.1.3 城市规划的规划图应是反映规划意图和城市规划各阶段规划状态的图纸。

2.1.4 本"标准"不对分析图的制图做出规定。

2.1.5 城市总体规划图应有图题、图界、指北针、风玫瑰、比例、比例尺、规划期限、图例、署名、编制日期、图标等。

2.2 图 题

2.2.1 图题应是各类城市规划图的标题。城市规划图纸应书写图题。

2.2.2 有图标的城市规划图,应填写图标内的图名并应书写图题。

2.2.3 图题的内容应包括:项目名称(主题)、图名(副题)。副题的字号宜小于主题的字号。

---

^① 此标准 2003 年 8 月 19 日由中华人民共和国建设部颁布,2003 年 12 月 1 日起实施。

2.2.4 图题宜横写,不应遮盖图纸中现状与规划的实质内容。位置应选在图纸的上方正中,图纸的左上侧或右上侧,不应放在图纸内容的中间或图纸内容的下方。

2.3 图　界

2.3.1 图界应是城市规划图的幅面内应涵盖的用地范围。所有城市规划的现状图和规划图,都应涵盖规划用地的全部范围、周邻用地的直接关联范围和该城市规划图按规定应包含的规划内容的范围。

2.3.2 当用一幅图完整地标出全部规划图图界内的内容有困难时,可将突至图边外部的内容标明连接符号后,把连接符号以外的内容移至图边以内的适当位置上。移入图边以内部分的内容、方位、比例应与原图保持一致,并不得压占规划或现状的主要内容。

2.3.3 必要时,可绘制一张缩小比例的规划用地关系图,然后再将规划用地的自然分片、行政分片或规划分片按各自相对完整的要求,分别绘制在放大的分片图内。

2.3.4 城市总体规划图的图界,应包括城市总体规划用地的全部范围。可做到城市规划区的全部范围。

2.3.5 城市分区规划图、详细规划图的图界,应至少包括规划用地及其以外 50m 内相邻地块的用地范围。

2.4 指北针与风玫瑰

2.4.1 城市总体规划的规划图和现状,应标绘指北针和风玫瑰图。城市详细规划图可不标绘风玫瑰图。

2.4.2 指北针与风玫瑰图可一起标绘,指北针也可单独标绘。

2.4.3 组合型城市的规划图纸上应标绘城市各组合部分的风玫瑰图,各组合部分的风玫瑰图应绘制在其所代表的图幅上,也可在其下方用文字标明该风玫瑰图的适用地。

2.4.4 指北针的标绘,应符合现行国家标准《房屋建筑制图统一标准》GB/T 50001 的有关规定。

2.4.5 风玫瑰图应以细实线绘制风频玫瑰图,以细虚线绘制污染系数玫瑰图。风频玫瑰图与污染系数玫瑰图应重叠绘制在一起。

2.4.6 指北针与风玫瑰图组合一起标绘的,如图A-1所示。

2.4.7 指北针与风玫瑰的位置应在图幅图区内的上方左侧或右侧。

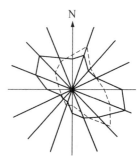

图 A-1　结合风玫瑰图标绘的指北针

2.5 比例、比例尺

2.5.1 城市规划图上标注的比例应是图纸上单位长度与地形实际单位长度的比例关系。

2.5.2 城市规划图,除与尺度无关的规划图以外,必须在图上标绘出表示图纸上单位长度与地形实际单位长度比例关系的比例与比例尺。

2.5.3 在原图上制作的城市规划图的比例,应用阿拉伯数字表示。城市规划图经缩小或放大后使用的,应将比例数调整为图纸缩小或放大后的实际比例数值或加绘形象比例尺。形象比例尺应按图 A-2 所示绘制。

图上一小格代表地形实物实际长度为 50m

图 A-2　形象比例尺图式

2.5.4　城市规划图使用的比例,应按国家有关规定执行。

2.5.5　城市规划图比例尺的标绘位置可在风玫瑰图的下方或图例下方。

2.6　规划期限

2.6.1　城市规划图应标注规划期限。

2.6.2　城市规划图上标注的期限应与规划文本中的期限一致。规划期限标注在副题的右侧或下方。

2.6.3　城市规划图的期限应标注规划期起始年份至规划期末年份并应用公元表示。

2.6.4　现状的图纸只标注现状年份,不标注规划期。现状年份应标注在副题的右侧或下方。

2.7　图　例

2.7.1　城市规划图均应标绘有图例。图例由图形(线条或色块)与文字组成,文字是对图形的注释。

2.7.2　城市规划用地图例,单色图例应使用线条、图形和文字;多色图例应用色块、图形和文字。

2.7.3　城市规划图的图例应按本标准第 3.1 节规定的图例绘制。

2.7.4　绘制城市规划图应使用本标准规定的图例、其他专业标准规定的图例或自行增加的图例,在同一项目中应统一。

2.7.5　城市规划图的图例应绘在图纸的下方或下方的一侧。

2.8　署　名

2.8.1　城市规划图与现状图上必须署城市规划编制单位的正式名称,并可加绘编制单位的徽记。

2.8.2　有图标的城市规划图,在图标内署名;没有图标的城市规划图,在规划图纸的右下方署名。

2.9　编绘日期

2.9.1　城市规划图应注明编绘日期。

2.9.2　编绘日期是指全套成果图完成的日期。复制的城市规划图,应注明原成果图完成的日期。

2.9.3　修改的规划图纸,成为新的成果图的,应注明修改完成的日期。

2.9.4　有图标的城市规划图,在图标内标注编绘日期;没有图标的城市规划图,在规划图纸下方,署名位置的右侧标注编绘日期。

2.10 图　标

2.10.1　城市规划图上可用图标记录规划图编制过程中,规划设计人与规划设计单位技术责任关系和项目索引等内容。

2.10.2　用于张贴、悬挂的现状图、规划图可不设图标;用于装订成册的城市规划图册,在规划图册的目录页的后面应统一设图标或每张图纸分别设置图标。

2.10.3　城市规划图的图标应位于规划图的下方。

2.10.4　图纸内容较宽,一幅图纸底部难以放下图标的规划图,宜把图标等内容放到图纸的一侧(见图A-3(1));一幅图纸下部能放下图标的规划图,图标应放在图纸的下方(见图 A-3(2))。

(1)

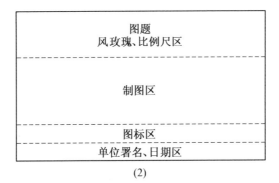

(2)

图 A-3　图标位置

2.11 文字与说明

2.11.1　城市规划图上的文字、数字、代码,均应笔画清晰、文字规范、字体易认、编排整齐、书写端正。标点符号的运用应准确、清楚。

2.11.2　城市规划图上的文字应使用中文标准简化汉字。涉外的规划项目,可在中文下方加注外文;数字应使用阿拉伯数字,计量单位应使用国家法定计量单位;代码应使用规定的英文字母、年份应用公元年表示。

2.11.3　文字高度应按表 A-1 中所列数字选用。

表 A-1 文字高度（mm）

用于蓝图、缩图、底图	3.5、5.0、7.0、10、14、20、25、30、35
用于彩色挂图	7.0、10、14、20、25、30、35、40、45

注：经缩小或放大的城市规划图，文字高度随原图纸缩小或放大，以字迹容易辨认为标准。

2.11.4 城市规划图上的文字字体应易于辨认。中文应使用宋体、仿宋体、楷体、黑体、隶书体等，不得使用篆体和美术字体。外文应使用印刷体、书写体等，不得使用美术体等字体。数字应使用标准体、书写体。

2.11.5 城市规划图上的文字、数字，应用于图题、比例、图标、风玫瑰（指北针）、图例、署名、规划期限、编制日期、地名、路名、桥名、道路的通达地名、水系（河、江、湖、溪、海）名、名胜地名、主要公共设施名称、规划参数等。

2.12 图幅规格

2.12.1 城市规划图的图幅规格可分规格幅面的规划图和特型幅面的规划图两类。直接使用 0 号、1 号、2 号、3 号、4 号规格幅面绘制的图纸为规格幅面图纸；不直接使用 0 号、1 号、2 号、3 号、4 号规格幅面绘制的规划图为特型幅面图纸。

2.12.2 用于晒制蓝图的规格图幅宜符合表 A-2 的规定和图 A-4 的格式。

表 A-2 晒制蓝图的规格图幅（mm）

基本幅面	0 号	1 号	2 号	3 号	4 号
$b \times l$	841×1189	594×841	420×594	297×420	210×297
c	10			5	
a	25				

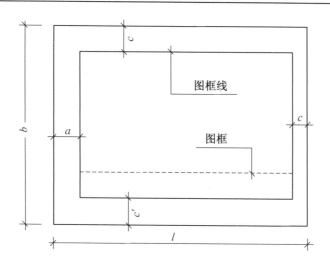

图 A-4 规格幅面图纸的尺寸示意

2.12.3　用于复印的规格图幅,可根据现有复印设备和材料规格选用。

2.12.4　特型图幅的城市规划图尺不做规定,宜有一对边长与规格图纸的边长相一致。

2.12.5　同一规划项目的图纸规格宜一致。

2.13　图号顺序

2.13.1　城市规划图的顺序宜按布局规划图排在前,工程规划图排在后;基础图排在前,规划图排在后;现状图排在前,规划图排在后的原则进行编排。

2.13.2　城市规划图缺省或增加时,图纸的编排顺序应为:

(1)城市总体规划图缺省时,图纸编排顺序不空缺,下面序号的图纸的序号应紧接着上面依次往下排。

(2)城市总体规划图增加时,增加的图纸应按插入编排顺序号:属主要城市规划图,应按现状图在前,规划图在后的顺序插入在总体规划图之后;属专业规划的图纸,应按现状图在前,规划图在后的顺序插在近期建设规划图的前面,图纸编排顺序号应依次往后推。

城市分区规划与城市详细规划图纸缺省或增加时也应符合上述编排顺序。

2.14　图纸数量与图纸的合并绘制

2.14.1　城市规划图的数量应根据规划对象的特点、规划内容的实际情况、规划工作需要表达的内容决定。规划图的数量应按照有关规定执行。

2.14.2　同种专业或不同专业内容的现状图和规划图,在不影响图纸内容识别的前提下,均可合并绘制。

2.15　定　位

2.15.1　城市规划图的定位应包括规划要素的平面定位、竖向定位、时间定位。

2.15.2　城市规划图的平面定位应是对规划要素平面图上两个点的坐标定位;一个点加上一条不通过该点的直线的定位;一个点加上一条直线的方位的定位。

(1)点的平面定位,单点定位应采用北京坐标系或西安坐标系定位,不宜采用城市独立坐标系定位。在个别地方使用坐标定位有困难时,可以采用与固定点相对位置定位(矢量定位、向量定位等)。

(2)直线的平面定位应采用通过直线上两个不同位置点的平面坐标定位;通过线上一点的坐标加上线的走向方位定位;与已知直线的平面距离定位。

(3)定曲率曲线平面定位应采用曲率中心点坐标加已知曲率半径定位,两已知直线插入定曲率半径曲线定位。

(4)变曲率曲线平面定位应采用方格网定位。在总体规划、分区规划中,不得使用变曲率曲线定位。

2.15.3　城市规图的竖向定位应采用黄海高程系海拔数值定位。不得单独使用相对高差进行竖向定位。

2.15.4　城市规划图的时间定位应绘出分期建设的用地范围、建设时序或规划中不同期限的目标内容。

2.16　地形图

2.16.1　城市规划使用的地形图,应采用测绘行政主管部门最新公布的地形图纸。

2.16.2　城市规划使用的地形图,必须及时由测绘单位对已改变了的地形要素进行修测、补测、清绘后方可使用。

2.16.3　城市规划使用的地形图,不得使用不同比例尺的地形图,经缩小、放大、拼接后的地形图;不得直接将小比例尺的地形图纸放大作为大比例尺的地形图纸使用。

2.16.4　城市规划图上应能看出原有地形、地貌、地物等地形要素。

2.16.5　使用有地形底纹的图纸绘制城市规划图时,地形底纹的色度要浅、淡;不同的规划图,可根据需要对地形图中的地形要素做必要的删减。

3　图例与符号

3.1　用地图例

3.1.1　用地图例应能表示地块的使用性质。

3.1.2　用地图例应分彩色图例、单色图例两种。彩色图例应用于彩色图;单色图例应用于双色图,黑、白图,复印或晒蓝的底图或彩色图的底纹、要素图例与符号等。

3.1.3　城市规划图中用地图例的选用和绘制应符合表 A-3 的规定,彩色用地图例按用地类别分为十类,对应于现行国家标准《城市用地分类与规划建设用地标准》GBJ 137 中的大类。中类、小类彩色用地图例在大类主色调内选色,在大类主色调内选择有困难时应按本标准第 3.1.5 条的规定执行。

图 A-5　中类、小类用地的表示

3.1.4　城市规划图中,单色用地图例的选用和绘制应符合用地的规定。单色用地图例按用地类别分为十类,对应现行国家标准《城市用地分类与规划建设用地标准》GBJ 137 中的十大类。中类、小类用地图例应按本标准 3.1.5 条规定执行。

3.1.5　总体规划图中需要表示到中类、小类用地时,可在相应的大类图式中加绘圆圈,并在圆圈内加注用地类别代号(见图 A-5)。

表 A – 3 单色用地图例

代 号	图 式	说 明
R	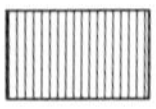	居住用地 $b/4+@$　b 为线粗，@为间距由绘者自定（下同）
C		公共设施用地 $(b/2+2@)+(b+2@)$
M	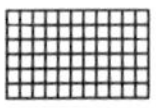	工业用地 $(b/4+2@)×(b/4+2@)$
W	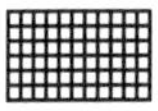	仓储用地 $(b+2@)×(b/4+2@)$
T	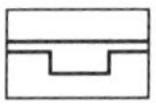	对外交通用地 $b/2$
S	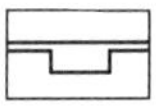	道路广场用地 $b/2$
U	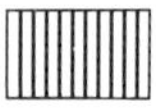	市政公用设施用地 $b+2@$
G	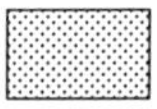	绿地 小圆点 $2@×2@$ 错位
D		特殊用地 $(@+b/4)+(@+b/4)+(@+b/4)+(@+b)+\cdots$
E	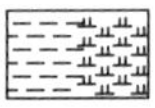	水域和其他用地 $(2@+b/2)+(2@+b/2)$ 短画长度自定,错位。符号错位

3.2 规划要素图例

3.2.1 城市规划的规划要素图例应用于各类城市规划图中表示城市现状、规划要素与规划内容。

3.2.2 城市规划图中规划要素图例的选用宜符合表 A-4 的规定。规划要素图例与符号为单色图例。

表 A-4　城市规划要素图例

图　　例	名　　称	说　　明
城　　镇		
◎⋯⋯6	直辖市	数字尺寸单位：mm(下同)
◎⋯⋯6	省会城市	也适用于自治区首府
◎⋯⋯4	地区行署驻地城市	也适用于盟、州、自治州首府
⊙　◉⋯⋯4	副省级城市、地级城市	
◎⋯⋯4	县级市	县级设市城市
●⋮⋮⋮2	县城	县（旗）人民政府所在地镇
⊙⋮⋮2	镇	镇人民政府驻地
行政区界		
5.0　4号界碑　1.0　0.8　3.6	国界	界桩、界碑、界碑编号数字单位 mm(下同)
0.6　5.0　4.0	省界	也适用于直辖市、自治区界
0.4　5.0　3.0 2.0	地区界	也适用于地级市、盟、州界
0.3　3.0　5.0	县界	也适用于县级市、旗、自治县界
0.2　3.0 3.0　5.0	镇界	也适用于乡界、工矿区界
0.4　1.0　4.0	（1）通用界线	适用于城市规划区界、规划用地界、地块界、开发区界、文物古迹用地界、历史地段界、城市中心区范围等
0.2　2.0　8.0	（2）通用界线	适用于风景名胜区、风景旅游地等地名要写全称
交通设施		
民用 ⊏⊣⊏　军用 ⊏◁⊏	机场	适用于民用机场　适用于军用机场
码头	码头	500 吨位以上码头
干线　10.0　支线　地方线	铁路	站场部分加宽　⊣▮▮▮⊢

续 表

图 例	名 称	说 明
G104(二)	公路	G：国道(省、县道写省、县) 104：公路编号 (二)：公路等级(高速、一、二、三、四)
	公路客运站	
	公路用地	
地形、地质		
l_1 l_2 l_1	坡度标准	$l_1=0\sim5\%$，$l_2=5\%\sim10\%$， $l_3=10\%\sim25\%$，$l_4\geqslant25\%$
	滑坡区	虚线内为滑坡范围
	崩塌区	
	溶洞区	
	泥石流区	小点之内示意泥石流边界
	地下采空区	小点围合以内示意地下采空区范围
	地面沉降区	小点围合以内示意地面沉降范围
	活动性地下断裂带	符号交错部位是活动性地下断裂带
⊗	地震烈度	X用阿拉伯数字表示地震裂度等级
?	灾害异常区	小点围合之内为灾害异常区范围
Ⅰ Ⅱ Ⅲ	地质综合评价类别	Ⅰ：适宜修建地区 Ⅱ：采取工程措施方能修建地区 Ⅲ：不宜修建地区
城镇体系		
50 20 10 5 2	城镇规模等级	单位：万人

续表

图　例	名　称	说　明
 城镇职能等级	城镇职能等级	分为：工、贸、交、综等
郊区规划		
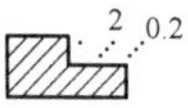 村镇居民点	村镇居民点	居民点用地范围 应标明地名
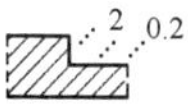 村镇居民规划集居点	村镇居民 规划集居点	居民点用地范围 应标明地名
 水源地	水源地	应标明水源地地名
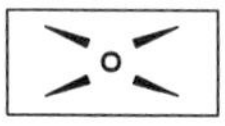 危险品库区	危险品库区	应标明库区地名
火葬场	火葬场	应标明火葬场所在地名
 公墓	公　墓	应标明公墓所在地名
 垃圾处理消纳地	垃圾处理 消纳地	应标明消纳地所在地名
 农业生产用地	农业生产用地	不分种植物种类
 禁止建设的绿色空间	禁止建设的绿色空间	
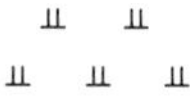 基本农田保护区	基本农田保护区	经与土地利用总体规划协调后的范围
城市交通		
 快速路	快速路	
 城市轨道交通线路	城市轨道交通线路	包括：地面的轻轨，有轨电车…… 地下的地下铁道……
 主干路	主干路	
 次干路	次干路	
 支路	支　路	
 广场	广　场	应标明广场名称
 停车场	停车场	应标明停车场名称
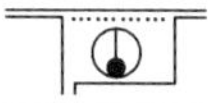 加油站	加油站	
 公交车场	公交车场	应标明公交车场名称
 换乘枢纽	换乘枢纽	应标明换乘枢纽名称

323

续表

图 例	名 称	说 明
给水、排水、消防		
	水源井	应标明水源井名称
	水 厂	应标明水厂名称、制水能力
	给水泵站（加压站）	应标明泵站名称
	高位水池	应标明高位水池名称、容量
	贮水池	应标明贮水池名称、容量
	给水管道（消火栓）	小城市标明 100mm 以上管道、管径 大中城市根据实际可以放宽
119	消防站	应标明消防站名称
	雨水管道	小城市标明 250mm 以上管道、管径 大中城市根据实际可以放宽
	污水管道	小城市标明 250mm 以上管道、管径 大中城市根据实际可以放宽
	雨、污水排放口	
	雨、污泵站	应标明泵站名称
	污水处理厂	应标明污水处理厂名称
电力、电信		
kW	电源厂	kW 之前写上电源厂的规模容量值
kW kV kV	变电站	kW 之前写上变电总容量 kV 之前写上前后电压值
kV 地	输、配电线路	kV 之前写上输、配电线路电压值 方框内：地——地理，空——架空
kV P	高压走廊	P 宽度按高压走廊宽度填写 kW 之前写上线路电压值
	电信线路	
△ ▲	电信局 支局、所	应标明局、支局、所的名称
(((•)))	收、发讯区	

续 表

图　　例	名　　称	说　　明
	微波通道	
	邮政局、所	应标明局、所的名称
	邮件处理中心	
燃　　气		
R	气源厂	应标明气源厂名称
DN / 压 —R—	输气管道	DN：输气管道管径 压：压字之前填高压、中压、低压
R_c m³	储气站	应标明储气站名称、容量
R_T	调压站	应标明调压站名称
R_Z	门　　站	应标明门站地名
R_a	气体站	应标明气化站名称
绿　　化		
	苗　　圃	应标明苗圃名称
	花　　圃	应标明花圃名称
	专业植物园	应标明专业植物园全称
	防护林带	应标明防护林带名称
环卫、环保		
8	垃圾转运站	应标明垃圾转运站名称
H	环卫码头	应标明环卫码头名称
	垃圾无害化处理厂（场）	应标明处理厂（场）名称
H	贮粪池	应标明贮粪池名称
	车辆清洗站	应标明清洗站名称

续表

图　　例	名　　称	说　　明
H	环卫机构用地	
HP	环卫车场	
HX	环卫人员休息场	
HS	水上环卫站（场、所）	
WC	公共厕所	
◎	气体污染源	
⊗	液体污染源	
⊙	固体污染源	
	污染扩散范围	
	烟尘控制范围	
	规划环境标准分区	
防　　洪		
m³	水　　库	应标明水库全称，m³ 之前应标明水库容量
P₅₀	防洪堤	应标明防洪标准
	闸　　门	应标明闸门口宽、闸名
Q	排涝泵站	应标明泵站名称；——（朝向排出口
泄洪道 →	泄洪道	
滞洪区	滞洪区	
人　　防		
人防	单独人防 工程区域	指单独设置的人防工程
人防	附建人防 工程区域	虚线部分指附建于其他建筑物，构筑物底下的人防工程

续表

图　例	名　称	说　明
人防	指挥所	应标明指挥所名称
警报器	升降警报器	应标明警报器代号
	防护分区	应标明分区名称
人防	人防出入口	应标明出入口名称
	疏散道	
历史文化保护		
国保	国家级文物保护单位	标明公布的文物保护单位名称
省保	省级文物保护单位	标明公布的文物保护单位名称
市县保	市县级文物保护单位	标明公布的文物保护单位名称,市、县保是同一级别,一般只写市保或县保
文保	文物保护范围	指文物本身的范围
建设控制地带	文物建设控制地带	文字标在建设控制地带内
50m 30m	建设高度控制区域	控制高度以米为单位,虚线为控制区的边界线
	古城墙	与古城墙同长
	古建筑	应标明古建筑名称
××遗址	古遗址范围	应标明遗址名称

参 考 文 献

[1] Nancy Fulton. AUTOCAD 循序渐进教程. 任明,邢浩,税涛译. 北京:学苑出版社,1994

[2] 陆力等. 建筑设计中的 Auto CAD 技术. 成都:电子科技大学出版社,2000

[3] 甘登岱,王定. Auto CAD2000 与建筑设计. 北京:人民邮电出版社,2000

[4] [美]芬克尔斯坦. AutoCAD 2008 宝典. 黄湘情等译. 北京:人民邮电出版社,2008

[5] 王建华,程绪琦. Autodesk 官方标准教程系列:AutoCAD 2012 标准培训教程. 北京:电子工业出版社,2012

[6] AutoCAD 2012 在线帮助.

[7]《中华人民共和国城乡规划法》.

[8]《城市用地分类与规划建设用地标准》(GB50137—2011).

[9]《城市规划制图标准》(CJJ/T97—2003 J 277—2003).

[10]《城市居住区规划设计规范》(GB 50180—93(2002)).

[11]《总图制图标准》(GB/T 50103—2001).